内河水运通信概论

主 编 王 鹏 覃 琴 唐庭龙

合肥工业大学出版社

图书在版编目(CIP)数据

内河水运通信概论/王鹏,覃琴,唐庭龙主编 . —合肥:合肥工业大学出版社,2022.7
ISBN 978 - 7 - 5650 - 5876 - 9

Ⅰ.①内… Ⅱ.①王…②覃…③唐… Ⅲ.①内河—水下通信—高等学校—教材 Ⅳ.①TN929.3

中国版本图书馆 CIP 数据核字(2022)第 111369 号

内河水运通信概论

王 鹏 覃 琴 唐庭龙 主 编   责任编辑 张择瑞

出　版	合肥工业大学出版社	版　次	2022 年 7 月第 1 版
地　址	合肥市屯溪路 193 号	印　次	2022 年 7 月第 1 次印刷
邮　编	230009	开　本	787 毫米×1092 毫米　1/16
电　话	理工图书出版中心:0551 - 62903204	印　张	16.5
	营销与储运管理中心:0551 - 62903198	字　数	381 千字
网　址	www.hfutpress.com.cn	印　刷	安徽昶颉包装印务有限责任公司
E-mail	hfutpress@163.com	发　行	全国新华书店

ISBN 978 - 7 - 5650 - 5876 - 9   定价:42.00 元

如果有影响阅读的印装质量问题,请与出版社营销与储运管理中心联系调换。

前　言

我国的航运历史极为悠久,远古航运文明的萌芽至少可以追溯到新石器时代。由于水路运输成本低廉、装载量大且节省人力,成为古代重要的交通运输方式之一。千百年前,人们借助声、光等原始通信方式,在航行过程中传递消息。

随着汽笛声的响起,拉开了现代航运的序幕,我国内河航运开启了近代通信的新篇章。20世纪中叶,在莫尔斯电报通信时代,伴随着无线电台建设的系统化,内河水运通信成为我国内河航运的重要部分。几十年间,通信导航技术日新月异,内河水运专用网络干线不断延伸,船岸信息交换的手段不断发展,为船舶安全航行保驾护航,为航运经济发展提供保障。

21世纪,随着信息化时代的到来,内河航运的信息联网传输交换平台逐步建立,为内河水上现代化监管、船舶助航、娱乐生活等提供了物理支撑。时下,内河水运通信正朝着数字化、智能化、智慧化的方向高速发展。

本书以长江通信发展史为主线,较详细地介绍了我国内河水运通信发展的历史和主要现状,全面、系统地阐述了内河水运通信的基本原理和各系统的技术应用。全书共九章。第一章绪论,介绍通信系统与通信网的概念以及内河水运通信网的概况;第二章内河水运传输网,介绍光纤通信的基本概念,光纤传输系统基本原理、特点以及常用技术,SDH/MSTP传输系统、PTN系统、DWDM/OTN传输系统的技术原理和实际应用;第三章接入网,介绍接入网的基本概念和几种接入方式,包括无线接入技术和光纤接入技术,简要介绍了内河水运接入网系统的结构和应用;第四章电话交换网,介绍交换技术的基本原理,程控交换机的软、硬件结构,IMS技术,以及内河水运通信电话网的实际应用;第五章数据通信网,介绍数据通信的基本概念、基本原理、数据网设备,以及内河水运通信数据网系统;第六章船岸通信网,介绍现代船岸通信手段、主流技术,重点介绍数字甚高频通信系统以及海事卫星、无线网桥等其他船岸通信系统;第七章内河水运通信业务系统,介绍视频会议系统、CCTV监控系统、船舶自动识别系统、北斗地基增强系统、应急通信系统、无线电监测系统等重要监管系统;第八章网络安全,介绍网络安全的概念、标准、产品、法规和常用技术,以及内河水运通信网络安全架构；第九章通信电源，介绍通信电源的种类、技术标准，以及动力及机房环境监控系统。

本书可作为高等学校和高等职业院校学生通信工程专业、电子信息工程专业以及其他专业的教科书，也可作为内河水运通信技术人员的参考书。读者可通过本书了解我国内河水运通信、尤其是长江通信的全貌，帮助读者系统学习内河水运通信技术的相关知识。

全书由孙鹏、王毅总主编，由王鹏、覃琴、唐庭龙主编，由刘建成、蒋雯、李超主审。编委有：王凯、王昭群、任飞、刘建成、张冬、陆军、余波、辛忠、张育涛、余起怡、张清扬、李超、徐舟、姜燊、高振、陶嵩、黄家成、曾卓、蒋雯、熊小萌、谭亮（按姓氏笔画排序）。

本书在编写过程中得到了三峡大学的大力支持。本书的编写参考了大量的优秀书籍和珍贵资料，在此特向所有的作者表示衷心的感谢。

鉴于编者水平有限，难免有不妥之处，敬请指正。

编　者

2022 年 5 月

目　录

内河水运通信概论

第1章 绪 论

第1节 通信网的基本概念

一、通信和通信系统

(一)通信定义

通信是传递信息的手段,即将信息从发送器传送到接收器。

通信按传统理解就是信息的传输与交换,信息可以是语音、文字、符号、音乐、图像等。任何一个通信系统,都是从一个称为信息源的时空点向另一个称为信宿的目的点传送信息。以长途和本地的有线电话网(包括光缆、同轴电缆网)、无线电话网(包括卫星通信、微波中继通信网)、有线电视网和计算机数据网为基础组成的现代通信网,通过多媒体技术可为家庭、办公室、医院、学校等提供文化、娱乐、教育、卫生、金融等广泛的信息服务。可见,通信网络已成为支撑现代社会最重要的基础结构之一。

通信的目的是完成信息的传输和交换。

通信的一些相关概念:

(1)信息:可被理解为消息中包含的有意义的内容。信息一词在概念上与消息的意义相似,但它的含义却更普通化,抽象化。

(2)消息:消息是信息的表现形式,消息具有不同的形式,例如符号、文字、话音、音乐、数据、图片、活动图像等。也就是说,一条信息可以用多种形式的消息来表示,不同形式的消息可以包含相同的信息。例如:分别用文字和话音发送的天气预报,所含信息内容相同。

(3)信号:信号是消息的载体,消息是靠信号来传递的。信号一般为某种形式的电磁能(电信号、无线电、光)。

(二)通信系统

通信系统是以实现通信为目标的硬件、软件以及人的集合。

1. 通信系统模型

图1-1是一个基本的点到点通信系统的一般模型。

(1)信息源:把各种可能消息转换成原始电信号;

(2)发送设备:为了使原始电信号适合在信道中传输,把原始电信号变换成与传输信道相匹配的传输信号;

(3)信道:信号传输的通道;

(4)接收设备:从接收信号中恢复出原始电信号;

(5)受信者:将复原的原始电信号转换成相应的消息。

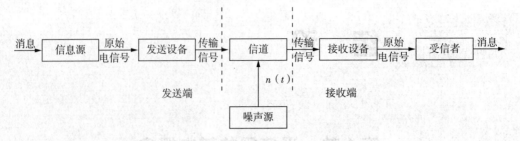

图 1-1　通信系统的一般模型

2. 通信系统分类

通信系统可按多种方法进行分类。

(1)按通信业务(即信源的种类)分类,可分为电话通信、数据通信、图像通信和多媒体通信系统等;

(2)按传输媒介分类,可分为有线通信系统(包括铜双绞线和电缆、光纤和光缆等)和无线通信系统(包括微波和卫星通信链路、无线本地环路等);

(3)按传输信号属性分类,可分为电子通信系统和光通信系统等;

(4)按是否采用调制分类,可分为基带传输系统和频带传输系统;

(5)按信号结构分类,可分为模拟通信系统和数字通信系统。

3. 模拟通信系统与数字通信系统

通信系统中的消息可以分为:

连续消息(模拟消息)——消息状态连续变化。

离散消息(数字消息)——消息状态可数或离散。

信号是消息的表现形式,消息被承载在电信号的某一参量上。因此信号同样可以分为:

模拟信号——电信号的该参量连续取值。

数字信号——电信号的该参量离散取值。

模拟信号和数字信号可以互相转换。因此,任何一个消息既可以用模拟信号表示,也可以用数字信号表示。

同样,通信系统也可以分为模拟通信系统与数字通信系统两大类。

(1)模拟通信系统:模拟通信系统在信道中传输的是模拟信号,模型如图 1-2 表示。

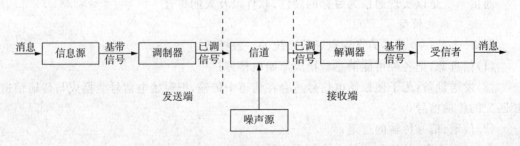

图 1-2　模拟通信系统模型

　　　　　　　　　　　　　　　　　　内河水运通信概论

基带信号——原始电信号,由消息转化而来的原始模拟信号,一般含有直流和低频成分,不宜直接传输;

已调信号——由基带信号转化来的,频域特性适合信道传输的信号,又称频带信号。

(2)数字通信系统:数字通信系统在信道中传输的是数字信号,模型如图1-3所示。

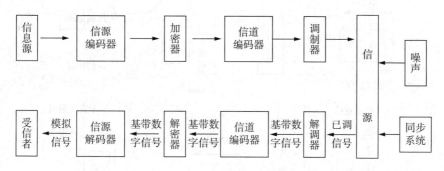

图1-3 数字通信系统模型

① 信源编/解码器——实现模拟信号与数字信号之间的转换;

② 加/解密器——实现数字信号的保密传输;

③ 信道编/解码器——实现差错控制功能,用以对抗由于信道条件不良造成的误码;

④ 调制/解调器——实现数字信号的传输与复用。

数字通信具有以下显著特点:

① 数字电路易于集成化,因此数字通信设备功耗低、易于小型化;

② 再生中继无噪声累积,抗干扰能力强;

③ 信号易于进行加密处理,保密性强;

④ 可以通过信道编码和信源编码进行差错控制,改善传输质量;

⑤ 支持各种消息的传递;

⑥ 数字信号占用信道频带较宽,因此频带利用率较低。

(三)通信方式

通信方式是指通信双方之间的工作方式或信号传输方式。

根据信号传送的方向与时间关系,通信方式可以分单工、半双工和全双工三种。

(1)单工:两地间只能在一个指定的方向上进行传输,一个数据终端固定作为数据源,而另一个固定作为数据宿,如图1-4(a)所示,在二线连接时可能出现这种工作方式。

(2)半双工:两地间可以在两个方向上进行传输,但两个方向的传输不能同时进行,利用二线电路在两个方向上交替传输数据信息。由A到B方向一旦传输结束,线路必须倒换方向,再使信息从B传送到A,如图1-4(b)所示。

(3)全双工:两地间可以在两个方向上同时进行传输。在四线连接中均采用这种工作方式,如图1-4(c)所示。在二线连接中采用某些技术(如回波消除、频带分割)也可以进行双工传输。

在数字通信中,按照数字信号码元排列方式不同,可分为并行传输与串行传输,如图1-5所示。

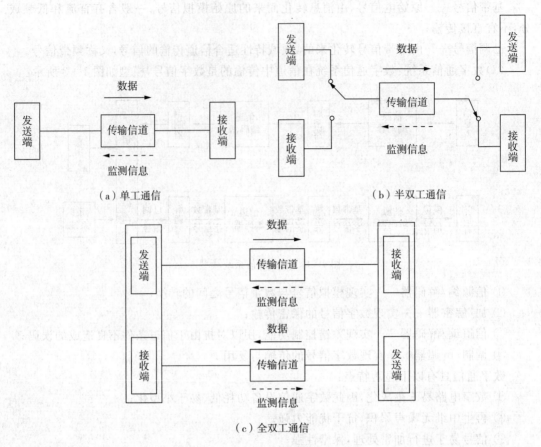

（a）单工通信

（b）半双工通信

（c）全双工通信

图 1-4　通信方式

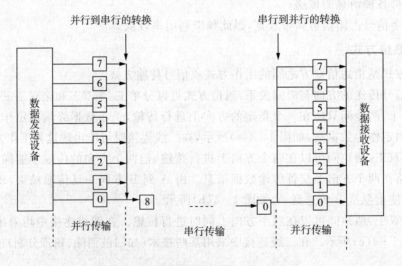

图 1-5　并行传输与串行传输

　　所谓并行传输指的是数据以成组的方式,在多条并行信道上同时进行传输。常用的就是将构成一个字符代码的几位二进制码,分别在几个并行信道上进行传输。例如,采用 8

比特代码的字符,可以用 8 个信道并行传输,一次传送一个字符,因此收、发双方不存在字符的同步问题,不需要另加"起""止"信号或其他同步信号来实现收、发双方的字符同步,这是并行传输的一个主要优点。但是,并行传输必须有并行信道,这往往带来设备或实施条件上的限制。一般适用于计算机和其他高速数据系统的近距离传输。

所谓串行传输指的是数据流以串行方式,在一条信道上传输。一个字符的 8 位二进制码,由高位到低位顺序排列,再接下一个字符的 8 位二进制码,这样串接起来形成串行数据流传输。串行传输只需要一条传输信道,传输速度远远慢于并行传输,但易于实现,成本低。

但是串行传输存在一个收、发双方如何保持码组或字符同步的问题,这个问题不解决,接收方就不能从接收到的数据流中正确地区分出一个个字符来,因而传输将失去意义。如何解决码组或字符的同步问题,目前有两种不同的解决办法,即异步传输方式和同步传输方式。

(四)信息与信息量

一般将语言、文字、图像或数据称为消息,将消息给予受信者的新知识称为信息。

因此,消息与信息不完全是一回事,有的消息包含较多的信息,有的消息根本不包含任何信息。为了更合理地评价一个通信系统传递信息的能力,需要对信息进行量化,即用"信息量"这一概念表示信息的多少。

如何评价一个消息中所含信息量为多少呢?既可以从发送者角度来考虑,也可以从接收者角度来考虑。一般我们从接收者角度来考虑,当人们得到消息之前,对它的内容有一种不确定性或者说是"猜测"。当受信者得到消息后,若事前猜测消息中所描述的事件发生了,就会感觉没多少信息量,即已经被猜中;若事前的猜测没发生,发生了其他的事,受信者会感到很有信息量,事件若越是出乎意料,信息量就越大。

事件出现的不确定性,可以用其出现的概率来描述。因此,消息中信息量 I 的大小与消息出现的概率 P 密切相关。如果一个消息所表示的事件是必然事件,即该事件出现的概率为 100%,则该消息所包含的信息量为 0;如果一个消息表示的是不可能事件,即该事件出现的概率为 0,则这一消息的信息量为无穷大。

为了对信息进行度量,科学家哈莱特提出采用消息出现概率倒数的对数作为信息量的度量单位。

定义:若一个消息出现的概率为 P,则这一消息所含信息量 I 为:

$$I = \log_a \frac{1}{P}$$

当 $a=2$,信息量单位为比特(bit),是目前应用最广泛的信息量单位。

以下举例说明信息量的含义:

不可能事件:$P=0,I=\infty$;

小概率事件:$P=0.125,I=3$;

大概率事件:$P=0.5,I=1$;

必然事件:$P=1,I=0$。

可见,信息量 I 是事件发生概率 P 的单调递减函数。

图 1-6 表达了对于等概率出现的离散消息信息量的度量方式。

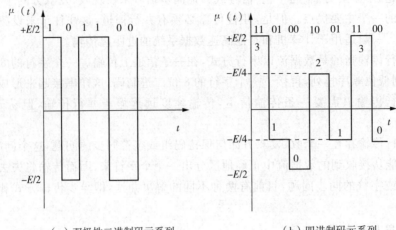

（a）双极性二进制码元系列　　　　　　　（b）四进制码元系列

图 1-6　二进制和四进制元系列

对于双极性二进制码元系列,只有两个计数符号(0 和 1)的进制码系列,如果 0、1 出现的概率相等,即 $P(0)=P(1)=1/2$,那么任何一个 0 或 1 码元的信息量为:

$$I=\log_2 \frac{1}{P(0)}=\log_2 \frac{1}{P(1)}=\log_2 2=1(\text{bit})$$

对于四进制码元系列,共有四种不同状态:0、1、2、3,每种状态必须用两位二进制码元表示,即 00、01、10、11。如果每一种码元出现的概率相等,即 $P(0)=P(1)=P(2)=P(3)=1/4$,那么任何一个 0、1、2、3 码元的信息量为:

$$I=\log_2 \frac{1}{P(0)}=\log_2 \frac{1}{P(1)}=\log_2 \frac{1}{P(2)}=\log_2 \frac{1}{P(3)}=\log_2 4=2(\text{bit})$$

由以上分析可知,多进制码元包含的信息量大,所以采用多进制信息编码时,信息传输效率高。当采用二进制时,噪声电压大于 $E/2$ 才会引起误码;而当采用四进制时,只要噪声电压大于 $E/4$ 就会引起误码,因此,进制数越大,抗干扰能力也就越差。

二、通信系统主要性能指标

在设计或评估通信系统时,往往要涉及通信系统的主要性能指标,否则将无法衡量其质量的优劣。性能指标即质量指标,它们是对整个系统综合规定的。

通信系统最主要的质量指标是传输信息的有效性和可靠性。有效性指传输一定信息量时所占用的信道资源(如频带宽度),或者说是传输的"速度"的问题;而可靠性指接收信息的准确程度,是一个"质量"的问题。显然,有效性和可靠性是互相矛盾的,要求传输速率高,质量就差一些;要求传输质量好,则速度就要受到限制。通常只能依据实际要求取得相对的统一。当然有效性和可靠性在一定条件下是可以进行互换的。

此外,通信系统的性能指标还涉及标准性、经济性、适应性和维护使用等。

(一)模拟通信系统的有效性和可靠性

在模拟通信系统中,信号传输的有效性通常是用有效传输频带来衡量的。同样的消息用不同的调制方法,需要不同的频带宽度。

模拟通信系统的可靠性通常用接收端解调器输出信噪比来衡量。由于信道内存在噪声,因此模拟通信系统的接收端接收到的波形实际上是信号和噪声的混合物,它们经过解调后同时在通信系统的输出端出现。因此,噪声对模拟信号的影响可用信号与噪声的平均功率之比来衡量,称为信噪比,通常采用分贝为单位。

信噪比的定义为:

$$\left(\frac{S}{N}\right) = 10 \lg \frac{S}{N} = L_S - L_N (\text{dB})$$

式中,S 为信号的平均功率;N 为噪声的平均功率;L_S 为信号功率电平;L_N 为噪声功率电平。所以信噪比还可以定义为信号功率电平与噪声功率电平之差。信噪比越大,通信质量越高,信息内容的准确性也就越高。输出信噪比一方面与信道内噪声大小和信号功率有关,同时又和调制、解调方式有很大关系。不同的解调方式对噪声的处理能力也不同。

(二)数字通信系统的有效性和可靠性

数字通信系统的有效性指标是传输速率和频带利用率,可靠性指标是传输差错率。

1. 传输速率

(1)比特率(信息速率)R_b:指单位时间内所传送的信息量,单位为比特/秒(bit/s)。

(2)波特率(码元速率)R_B:指单位时间内所传送的码元数目,单位为波特(Baud)。

比特率和波特率虽然都是用来衡量数字通信系统有效性的,但两者之间是有区别的。二进制情况下,两者在数值上相等,但单位不同。多进制情况下两者在数值上不相等,两者间的关系为:

$$R_b = R_B \log_2 M (\text{bit/s})$$

式中,M 为多进制数。

由上式可知,若采用多进制码元传输信息,可以提高信息的传输速率。

2. 频带利用率

在比较不同通信系统的效率时,只看传输速率是不够的,还要看传输信息所占用的频带宽度。所以还可以用频带利用率来衡量通信系统的传输有效性。频带利用率定义为单位频带内的传输速率,用 η 表示,单位为比特/秒・赫[(bit/s)・Hz]或波特/赫兹(Baud/Hz)。

3. 传输差错率

(1)误信率(误比特率)P_b:指接收端收到的错误比特数在传送总比特数中所占的比例。

$$P_b = 错误比特数/传输总比特数$$

(2)误码率(误符号率)P_0:指接收端收到的错误码元数在传送总码元数中所占的比例。

$$P_0 = 错误码元数/传输总码元数$$

三、通信网络组成和分类

众多的用户要想完成相互之间的通信过程,依靠由传输媒质组成的网络来完成信息的传输和交换,这样就构成了通信网络。

(一)通信网络组成

通信网络从功能上可以划分为接入设备、交换设备、传输设备。

(1)接入设备:包括电话机、传真机等各类用户终端,以及集团电话、用户小交换机、集群设备、接入网等;

(2)交换设备:包括各类交换机和交叉连接设备;

(3)传输设备:包括用户线路、中继线路和信号转换设备,如双绞线、电缆、光缆、无线基站收发设备、光电转换器、卫星、微波收发设备等。

此外,通信网络正常运作需要相应支撑网络的存在。支撑网络主要包括同步网、信令网、电信管理网(网管网)三种类型。

(1)同步网:保证网络中的各节点同步工作;

(2)信令网:可以看作是通信网的神经系统,利用各种信令完成保证通信网络正常运作所需的控制功能;

(3)电信管理网(网管网):完成电信网和电信业务的性能管理、配置管理、故障管理、计费管理、安全管理。

(二)通信网络分类

按业务种类可分为电话网、电报网、传真网、广播电视网以及数据网等;按所传输的信号形式可分为数字网和模拟网;按服务范围可分为本地网、长途网和国际网;按运营方式可分为公用通信网和专用通信网;按组网方式可分为移动通信网、卫星通信网等。

第 2 节　内河水运通信网概述

一、内河水运通信作用

内河航运业作为国民经济的重要组成部分,也是社会发展的重要组成部分。在维护国家安全、社会协调发展、区域协同、人与自然和谐等方面发挥着重要作用。一个国家的强大、稳定和繁荣也必然伴随一个发达的运输体系,特别是世界强国的兴起,大都与海运和内河运输有着密切的关系。我国有天然河流 5800 多条,河流总长 43 万公里,内河自然条件优越。如此优越的内河条件,为发展国内、国际间运输提供了通道网。

内河水运通信是加强内河航运调度指挥,保证船舶航行安全,提高航运综合经济效益的重要手段。有了通信手段就可及时掌握船舶动态,高效指挥调度船舶和港口的装卸生产;就可迅速了解各地货种货流信息,及时组织货源;就可及时发布航行警告、气象预报、航道水情,为船舶提供安全航行信息;就可及时组织遇险救助,减少海事损失和人员伤亡。因此,内河水运通信是内河航运中不可缺少的重要组成部分。

二、内河水运通信现状

我国内河水运资源丰富,改革开放以来特别是近10年来,内河水运建设与发展取得了显著成绩,形成了以长江、珠江、京杭运河、淮河、黑龙江和松辽水系为主体的内河水运格局。随着内河航运的发展,内河水运通信网不断扩大规模、提升能力,为内河航运运输生产和内部管理提供了专门通信业务,内河航运现代化和信息化应用提供了基础网络支撑。

(1)承载网初具规模,基础通信设施不断增加;

(2)船岸通信技术升级换代,安全保障能力显著提升;

(3)专用通信业务网络加速发展,功能和质量不断提升;

(4)水运通信维护体系基本建立,维护手段逐步科学。

三、内河水运通信类型

内河水运通信业务的类型可按传输信号的性质及应用性质来分。

1. 按传输信号的性质分

(1)语音业务:地区、长途电话通信;特高频(UHF);甚高频(VHF)无线电话通信;水上安全信息联播等。

(2)数据业务:数据应用业务是通过通信网络及其终端设备,直接提供应用层功能的数据通信业务。诸如数字微波系统、船舶自动识别系统(AIS)、船舶交通管理系统、北斗地基增强系统等。

(3)图像业务:为运输生产提供会议电视业务和综合视频监控图像传送业务等。诸如视频监控系统(CCTV)、电视电话会议系统、智能超高清视频应用等。

2. 按应用性质分

(1)地区、长途交换通信,为纯语音业务;

(2)内河水运专用通信,含语音、数据、图像、无线移动业务;

(3)会议通信,含语音和图像业务;

(4)应急抢险通信,含语音和图像业务;

(5)数据网络通信等。

四、内河水运通信网的构成

为满足以上各类业务和信息传送的需求,内河水运通信网分为承载网、业务网、支撑网三部分。承载网包括传输网和数据网等;业务网主要包括甚高频(VHF)通信、电话交换、会议通信、CCTV视频监控、应急通信等系统;支撑网主要包括时钟及时间同步、信令、通信综合网管及监测等系统。

总的来说,内河水运通信网主要由通信线路、传输网、接入网、电话交换、数据通信、船岸甚高频(VHF)通信、岸基雷达通信、调度通信、电话通信、应急通信、通信电源、电源及机房环境监控、综合视频监控、同步网、网管等系统组成。

1. 通信线路

通信线路是构成内河水运通信网的重要组成部分,为传输各种信息提供安全畅通、稳定可靠的通路。

内河水运通信线路包括光缆、电缆线路和明线线路。光缆线路有长途、地区、跨江飞线,线路附属设备和光纤监测系统;电缆线路有长途、地区、沿江线路,线路附属设备和电缆充气、气压监测设备;明线线路有地区线路,引入线和线路附属设备等。

2. 传输网系统

内河水运通信传输网系统主要承载接入网、数据网、调度通信、综合视频监控、电源及机房环境监控、应急通信、信号等业务,并实现与其他网络的互联互通。

3. 接入网系统

内河水运接入网系统主要向内河航运相关单位提供"最后一公里"的语音、数据、图像"三线合一、一线入户"的综合化、数字化、智能化、宽带化网络应用。

4. 电话交换系统

内河水运电话交换系统为航运监管单位提供固定语音通信业务,并与公众自动电话网互联。

5. 数据通信系统

数据网为基于 TCP/IP 协议,以计算机网络互联为主,为各种应用系统提供网络层的广域互联服务。

6. 船岸通信系统

船岸通信系统以加强内河航运管理、保证船舶航行安全为目的,利用无线电传播技术,实现船岸之间、船舶之间通信联系。目前主要为甚高频(VHF)无线通信。

7. 网管系统

为便于通信系统设备的集中维护与管理,在主要通信站设传输网、接入网、数据网、电源及机房环境监控等系统网管设备。

8. 视频会议通信系统

内河水运会议通信系统由会议电视系统和电话会议系统组成。会议电视系统是利用会议电视设备和数字传输电路(数据网)传送活动图像、语音、应用数据(电子白板、计算机屏幕)等信息,为参加会议的各方提供交互式的会议业务。电话会议系统由多级电话会议总机、分机,经音频电路连接组成,其汇接方式应满足召开会议的要求。

9. CCTV 视频监控系统

内河水运 CCTV 视频监控系统直接服务于内河航运安全监管,监管部门、航运企业可根据权限和需要选择实时调用或回放各采集点视频图像,是内河水上安全的重要监控手段。

CCTV 视频监控系统主要由视频监控中心、监控站和前端设备构成。

10. 应急通信系统

内河水运应急通信系统是当发生自然灾害或突发事件等紧急情况时,确保实时救援指挥的需要,在突发事件救援现场、现场与各级救援指挥中心之间以及各相关单位之间建立的语音、静止或动态图像以及专网通信等通信系统。

11. 通信电源系统

通信电源系统是保证不间断对通信设备提供质量良好的供电。通信电源设备包括交直流配电设备、高频开关电源、UPS电源、逆变器、蓄电池组、发电机组、供电线路、防雷设备、接地装置等。

12. 电源及机房环境监控系统

电源及机房环境监控系统能够实时反映被监控机房的烟雾、湿度、温度、水浸、门禁、空调等的状况，实时反映电源设备运行、故障报警等情况，并具备必要的遥控功能（如环境温度调节等）。

习 题

1. 什么是消息，什么是信息，如何计算消息中所含的信息量？
2. 数字通信具有哪些特点？
3. 通信网络由哪些部分组成？
4. 内河水运通信系统的作用是什么？
5. 内河水运通信网由哪些部分构成？

第2章 传输网

第1节 概 述

光纤传输系统由于具有损耗低、传输频带宽、容量大、体积小、重量轻、抗电磁干扰、不易串音等优点,在短短的几十年中,备受业内人士青睐,在世界范围内得到了广泛应用,并成为通信网最主要的传输手段。

一、光纤通信基本概念

光纤通信系统是以光为载波,利用纯度极高的玻璃拉制成极细的光导纤维作为传输媒介,通过光电变换,用光来传输信息的通信系统。

1966年,英国标准电信研究所的英籍华人高锟博士和霍克哈姆就光纤传输的前景发表了具有重大历史意义的论文,论文提出用石英玻璃可以制成衰减为20dB/km的光导纤维(简称光纤),高锟分析了玻璃纤维损耗大的主要原因,从理论上预言,如果能消除玻璃中的各种杂质,就有可能制成低损耗的光纤,这一重大研究成果奠定了现代光纤通信的基础。

在高锟博士预想的鼓舞下,美国康宁公司终于在1970年制造出了衰减为20dB/km的光纤,使光纤远距离传输光波成为可能。同一年,贝尔实验室又研究成功了在室温下可连续工作的激光器。此后,光纤的衰减不断下降,使光纤通信逐渐向实用化迈进。1980年,多模光纤通信系统投入商用。1990年,565Mbit/s单模光纤通信系统进入商用化阶段。1993年,622Mbit/s的SDH光纤通信系统进入商用化。1995年,2.5Gbit/s的SDH光纤通信系统进入商用化。1998年,10Gbit/s的SDH光纤通信系统进入商用化。2000年,总容量为320Gbit/s的DWDM系统进入商用化。光纤通信系统的传输容量从1980年到2000年增加了近1万倍,传输速度在过去的10年中大约提高了100倍。

光纤通信已经从初期的市话局间中继到长途干线进一步延伸到用户接入网,从能够完成单一类型信息的传输到完成多种业务的传输。目前光纤已成为宽带信息通信的主要媒质和现代通信网的重要基础设施。

二、光纤传输系统基本原理

光纤通信的原理是:在发送端首先要把传送的信息(如话音)变成电信号,然后调制到激光器发出的激光束上,使光的强度随电信号的幅度(频率)变化而变化,并通过光纤发送出去;在接收端,检测器收到光信号后把它变换成电信号,经解调后恢复原信息。光纤传输系统的基本组成如图2-1所示,它是由光传输设备(发端)、光纤光缆、光中继器和光传输设备(收端)组成。

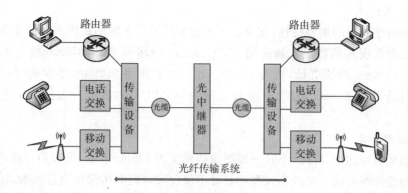

图 2-1　光纤传输系统的基本组成

1. 光传输设备(发端)

发端光传输设备的主要作用是采用一定的传输技术,将来自各业务节点的电信号复用形成一定形式的高速信号,并完成电/光转换,将光信号送入光纤中传输。

电/光转换的核心器件是光源,其性能好坏将对光纤传输系统产生很大的影响。目前,光纤传输系统常用的光源有半导体激光器(LD)和半导体发光二极管(LED)。半导体激光器(LD)性能较好,价格较贵;而半导体发光二极管(LED)性能稍差,但价格较低。

2. 光纤光缆

光纤是一种传输光束的细而柔软的媒质。多数光纤在使用前必须由几层保护结构包覆,包覆后的缆线即被称为光缆。所以光纤是光缆的核心部分,光纤经过一些构件及其附属保护层的保护就构成了光缆。光纤外层的保护结构可以防止周遭环境对光纤的伤害。光缆包括缆芯、护层和加强元件。光纤和同轴电缆相似,只是没有网状屏蔽层,中心则是光传播的玻璃芯。光纤通常被扎成束,外面有外壳保护。纤芯通常是由石英玻璃制成的横截面积很小的双层同心圆柱体,它质地脆、易断裂,因此需要外加保护层。

3. 光传输设备(收端)

收端光传输设备的作用与发端相反,即将接收到的光信号转换为电信号,并将电信号解复用成低速信号,送入业务节点。

完成光/电转换的核心器件是光电检测器,常用的光电检测器有 PIN 光电二极管和 APD 雪崩光电二极管,其中 APD 有放大作用,但其温度特性差,电路复杂。

4. 光中继器

光中继器是在长距离的光纤通信系统中补偿光缆线路光信号的损耗和消除信号畸变及噪声影响的设备,是光纤通信设备的一种,其作用是延长通信距离,通常由光接收机、定时判决电路和光发送机三部分及远供电源接收、遥控、遥测等辅助设备组成。光中继器将从光纤中接收到弱光信号经光检测器转换成电信号,再生或放大后,再次激励光源,转换成较强的光信号,送入光纤继续传输。

三、光纤传输系统的特点

光纤传输系统具有以下主要特点:

1. 传输损耗低

损耗是传输介质的重要特性,它决定了传输信号所需中继的距离。光纤作为光信号的传输介质具有低损耗的特点。如使用 $62.5/125\mu m$ 的多模光纤,850nm 波长的衰减约为 3.0dB/km;1300nm 波长更低,约为 1.0dB/km。如果使用 $9/25\mu m$ 单模光纤,1300nm 波长的衰减仅为 0.4dB/km;1550nm 波长衰减为 0.3dB/km,所以一般的 LD 光源可传输 15~20km。

2. 传输频带宽

光纤的频宽可达 1GHz 以上。一般图像的带宽为 6MHz 左右,所以用一芯光纤传输一个通道的图像绰绰有余。光纤高频宽的好处不仅仅可以同时传输多通道图像,还可以传输语音、控制信号或接点信号,有的甚至可以用一芯光纤通过特殊的光纤被动元件达到双向传输功能。

3. 抗干扰性强

光纤传输中的载波是光波,它是频率极高的电磁波,远远高于一般电波通讯所使用的频率,所以不受干扰,尤其是强电干扰。同时由于光波受束于光纤之内,因此无辐射,对环境无污染,传送信号无泄露,保密性强。

4. 安全性能高

光纤采用的玻璃材质,不导电、防雷击;光纤传输不像传统电路因短路或接触不良而产生火花,因此在易燃易爆场合下特别适用。光纤无法像电缆一样进行窃听,一旦光缆遭到破坏马上就会发现,因此安全性更强。

5. 重量轻,机械性能好

光纤细小如丝,重量相当轻,即使是多芯光缆,重量也不会因为芯数增加而成倍增长,而电缆的重量一般都与外径成正比。

四、常用光传输技术

近年来,光纤传输系统采用的传输技术主要有:光同步数字体系(SDH)、多业务传送平台(MSTP)、密集波分复用(DWDM)和光传送网(OTN)。

1. SDH/MSTP 传输技术

SDH(Synchronous Digital Hierarchy,同步数字体系),根据 ITU - T 的建议定义,是为不同速率的数字信号的传输提供相应等级的信息结构,包括复用方法和映射方法,以及相关的同步方法组成的一个技术体制。

MSTP(Multi - Service Transport Platform,多业务传送平台)技术是指基于 SDH 平台,同时实现 TDM、ATM、以太网等业务的接入、处理和传送,提供统一网管的多业务传送平台。MSTP 充分利用 SDH 技术,特别是保护恢复能力和确保延时性能,加以改造后可以适应多业务应用,支持数据传输,简化了电路配置,加快了业务提供速度,改进了网络的扩展性,降低了运营维护成本。在 PTN 技术应用以前,MSTP 技术是主要的传输承载网技术。

SDH/MSTP 技术设备能提供的传输系统带宽为 STM - 1、STM - 4、STM - 16、STM -64。

2. DWDM 技术

DWDM(Dense Wavelength Division Multiplexing,密集型光波复用)是能组合一组光波长用一根光纤进行传送。这是一项用来在现有的光纤骨干网上提高带宽的激光技术。更确切地说,该技术是在一根指定的光纤中,多路复用单个光纤载波的紧密光谱间距,以便利用可以达到的传输性能(如达到最低程度的色散或者衰减)。这样,在给定的信息传输容量下,就可以减少所需要的光纤的总数量。

DWDM 技术有着超大容量、数据透明传输、网络结构简化、可靠性高、灵活的扩展性和经济性等特点。2000 年初期,DWDM 技术大规模开始在国内应用。

3. OTN 技术

光传送网(OTN)是以波分复用技术为基础、在光层组织网络的传送网,是下一代的骨干传送网。OTN 技术是在 SDH/MSTP 和 DWDM 技术的基础上发展起来的,兼有两种技术的优点。OTN 解决了传统 DWDM 网络无波长/子波长业务调度能力、无保护能力、组网能力弱等问题。

近年来,通信网络所承载的业务发生了巨大的变化,随着 IP 业务的迅猛增长,路由器上高速 40Gbit/s POS 口的出现,从总体来看,40Gbit/s 的需求在未来会逐步扩大。光传送网络面向 IP 业务、适配 IP 业务的传送需求,光通信网络的建设已向 OTN 网络全面部署上发展。

第 2 节　光纤与光缆

一、光纤的结构与分类

光纤的完整名称叫作光导纤维,英文名是 OPTIC FIBER,也有叫 OPTICAL FIBER的,其作用是将光信号由发送端传输到接收端。目前通信中使用的光纤大多是由石英玻璃(SiO_2)制成的石英光纤。

(一)光纤结构

根据光发生全反射的条件,导光介质至少包含光疏层与光密层两层结构,加上结构设计一般要考虑到安全性,于是有了光纤的三层式结构:纤芯、包层与涂覆层。纤芯折射率较高,用于传导光波,其直径一般为几微米至几十微米,其中单模光纤的纤芯直径为 8～10μm,多模光纤的纤芯直径为50μm;包层折射率稍低,保证光波能封闭在芯层中传播,其直径为125μm;涂覆层包括一次涂覆层、缓冲层及二次涂覆层,一般为丙烯酸酯类材料,起保护作用。有时在最外层增加套层来进一步增加光纤的机械强度。

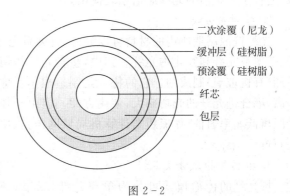

二次涂覆（尼龙）
缓冲层（硅树脂）
预涂覆（硅树脂）
纤芯
包层

图 2-2

(二)光纤的分类

根据光纤的折射率、光纤材料、传输模式,有如下几种分类方法:

1. 按折射率分类

按横截面上折射率分布,光纤分为阶跃型和渐变型,见图2-3。

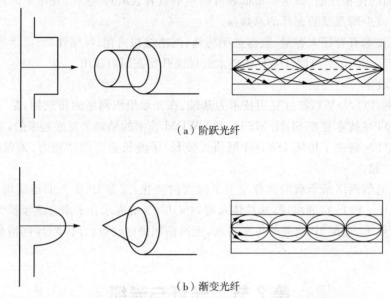

（a）阶跃光纤

（b）渐变光纤

图2-3　阶跃光纤和渐变光纤

(1)阶跃型折射率光纤:纤芯和包层的折射率都为一常数,纤芯折射率略高于包层,在两者交界面处折射率有一个突变界面的光纤。阶跃型又称阶梯型或突变型。光在阶跃型光纤里传输呈直线锯齿形轨迹。其芯径为 $50\mu m$,制造较容易,使用较方便,色散大,带宽比较低,适合在短距离和信息容量小的通信系统中使用。

(2)渐变型折射率光纤:折射率沿芯径从中心向外逐渐变小,包层为一常数的光纤。渐变型又称梯度型。光在光纤里是沿着连续弯曲途径前进的。渐变型光纤中有代表性的是折射率沿径向按抛物线变化的光纤,这种光纤的色散小,带宽比突变型光纤大1~2个数量级,适合于中距离的光纤通信系统使用。

2. 按材料分类

光纤按照制造所用的材料可以分为:石英系光纤、多组分玻璃光纤、塑料包层石英芯光纤、全塑料光纤和氟化物光纤。其中,塑料光纤是用高度透明的聚苯乙烯或聚甲基丙烯酸甲酯(有机玻璃)制成的。它的特点是制造成本低廉,相对来说芯径较大,与光源的耦合效率高,耦合进光纤的光功率大,使用方便。但由于损耗较大,带宽较小,这种光纤只适用于短距离低速率通信,如短距离计算机局域网链路、船舶内通信等。目前通信中普遍使用的是石英系光纤。

3. 按传输模式分类

按光纤的传输模式可分为单模光纤(Single Mode Fiber)和多模光纤(Multi Mode Fiber)。光以一特定的入射角度射入光纤,在光纤和包层间发生全反射,从而可以在光纤中传播,即称为一个模式。当光纤直径较大时,可以允许光以多个入射角射入并传播,此时就称为多模光纤;当直径较小时,只允许一个方向的光通过,就称单模光纤。由于多模光纤会产生干扰、干涉等复杂问题,因此在带宽、容量上均不如单模光纤。实际通信中应用的光纤绝大多数是单模光纤。二者的区别如图2-4所示。

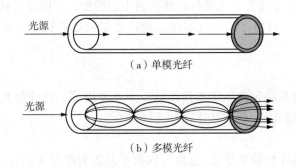

（a）单模光纤

（b）多模光纤

图2-4　单模光纤和多模光纤

其中,单模光纤又可以按照最佳传输频率窗口分为:常规型单模光纤和色散位移型单模光纤。常规型单模光纤是将光纤传输频率最佳化在单一波长的光上,如$1.31\mu m$,相关国际标准为ITU-T G.652。色散位移型单模光纤是将光纤传输频率最佳化在两个波长的光上,如$1.31\mu m$和$1.55\mu m$,相关国际标准为ITU-T G.653。

设计色散位移型单模光纤的目的是使光纤较好地工作在$1.55\mu m$处,这种光纤可以对色散进行补偿,使光纤的零色散点从$1.31\mu m$处移到$1.55\mu m$附近。这种光纤也称为$1.55\mu m$零色散单模光纤,是单信道、超高速传输的较好的传输媒介。这种光纤已用于通信干线网,特别是用于海缆通信类的超高速率、长中继距离的光纤通信系统中。色散位移光纤虽然用于单信道、超高速传输是很理想的传输媒介,但当它用于波分复用多信道传输时,又会由于光纤的非线性效应而对传输的信号产生干扰。特别是在色散为零的波长附近,干扰尤为严重。因此,又出现了一种非零色散位移光纤,这种光纤将零色散点移到$1.55\mu m$工作区以外的$1.60\mu m$以后或在$1.53\mu m$以前,但在$1.55\mu m$波长区内仍保持很低的色散,相关国际标准为ITU-T G.655。这种非零色散位移光纤不仅可用于单信道、超高速传输,而且还可适应于将来用波分复用来扩容,是一种既满足当前需要,又兼顾将来发展的理想传输媒介。

二、光纤的主要特性

光纤的特性较多,主要包括光纤的几何特性、光学特性、传输特性等。

（一）几何特性

光纤的几何特性主要包括光纤的纤芯直径、包层直径、芯/包层同心度和不圆度。

1. 纤芯直径

纤芯直径主要是对多模光纤的要求。ITU-T规定,多模光纤的纤芯直径为50/$62.5\mu m\pm3\mu m$。

2. 包层直径

包层直径指光纤的外径,即指裸光纤的直径。无论多模光纤、单模光纤,外径必须保证合规的尺寸才能保证连接质量。ITU - T规定,多模光纤、单模光纤的包层直径均要求小于或等于$(125\pm3)\mu m$。

3. 纤芯/包层同心度和不圆度

纤芯/包层同心度是指纤芯在光纤内所处的中心程度。不圆度包括芯径的不圆度和包层的不圆度。ITU - T规定,纤芯/包层同心度误差≤6%,芯径不圆度≤6%;包层不圆度(包括单模)<2%。

(二)光学特性

光纤的光学特性是决定光纤传输性能的一个重要因素。光纤的光学特性主要包括光纤的折射率分布、数值孔径、模场直径、截止波长。

1. 折射率分布

光纤某些主要传输性能如带宽、色散等取决于其折射率分布的设计,折射率分布是构成光波导的基础。光纤从设计到制造,折射率分布是光纤的一个十分重要的特性,而光纤折射率分布是决定上述传输性能是否达到预期目标的关键。

2. 数值孔径

入射到光纤端面的光并不能全部被光纤所传输,只是在某个角度α范围内的入射光才可以在光纤中产生全反射,即在光纤中传输。角度α的正弦值就称为光纤的数值孔径(NA$=\sin\alpha$)

光纤的数值孔径与纤芯和包层的折射率有关,而与纤芯直径无关。光纤的数值孔径(NA)对光源耦合效率、光纤损耗对微弯的敏感性和带宽有着密切的关系。

3. 模场直径

多模光纤强调纤芯的直径标准和一致性;单模光纤却不规定纤芯直径,而由模场直径代替纤芯直径。模场直径是单模光纤基模模场强度空间分布的一种度量,它取决于单模光纤的特性。模场直径是用来表征在单模光纤的纤芯区域基模光的分布状态。一般将模场直径定义为光强降低到轴心线处最大光强$1/e^2$(e为欧拉常数)的各点中两点最大距离。

模场直径d是单模光纤产品出厂时必须给出的参数之一。ITU - T规定,在$1.31\mu m$波长上,模场直径的标称值应当在$9\sim10\mu m$范围内,容差为$\pm1\mu m$。

4. 截止波长

截止波长是单模光纤保证单模传输的条件,是光在单模光纤中传输时的一种波长。单模传输时,要求单模光纤的工作波长一定要大于或等于光纤的截止波长。目前光纤的截止波长为$1.10\sim1.28\mu m$。

(三)传输特性

光纤的传输特性主要包括光纤的损耗特性和色散特性。它们与光纤传输系统的传输距离和传输容量有着密切的关系。

1. 损耗特性

光纤的损耗又称衰减,是指光波在光纤中传输,随着传输距离的增加光功率逐渐下降的现象。

损耗直接关系到光纤通信系统的传输距离,是光纤最重要的传输特性之一。光纤每单位长度的损耗,直接关系到光纤传输系统传输距离的长短。光纤损耗对光纤质量的评定和对光纤传输系统中继距离的确定都起着十分重要的作用。

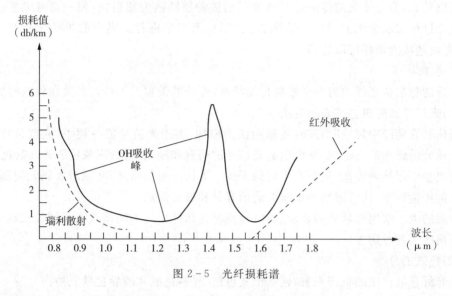

图 2-5　光纤损耗谱

自光纤问世以来,人们在降低光纤损耗方面做了大量的工作,$1.31\mu m$ 光纤的损耗值在 $0.5dB/km$ 以下,而 $1.55\mu m$ 的损耗为 $0.2dB/km$ 以下,接近光纤损耗的理论极限。总的损耗随波长变化的曲线,叫作光纤的损耗特性曲线——损耗谱,如图 2-5 所示。

从图 2-5 中可以看到三个低损耗"窗口":850nm 波段——短波长波段、1310nm 波段和 1550nm 波段——长波长波段。目前光纤通信系统主要工作在 1310nm 波段和 1550nm 波段上。

形成光纤损耗的原因很多,主要有来自光纤本身的吸收损耗(固有损耗)和散射损耗(外部损耗),还有来自光纤结构的不完善。这些损耗又可以归纳为以下几种:

(1)光纤的吸收损耗,是由光纤材料和杂质对光能的吸收而引起的,把光能以热能的形式消耗于光纤中,是光纤损耗中重要的损耗,包括本征吸收损耗、杂质离子引起的损耗、原子缺陷吸收损耗。

(2)光纤的散射损耗,是由光纤内部的散射引起的,会减小传输的功率,产生损耗。散射中最重要的是瑞利散射,它是由光纤材料内部的密度和成分变化而引起的。物质的密度不均匀,进而使折射率不均匀,这种不均匀在冷却过程中被固定下来,它的尺寸比光波波长要小。光在传输时遇到这些比光波波长小、带有随机起伏的不均匀物质时,改变了传输方向,产生散射,引起损耗。另外,光纤中含有的氧化物浓度不均匀以及掺杂不均匀也会引起散射,产生损耗。

(3)波导散射损耗,由交界面随机的畸变或粗糙引起的模式转换或模式耦合所产生的散射。在光纤中传输的各种模式衰减不同,长距离的模式变换过程中,衰减小的模式变成衰减大的模式,连续的变换和反变换后,虽然各模式的损失会平衡起来,但模式总体产生额外的损耗,即由于模式的转换产生了附加损耗,这种附加的损耗就是波导散射损耗。要降低这种损耗,就要提高光纤制造工艺。对于拉得好或质量高的光纤,基本上可以忽略这种损耗。

（4）光纤弯曲产生的辐射损耗，光纤是柔软的，可以弯曲，可是弯曲到一定程度后，光纤虽然可以导光，但会使光的传输途径改变。由传输模转换为辐射模，使一部分光能渗透到包层或穿过包层成为辐射模向外泄漏损失掉，从而产生损耗。当弯曲半径大于 $5\sim10cm$ 时，由弯曲造成的损耗可以忽略。

2. 色散特性

光纤的色散是光纤的另一个重要传输特性，光纤的带宽只不过是色散在频域的反映。

（1）光纤色散的概念及表示方法

当信号在光纤中传输时，随着传输距离的增加，由于光信号的各频率（或波长）成分或各模式成分的传播速度不同，从而引起光信号的畸变和展宽，这种现象称为光纤的色散。

色散会引起脉冲展宽，从而产生码间干扰。为保证通信质量，必须增大码元间隔，即降低信号的传输速率，这就限制了系统的通信容量和通信距离。

色散的大小常用时延差来表示，而时延差是光脉冲中的不同模式或不同波长成分传输同样距离所需的时间差。

（2）色散的分类

从光纤色散产生的机理来看，包括模式色散、材料色散和波导色散三种。

① 模式色散是由于多模传输时，各模式到光纤终端的时间不同而引起的色散。传输的模式越多，模式畸变影响就越大，即带宽越小。

② 材料色散是由于光纤材料折射率随光的波长而变化从而引起的色散。

③ 波导色散又可称为结构色散，它是由于光纤的几何结构等方面的原因引起的色散。材料色散和波导色散都与光的波长有关，所以又统称为波长色散。模式色散仅在多模光纤中存在，在单模光纤中不产生模式色散，而只有材料色散和波导色散。通常各种色散的大小顺序是模式色散＞材料色散＞波导色散，因此多模光纤的传输带宽几乎仅由模式色散所制约。在单模光纤中由于没有模式色散，所以它具有非常宽的带宽。

三、光缆的结构和分类

通信用的光纤都经过了一次涂覆和二次涂覆处理，经过涂覆后的光纤虽然已具有了一定的抗张强度，但还是经不起施工中的弯折、扭曲和侧压等外力作用，为了使光纤能在各种敷设条件和各种环境中使用，必须把光纤与其他元件组合起来构成光缆，使其具有优良的传输性能以及抗拉、抗冲击、抗弯、抗扭曲等机械性能。

（一）光缆组成

目前光纤通信中使用着各种不同类型的光缆，其结构形式多种多样，但不论何种结构形式的光缆，基本上都是由缆芯、护层和加强元件三部分组成。

1. 缆芯

缆芯主要由单根或多根光纤芯线组成，光纤为松套光纤或紧套光纤。缆芯结构有层绞式、中心管式、带状式、骨架式。缆芯内通常填充油膏，使其具有可靠的防潮性能。

缆芯中光纤芯数呈多样，可选的有 4、6、8、12、24、32、48、96、144 芯等。缆芯中的光纤为全色谱，见表 2-1 所列。

表 2-1　光纤全色谱

序号	1	2	3	4	5	6	7	8	9	10	11	12
颜色	蓝	橙	绿	棕	灰	白	红	黑	黄	紫	粉红	青绿

2. 护层

光缆的护层主要是对已成型的光纤芯线起保护作用,避免受外界机械力和环境损坏,使光纤能适应各种敷设场合,因此要求护层具有耐压力、防潮、温度特性好、重量轻、耐化学浸蚀和阻燃等特点。

光缆的护层可分为内护层和外护层。内护层一般采用聚乙烯(PE)、铝箔-聚乙烯粘接护层(PAP)或双面涂塑皱纹钢带(PSP)等。外护层是在光缆内护层外,根据光缆不同的用途采用不同材料构成的护层。外护层包括铠装层和外被层,铠装层用于提高光缆的抗拉和抗压性能,采用的材料主要是钢带或钢丝;外被层用于保护铠装层不受外界环境影响以延长铠装光缆的使用寿命,外被层的主要材料是 PE 或尼龙等。

3. 加强元件

加强元件主要是承受敷设安装时所加的外力。加强元件一般有金属钢线和非金属玻璃纤维增强塑料(FRP)。使用非金属加强元件的非金属光缆能有效地防止雷击。

(二)光缆的典型结构

目前常用的光缆结构有层绞式、中心束管式、骨架式和带状式等四种。

(1)层绞式光缆是将经过套塑的光纤绕在加强芯周围绞合而成的一种结构。层绞式光缆的加强构件放置在光缆中心,可采用金属加强构件和非金属加强构件。

(2)中心束管式光缆是将数根一次涂覆光纤或光纤束放入一个大塑料套管中,加强元件配置在位于套管周围而构成的光缆。

(3)骨架式光缆是将紧套光纤或一次涂覆光纤放入螺旋形塑料骨架凹槽内而构成,骨架的中心是加强元件。在骨架式光缆的一个凹槽内,可放置一根或几根一次涂覆光纤,也可放置光纤带,从而构成大容量的光缆。

(4)带状式光缆是将多根一次涂覆光纤排列成行制成带状光纤单元,然后再把带状光纤单元放入塑料套管中,形成中心束管式结构;也可把带状光纤单元放入凹槽内或松套管内,形成骨架式或层绞式结构。带状结构光缆的优点是可容纳大量的光纤(一般在 100 芯以上),满足作为用户光缆的需要;同时每个带状光纤单元的接续可以一次完成,以适应大量光纤接续、安装的需要。

第 3 节　SDH/MSTP 传输系统

一、SDH 的基本概念与特点

(一)SDH 的基本概念

SDH(Synchronous Digital Hierarchy)即同步数字体系,是由一些 SDH 的网络单元(NE)组成的,在光纤上进行同步信息传输、复用、分插和交叉连接的网络(SDH 网中不含交换设备,它只是交换局之间的传输手段)。

(二)SDH 的特点

SDH 的特点主要有以下几点:

(1)全世界统一的网络节点接口(NNI),从而简化了信号的互通以及信号的传输、复用、交叉连接等过程。

(2)标准化的信息结构等级,称为同步传递模块,并具有一种块状帧结构,允许安排丰富的开销比特(即比特流中除去信息净负荷后的剩余部分)用于网络的 OAM。

(3)特殊的复用结构,允许现存准同步数字体系(PDH)、同步数字体系和 B－ISDN 的信号都能纳入其帧结构中传输,即具有兼容性和广泛的适应性。

(4)大量采用软件进行网络配置和控制,增加新功能和新特性非常方便,适合将来不断发展的需要。

(5)标准的光接口,即允许不同厂家的设备在光路上互通。

(6)SDH 的基本网络单元有终端复用器(TM)、分插复用器(ADM)、再生中继器(REG)和同步数字交叉连接设备(SDXC)等。

(三)SDH 的优缺点

1. SDH 的优点

SDH 与 PDH 相比,其优点主要体现在如下几个方面:

(1)有全世界统一的数字信号速率和帧结构标准。

(2)采用同步复用方式和灵活的复用映射结构,净负荷与网络是同步的。

(3)SDH 帧结构中安排了丰富的开销比特(约占信号的 5%),因而使得 OAM 能力大大加强。

(4)有标准的光接口。

(5)SDH 与现有的 PDH 网络完全兼容。

(6)SDH 的信号结构的设计考虑了网络传输和交换的最佳性。以字节为单位复用与信息单元相一致。

上述 SDH 的优点中最核心的有三条,即同步复用、标准光接口和强大的网络管理能力。

2. SDH 的缺点

SDH 的缺点主要有:

(1)SDH 的频带利用率不如传统的 PDH 系统。

(2)采用指针调整技术会使时钟产生较大的抖动,造成传输损伤。

(3)大规模使用软件控制和将业务量集中在少数几个高速链路和交叉节点上,这些关键部位出现问题可能导致网络的重大故障,甚至造成全网瘫痪。

(4)SDH 与 PDH 互连时(在从 PDH 到 SDH 的过渡时期,会形成多个 SDH"同步岛"经由 PDH 互连的局面),由于指针调整产生的相位跃变使经过多次 SDH/PDH 变换的信号在低频抖动和漂移上比纯粹的 PDH 或 SDH 信号更严重。

二、SDH 的速率与帧结构

SDH 具有一套标准化的信息结构等级,称为同步传递模块 STM－N,其中最基本的模块是 STM-1,更高等级的 STM-N 是将 N 个 STM-1 按字节间插同步复用后所获得的。其中 N 是正整数,目前国际标准化 N 的取值为:N=1、4、16、64、256。

(一)SDH 的速率

ITU-T G.707 建议规范的 SDH 标准速率见表2-2所列:

表2-2 SDH 标准速率表

同步数字系列等级	比特率(Mbit/s)	容量(路)	2M 数量
STM-1	155.520	1890	63
STM-4	622.080	7560	252
STM-16	2488.320	30240	1008
STM-64	9953.280	120880	4032
STM-256	39813.120	483520	16128

(二)SDH 帧结构

一个 STM-N 帧有 9 行,每行由 270×N 个字节组成。每帧共有 9×270×N 个字节,每字节为 8bit。帧周期为 125μs,即每秒传输 8000 帧。对于 STM-1 而言,传输速率为 9×270×8×8000=155.520(Mbit/s)。字节发送顺序为:由上往下逐行发送,每行先左后右。整个 SDH 帧大体可分为三个区域,如图 2-6 所示:

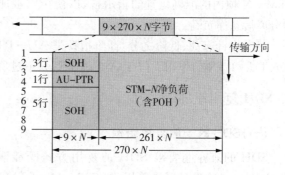

图2-6 SDH 帧结构示意图

1. 信息净负荷(payload)区域

在 STM-N 帧结构中存放将由 STM-N 传送的各种用户信息码块的地方。信息净负荷区相当于 STM-N 这辆运货车的车厢,车厢内装载的货物就是经过打包的低速信号——待运输的货物。为了实时监测货物(打包的低速信号)在传输过程中是否有损坏,在将低速信号打包的过程中加入了监控开销字节——通道开销(POH)字节。POH 作为净负荷的一部分与信息码块一起装载在 STM-N 这辆货车上在 SDH 网中传送,它负责对打包的货物(低阶通道)进行通道性能监视、管理和控制。

2. 段开销(SOH)区域

段开销是为了保证信息净负荷正常传送所必须附加的网络运行、管理和维护(OAM)字节。例如段开销可对 STM-N 这辆运货车中的所有货物在运输中是否有损坏进行监控,而通道开销(POH)的作用是当车上有货物损坏时,通过它来判定具体是哪一件货物出现损坏。也就是说 SOH 完成对货物整体的监控,POH 是完成对某一件特定的货物进行监控,当然,SOH 和 POH 还有一些其他管理功能。

段开销又分为再生段开销(RSOH)和复用段开销(MSOH),可分别对相应的段层进行监控。段，其实也相当于一条大的传输通道，RSOH 和 MSOH 的作用也就是对这一条大的传输通道进行监控。

那么，RSOH 和 MSOH 的区别是什么呢？简单地讲二者的区别在于监管的范围不同。举个简单的例子，若光纤上传输的是 2.5G 信号，那么，RSOH 监控的是 STM-16 整体的传输性能，而 MSOH 则是监控 STM-16 信号中每一个 STM-1 的性能情况。

再生段开销在 STM-N 帧中的位置是第一到第三行的第一到第 $9 \times N$ 列，共 $3 \times 9 \times N$ 个字节；复用段开销在 STM-N 帧中的位置是第 5 到第 9 行的第一到第 $9 \times N$ 列，共 $5 \times 9 \times N$ 个字节。

3. 管理单元指针(AU-PTR)区域

该区域位于 STM-N 帧中第 4 行的 $9 \times N$ 列，共 $9 \times N$ 个字节，AU-PTR 起什么作用呢？SDH 能够从高速信号中直接分/插出低速支路信号(例如 2Mbit/s)，这是因为低速支路信号在高速 SDH 信号帧中的位置有预见性，也就是有规律性。预见性的实现就在于SDH 帧结构中指针开销字节功能。AU-PTR 是用来指示信息净负荷的第一个字节在STM-N 帧内的准确位置的指示符，以便接收端能根据这个位置指示符的值(指针值)准确分离信息净负荷。

其实指针有高、低阶之分，高阶指针是 AU-PTR，低阶指针是 TU-PTR(支路单元指针)，TU-PTR 的作用类似于 AU-PTR，只不过所指示的信息负荷更小一些而已。

三、SDH 复用原理

(一)SDH 的一般复用结构

SDH 的兼容性要求 SDH 的复用方式既能满足异步复用(如将 PDH 信号复用进STM-N)，又能满足同步复用(如 STM-1→STM-4)，而且能方便地由高速 STM-N 信号分/插出低速信号，同时不造成较大的信号时延和滑动损伤，这就要求 SDH 需采用自己独特的一套复用步骤和复用结构。

在这种复用结构中，通过指针调整定位技术来取代 $125\mu s$ 缓存器用以校正支路信号频差和实现相位对准，各种业务信号复用进 STM-N 帧的过程都要经历映射(相当于信号打包)、定位(相当于指针调整)、复用(相当于字节间插复用)三个步骤。

ITU-T 规定了一整套完整的复用结构(也就是复用路线)，通过这些路线可将 PDH 的三个系列的数字信号以多种方法复用成 STM-N 信号。如图 2-7 所示。

从图 2-7 中可以看到此复用结构包括了一些基本的复用单元：C—容器、VC—虚容器、TU—支路单元、TUG—支路单元组、AU—管理单元、AUG—管理单元组，这些复用单元的下标表示与此复用单元相应的信号级别。在图中从一个有效负荷到 STM-N 的复用路线不是唯一的，有多条路线(也就是说有多种复用方法)。例如：2Mbit/s 的信号有两条复用路线，也就是说可用两种方法复用成 STM-N 信号。

注意：8Mbit/s 的 PDH 信号是无法复用成 STM-N 信号的。

(二)中国的 SDH 复用结构

尽管一种信号复用成 SDH 的 STM-N 信号的路线有多种，但是对于一个国家或地区则必须使复用路线唯一化。我国的光同步传输网技术体制规定了以 2Mbit/s 信号为基础

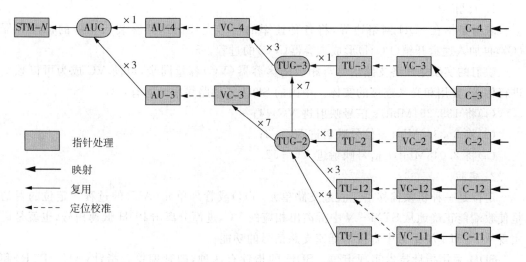

图 2-7 G.709 复用映射结构

的 PDH 系列作为 SDH 的有效负荷,并选用 AU-4 的复用路线,其结构如图 2-8 所示。

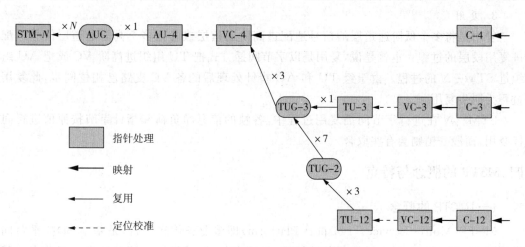

图 2-8 中国 SDH 复用映射结构

中国的 SDH 复用结构中允许有三个 PDH 支路信号输入口,它们分别是 PDH 四次群 (139.264Mbit/s)、三次群(34.368Mbit/s)和基群(2.048Mbit/s)。并且在 SDH 中,一个 STM-1(155.520Mbit/s)能装载 63 个 2.048Mbit/s 或 3 个 34.368Mbit/s 或一个 139.264Mbit/s。而在 PDH 中,一个四次群(139.264Mbit/s)却能装载 64 个 2.048Mbit/s 或 4 个 34.368Mbit/s。相比之下,SDH 的信道利用率比 PDH 低,尤其是利用 SDH 传输 34.368Mbit/s 信号时的信道利用率更低,所以在干线采用 34.368Mbit/s 时,应经上级主管部门批准。

(三)SDH 的映射、定位和复用

为了将各种业务信号装入 SDH 帧结构净负荷区,需要经过映射、定位和复用等三个步骤。

1. 映射

映射是指在 SDH 网络边界,将各种速率的信号先经码速调整装入相应的标准容器(C),再加入通道开销(POH)形成虚容器(VC)的过程。

映射的实质是使各支路信号与相应的虚容器(VC)容量同步,以使 VC 成为可以独立进行传送、复用和交叉连接的实体。中国的 SDH 复用路线中映射有:

(1)将 139.264Mbit/s 信号映射进 VC-4;

(2)将 34.368Mbit/s 信号映射进 VC-3;

(3)将 2.048Mbit/s 信号映射进 VC-12。

2. 定位

定位是一种将帧偏移信息收进支路单元(TU)或管理单元(AU)的过程。定位的目的是使收端能正确地从 STM-N 中拆离出相应的 VC,进而分离出 PDH 低速信号,也就是说实现从 STM-N 信号中直接下低速支路信号的功能。

SDH 采用指针技术实现定位。SDH 的指针有两种,即管理单元指针(AU-PTR)和支路单元指针(TU-PTR),分别实现低阶 VC 在 TU 中的定位和高阶 VC 在 AU 中的定位。

3. 复用

复用是将多个低阶通道层的信号适配进高阶通道层或者把多个高阶通道层信号适配进复用段层的过程。也就是说,复用是以字节间插方式把 TU 组织进高阶 VC 或把 AU 组织进 STM-N 的过程。由于经 TU 和 AU 指针处理后的各 VC 支路已相位同步,此复用过程为同步复用。

STM-N 在进行字节间插复用过程中,各帧的信息净负荷和指针字节按原值进行间插复用,而段开销则会有些取舍。

四、MSTP 的概念与特点

(一)MSTP 的概念

MSTP(Multi-Service Transport Platform)即多业务传送平台,是基于 SDH 平台同时实现 TDM、ATM、以太网等业务的接入、处理和传送,提供统一网管的多业务节点。基于 SDH 的多业务传送节点除应具有标准 SDH 传送节点所具有的功能外,还具有以下主要功能特征:

(1)具有 TDM 业务、ATM 业务或以太网业务的接入功能;

(2)具有 TDM 业务、ATM 业务或以太网业务的传送功能包括点到点的透明传送功能;

(3)具有 ATM 业务或以太网业务的带宽统计复用功能;

(4)有 ATM 业务或以太网业务映射到 SDH 虚容器的指配功能。

(二)MSTP 的特点

MSTP(Multi-Service Transport Platform)主要有以下六大特点:

(1)继承了 SDH 技术的诸多优点:如良好的网络保护倒换性能、对 TDM 业务的较好的支持能力等。

（2）支持多种协议：MSTP对多业务的支持要求其必须具有对多种协议的支持能力，通过对多种协议的支持来增强网络边缘的智能性；通过对不同业务的聚合、交换或路由来提供对不同类型传输流的分离。

（3）支持动态带宽分配：由于MSTP支持级联和虚级联功能，可以对带宽进行灵活的分配。

（4）提供集成的数字交叉连接交换：MSTP可以在网络边缘完成大部分交叉连接功能，从而节省传输带宽以及省去核心层中昂贵的数字交叉连接系统端口。

（5）链路的高效建立能力：面对用户不断提高的即时带宽要求和IP业务流量的增加，要求MSTP能够提供高效的链路配置、维护和管理能力。

（6）支持多种以太网业务类型：目前MSTP支持点到点、点到多点、多点到多点的以太网业务类型。

（三）SDH 和 MSTP 的关系

SDH作为传输网，相当于OSI（开放系统互联）网络分层协议中的最底层——物理层，它为网络运营者提供了灵活、可靠的搭建多种网络的传输平台。

MSTP技术本身就是基于SDH技术的，它在SDH技术的基础上，通过与以太网和ATM技术的结合，实现多种业务在SDH系统中的传输。可以说，没有SDH技术就没有MSTP技术，SDH技术是MSTP技术的基础。另一方面，以太网技术、ATM技术与SDH技术相结合时，又促进了SDH技术的发展。链路容量自动调整（LACS）协议就是这种结合的产物，它解决了利用固定带宽的SDH虚容器来传送带宽需要不断变化的以太网业务所遇到的带宽不匹配的问题，同时也增强了SDH的带宽管理功能。

五、MSTP 的复用原理

MSTP多业务传送平台可同时支持时分复用和分组交换两种技术。也就是说MSTP不仅能提供基于时分复用的PDH接口，而且能直接提供以太网接口，甚至具有ATM信元交换和以太网二层交换的能力。

（一）MSTP 的基本原理

MSTP的接口类型主要有PDH接口（T1/E1、T3/E3）、SDH接口、以太网接口（10/100Base - T、GE）和ATM接口（155M）等。其基本原理如图2-9所示。

由图2-9可以看出，PDH、SDH接口加上后续的VC处理和段开销处理部分，就是SDH的原理框图。因此，MSTP就是在原SDH之上增加了以太网和ATM接口以及相应的信号处理能力，对SDH其余部分的功能没有太多改变。

（一）级联和虚级联

级联的概念是在ITU - T G.7070中定义的，分为相邻级联和虚级联两种，相邻级联又可简称为级联，它们在MSTP技术中占有重要的地位。MSTP通过级联和虚级联技术，可以实现对以太网带宽和SDH虚通道之间的速率适配。例如，以VC - 12（可装2Mbit/s信号）为单位进行级联时，可以使用5×VC - 12来承载10Mbit/s以太网业务，而不会形成单一VC - 12承载时造成的网络瓶颈，也不会形成VC - 3（可装34M）承载时造成的浪费。

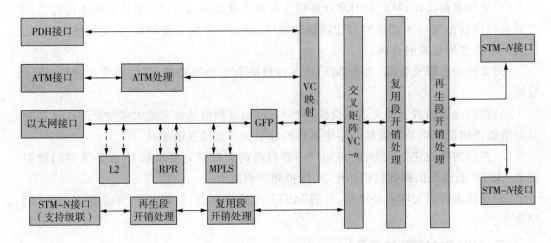

L2—二层交换;RPR—弹性分组环;MPLS—多协议标签交换;GFP—通用成帧协议。

图2-9 MSTP原理框图

1. 相邻级联

相邻级联又称连续级联,就是将多个虚容器组合起来,形成一个组合容量更大的容器的过程,该容器可以当作保持比特序列完整的单个容器使用,共用相同的通道开销POH。当需要承载的业务带宽不能和SDH定义的一套标准虚容器(VC-n)有效匹配时,可以使用VC连续级联。这种方式实现简单,缺点是这些捆绑的VC必须作为一个整体处理,要求端到端所经过的所有设备都支持该功能。

连续级联可写为VC-4-Xc、VC-12-Xc等。其中X是级联中VC的个数,c表示连续级联。

2. 虚级联

虚级联(VCAT)就是先将连续的带宽拆分为X个独立的VC-n,再将X个不相邻的VC-n级联成一个虚拟结构的虚级联组(VCG)进行传送。即多个VC之间并没有实质的级联关系,它们在网络中被分别处理、独立传送,只是它们所传的数据具有级联关系。与相邻级联不同的是,在虚级联时,每个VC都保留自己的通道POH。

虚级联方式使用灵活,效率高,只要求收、发两端设备支持即可,与中间的传送网络无关,可实现多径传输,但不同路径传送的业务有一定时延,需要采用延时补偿技术,对于高速率的以太网业务处理比较复杂。

虚级联写为VC-4-Xv、VC-12-Xv等,其中X为VCG中的VC个数,v代表虚级联。

六、SDH/MSTP 网元与组网方式

SDH/MSTP传输系统是由不同类型的网元通过光缆线路连接而成的,通过不同的网元完成业务的上/下、交叉连接、网络故障自愈等传送功能。

(一)SDH/MSTP 网元类型及功能

网元的物理实体是数字复用设备,SDH/MSTP中网元的基本类型有终端复用器

(TM)、分插复用器(ADM)、数字交叉连接设备(DXC)和再生中继器(REG)等。

(1)终端复用器(TM)用在网络的终端节点上。TM 的功能是将低速的支路信号(包括 PDH 信号和 STM-N 信号)复用形成高速的 STM-N 信号,或从 STM-N 信号中分出低速支路信号。

(2)分插复用器(ADM)有东向、西向两个线路端口及一个支路端口,用于 SDH 传输网的转接节点处,如链路的中间节点或环上节点。ADM 的功能是在无须终结 STM-N 信号的条件下,将低速的支路信号交叉复用到 STM-N 线路信号上去,或从线路端口接收到的线路信号中拆分出低速的支路信号,还可将东/西向线路侧的 STM-N 信号进行交叉连接。

(3)数字交叉连接设备(DXC)是一种具有一个或多个 PDH 或 SDH 信号端口,并且在网管系统的控制下,可以在任何数字端口的速率信号与其他数字端口之间实现可控连接和再连接的设备。DXC 设备能够对传输网进行自动化管理,通常应用于比较重要的网络枢纽站。

(4)再生中继器(REG)的功能是对接收信号进行均衡放大、判决、再生成适合线路传输的光信号发送出去。REG 有两种:一种是对光信号直接放大的光再生中继器,也称为光放大器,目前应用较多是 EDFA(掺铒光纤放大器);另一种是通过光/电转换、判决、再生、电/光转换等处理,对光信号间接放大的电再生中继器。

(二)SDH 传输网分层模型

SDH 传输网分层模型如图 2-10 所示,从上至下依次为电路层、通道层和传输媒质层。

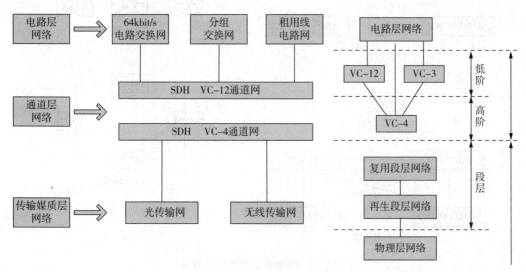

图 2-10　SDH 传输网分层模型

1. 电路层

电路层是直接为用户提供通信业务的一层网络。提供的通信业务有电路交换业务、分组交换业务和租用线业务等。电路层网络的主要设备包括用于交换各种业务的交换机、用于租用线业务的交叉连接设备以及 IP 路由器等。

2.通道层

通道层网络支持一个或多个电路层网络,为电路层网络节点(如交换机)提供透明通道,例如,低阶通道层 VC-12 可以看作电路层节点间通道的基本传送单位,VC-4 可以作为局间通道的基本传送单位。通道层又可以分为高阶通道层(VC-4)和低阶通道层(VC-12 和 VC-3)。

3.传输媒质层

传输媒质层是与传输媒质有关的一层网络。传输媒质层的作用是为通道层网络节点间提供合适的通道容量,如 STM-N 就是传输媒质层网络的标准传输容量。

传输媒质层网络又分为段层网络和物理层网络。段层网络又可进一步细分为复用段层网络和再生段层网络。其中,复用段层网络的作用是为通道层提供同步和复用功能,完成复用段开销的处理和传递。再生段层网络的作用是完成再生段与再生段、再生段与复用段之间信息的传递,如定帧、扰码、再生段误码监视以及开销的处理和传递。物理层网络涉及支持段层网络的光纤、无线信道等传输媒质,主要完成光脉冲形式的比特传送任务。

(三)SDH/MSTP 传输系统组网方式

SDH/MSTP 传输系统的基本组网方式有五种类型:链型、星型、树型、环型和网孔型,如图 2-11 所示:

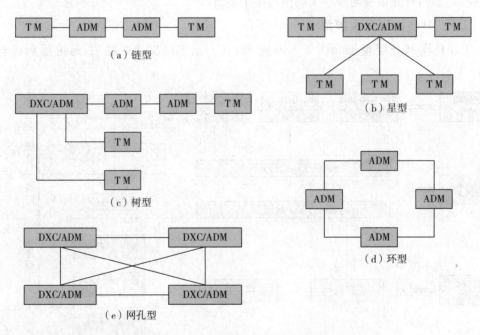

图 2-11 网络基本物理拓扑类型

1.链型

链型组网是将网络中各节点一一串联,并保持首尾两个节点开放。链型网络的两端节点上配置有 TM,而中间节点上配置有 ADM。

链型组网的优点是结构简单,便于采用线路保护方式进行业务保护,投资小,容址大,具有良好的经济效益。其缺点是生存性差,当光缆完全中断时,此种保护功能失效。

2. 星型

在星型组网中,除枢纽点(中心节点)之外的任意两个节点之间的通信,都必须通过枢纽点才能进行,因而一般在枢纽点配置 DXC 以提供多方向的互联,而在其他节点上配置 TM。

星型组网要求枢纽节点具有很强的业务处理能力,以疏导各节点之间的通信业务。星型组网的特点是投资和运营成本较低,但枢纽节点上的业务过分集中,并且只允许采用线路保护方式,因此系统的可靠性不高。目前星型组网多使用在业务集中的接入网中。

3. 树型

树型组网可以看成是链型和星型的结合。这种组网方式适合于广播式业务,但存在瓶颈问题和光功率预算限制问题,不适于提供双向通信业务。

4. 环型

环型组网是指将所有网络节点串联起来,并且使之首尾相连,构成一个封闭环路的网络结构。通常在环型组网中的各节点上可选用 ADM,也可以选用 DXC 来作为节点设备。

环型网络的一次性投资要比链型网络大,但其结构简单,而且在系统出现故障时,具有自愈功能,即系统可以自动地进行环回倒换处理,排除故障网元,而无须人为的干涉就可恢复业务的功能。这对现代大容量光纤网络是至关重要的,因而环型网受到人们的广泛关注。

5. 网孔型

网孔型是指若干个网络节点直接互联的网络结构。网孔型结构由于两点间有多种路由可选,可靠性很高,但结构复杂、成本较高。在 SDH 网中,网孔型结构的各节点主要采用 DXC,一般用于业务量很大的一级长途干线。

第 4 节   PTN 传输系统

随着 WDM 技术的发展,传送网的容量问题已基本得到解决,下一代传送网所关注的是如何构建一个统一的、大容量的、透明的、可靠的传送层,以实现与 IP 承载网的协调调度。PTN 能够很好地与 SDH/MSTP 实现组网,与接入层交换机的结合解决了非干线传输的成本问题,是汇聚层与接入层组网方式中很容易选择的组网类型。

一、PTN 的基本概念

PTN(Packet Transport Network,分组传送网)是指这样一种光传送网络架构和具体技术:在 IP 业务和底层光传输媒质之间设置了一个层面,它针对分组业务流量的突发性和统计复用传送的要求而设计,以分组业务为核心并支持多业务提供,具有更低的总体使用成本(TCO),同时秉承光传输的传统优势,包括高可用性和可靠性、高效的带宽管理机制和流量工程、便捷的 OAM 和网管、可扩展、较高的安全性等。

PTN 是一种面向连接、以分组交换为内核的、承载电信级以太业务为主,兼容 TDM、ATM 等业务的综合传送技术。PTN 在 IP 业务和底层光传输媒质层之间构建了一个层面,以分组业务为核心,并支持多业务提供,同时秉承光传输的高可靠性、高宽带以及 QoS

保障的技术优势,以解决城域传输网汇聚层和接入层上 IP RAN 以及全业务的接入、传送问题。

二、PTN 的特点

PTN 技术保留了传统 SDH 的技术特征,并通过分层和分域,使网络具有良好的可拓展性和可靠的生存性,具有快速的故障定位、故障管理、性能管理等丰富的操作维护管理(OAM)能力,这样不仅可以利用网络管理系统进行业务的配置,还可以通过智能控制平面灵活地提供各种服务。

PTN 具有如下技术特点:

1. 提供 QoS 保证:PTN 支持多种基于分组交换业务的双向点对点连接通道,具有适合各种粗细颗粒业务、端到端的组网能力,提供了更加适合于 IP 业务特性的"柔性"传输管道。

2. 可靠性:点对点连接通道的保护切换可以在 50ms 内完成,可以实现传输级别的业务保护和恢复。

3. 电信级的维护管理:继承了 SDH 技术的操作、管理和维护机制,具有点对点连接的完整 OAM,保证网络具备保护切换、错误检测和通道监控能力;网管系统可以控制连接信道的建立和设置,实现了业务 QoS 的区分和保证,灵活提供 SLA(Service - Level Agreement,服务等级协议)等优点。

4. 可扩展性:完成了与 IP/MPLS 多种方式的互联互通,无缝承载核心 IP 业务;另外,它可利用各种底层传输通道(如 SDH/Ethernet/OTN)。

5. 安全性:具有完善的 OAM 机制,精确的故障定位和严格的业务隔离功能,最大限度地管理和利用光纤资源,保证了业务安全性;在结合 GMPLS 后,可实现资源的自动配置及网状网的生存性。

6. 标准化:统一的机构领导制定标准,便于不同厂商设备的互联互通。

三、PTN 的主要关键技术

1. PWE3(端到端的伪线仿真)

一种业务仿真机制,希望以尽量少的功能,按照给定业务的要求仿真线路,客户设备感觉不到核心网络的存在,认为处理的业务都是本地业务。

2. 多业务统一承载

TDM PWE3:支持透传模式和净荷提取模式。在透传模式下,不感知 TDM 业务结构,将 TDM 业务视作速率恒定的比特流,以字节为单位进行 TDM 业务的透传;对于净荷提取模式感知 TDM 业务的帧结构/定帧方式/时隙信息等,将 TDM 净荷取出后再顺序装入分组报文净荷传送。

ATM PWE3:支持单/多信元封装,多信元封装会增加网络时延,需要结合网络环境和业务要求综合考虑。

Ethernet PWE3:支持无控制字的方式和有控制字的传送方式。

3. 端到端层次化 OAM

基于硬件处理的 OAM 功能;实现分层的网络故障自动检测、保护倒换、性能监控、故障定位、信号的完整性等功能;业务的端到端管理,和级联监控支持连续和按需的 OAM。

4. 端到端 QoS 设计

网络入口:在用户侧通过 H - QoS 提供精细的差异化服务质量,识别用户业务,进行接入控制;在网络侧将业务的优先级映射到隧道的优先级。转发节点:根据隧道优先级进行调度,采用 PQ、PQ+WFQ 等方式进行。网络出口:弹出隧道层标签,还原业务自身携带的 QoS 信息。

5. 网络保护方式

MPLS 支持的标签交换路径的保护方式,主要有环路保护、线路倒换和网状网恢复等。保护倒换时间≤50ms,保护范围包括光纤、节点、环的段层等;线路倒换时间≤50ms,网状网的恢复,主要依靠重新选择路由机制完成。

6. 时钟同步技术

PTN 不仅继承了 SDH 的同步传输特性,还可根据不同协议要求支持时钟同步。

四、PTN 的体系结构

(一)分层结构

PTN 将网络分为信道层、通路层、传输媒质层,其通过 GFP 架构在 OTN、SDH 和 PDH 等物理媒质上。分组传送网分为三个子层:

(1)分组传送信道层(Packet Transport Channel,PTC),其封装客户信号进虚信道(VC),并传送虚信道(VC),提供客户信号端到端的传送,即端到端 OAM、端到端性能监控和端到端的保护。

(2)传送通路层(Packet Transport Path,PTP),其封装和复用虚电路进虚通道,并传送和交换虚通路(VP),提供多个虚电路业务的汇聚和可扩展性(分域、保护、恢复、OAM)。

(3)传送网络传输媒质层,包括分组传送段层和物理媒质。段层提供了虚拟段信号的 OAM 功能。

(二)功能平面

PTN 的功能平面由三个层面组成,即传送平面、管理平面和控制平面。

(1)传送平面。传送平面实现对 UNI 接口的业务适配、业务报文的标签转发和交换、业务的服务质量(QoS)处理、操作管理维护(OAM)报文的转发和处理、网络保护、同步信息的处理和传送以及接口的线路适配等功能。

(2)管理平面。管理平面实现网元级和子网级的拓扑管理、配置管理、故障管理、性能管理和安全管理等功能,并提供必要的管理和辅助接口,支持北向接口。

(3)控制平面功能(可选)。目前 PTN 的控制平面的相关标准还没有完成,一般认为它可以是 ASON 向 PTN 领域的扩展,用 IETF 的 GMPLS 协议实现,支持信令、路由和资源管理等功能,并提供必要的控制接口。

(三)网元结构

PTN 设备由数据平面、控制平面、管理平面组成,其中数据平面包括 QoS、交换、OAM、保护、同步等模块,控制平面包括信令、路由和资源管理等模块,数据平面和控制平面采用 UNI 和 NNI 接口与其他设备相连,管理平面还可采用管理接口与其他设备相连。

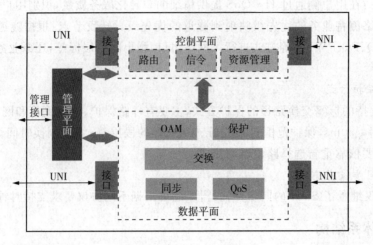

图 2 - 12　PTN 网元结构

五、MPLS 和 T - MPLS

(一)MPLS 技术基础

MPLS(Multi - Protocol Label Switching,多协议标签交换),是一种在开放的通信网上利用标签引导数据高速、高效传输的新技术。多协议的含义是指 MPLS 不但可以支持多种网络层层面上的协议,还可以兼容第二层的多种数据链路层技术。

MPLS 是利用标记(label)进行数据转发的。当分组进入网络时,要为其分配固定长度的短的标记,并将标记与分组封装在一起,在整个转发过程中,交换节点仅根据标记进行转发。

MPLS 独立于第二和第三层协议,诸如 ATM 和 IP。它提供了一种方式,将 IP 地址映射为简单的具有固定长度的标签,用于不同的包转发和包交换技术。它是现有路由和交换协议的接口,如 IP、ATM、帧中继、资源预留协议(RSVP)、开放最短路径优先(OSPF)等。

MPLS 帧结构如图 2 - 13 所示。

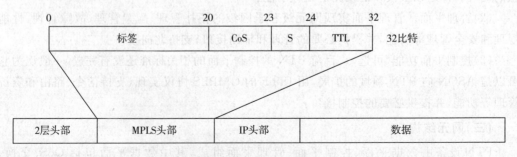

图 2 - 13　MPLS 帧结构

(二)T-MPLS 与 MPLS 的区别

T-MPLS(Transport MPLS)是一种面向连接的分组传送技术,在传送网络中,将客户信号映射进 MPLS 帧并利用 MPLS 机制(如标签交换、标签堆栈)进行转发,同时它增加传送层的基本功能,例如连接和性能监测、生存性(保护恢复)、管理和控制面(ASON/GMPLS)。总体上说,T-MPLS 选择了 MPLS 体系中有利于数据业务传送的一些特征,抛弃了 IETF 为 MPLS 定义的繁复的控制协议族,简化了数据平面,去掉了不必要的转发处理。

T-MPLS 充分利用面向连接 MPLS 技术在 QoS、宽带共享以及区分服务等方面的技术优势,并取消了 MPLS 中一些与 IP 和无连接业务相关的功能特性,同时使用传送网的OAM 机制,使之更适合分组传送。

T-MPLS 帧结构如图 2-14 所示。

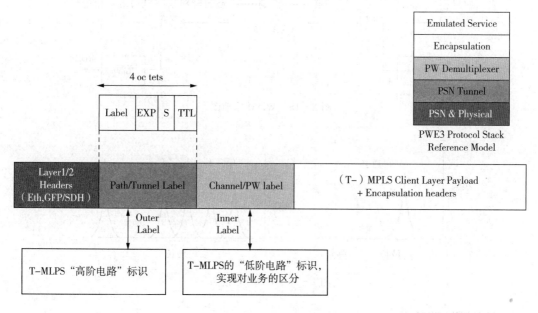

图 2-14 T-MPLS 帧结构

第 5 节 DWDM/OTN 传输系统

一、WDM 传输系统

随着传输系统承载业务类型和容量的增加,基于单波传输的 SDH/MSTP 光纤传输系统的负载能力已接近饱和。为了适应承载网传输容量的不断增长,满足网络交互性、灵活性的要求,产生波分复用技术(WDM)以及在此基础之上发展起来的光传送网 OTN。WDM 和 OTN 技术由于具有许多显著的优点而表现出强大的生命力,从而迅速得到推广应用,并向全光网络的方向发展。

(一)WDM 的概念

波分复用 WDM(Wavelength Division Multiplexing)是将两种或多种不同波长的光载波信号(携带各种信息)在发送端经复用器(亦称合波器,Multiplexer)汇合在一起,并耦合到光线路的同一根光纤中进行传输的技术;在接收端,经解复用器(亦称分波器或称去复用器,Demultiplexer)将各种波长的光载波分离,然后由光接收机做进一步处理以恢复原信号。这种在同一根光纤中同时传输两个或众多不同波长光信号的技术,称为波分复用。

WDM 系统的原理及频谱如图 2-15、图 2-16 所示。

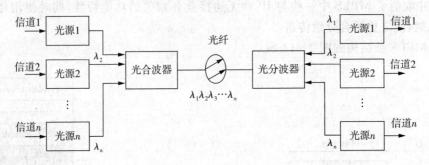

图 2-15 WDM 原理图

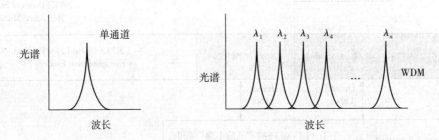

图 2-16 WDM 频谱图

(二)WDM 的特点

WDM 技术之所以在近几年得到迅猛发展,是因为具有以下主要特点:

(1)大容量

WDM 的一个重要特点是可以充分利用光纤的带宽资源,在不改变现有网络基本架构的基础上,增加数据传输容量,使一根光纤的传输容量比单波长增加多倍。

(2)兼容性好

WDM 对不同的信号具有很好的兼容性,在同一根光纤中传输图像、数据及话音等不同性质信号时,各个波长相互独立,互不干扰,保证传输的透明性。

(3)高度的网络灵活性、经济性和可靠性

波分复用技术允许在不中断现有流量服务的情况下根据需要连接新通道,从而使升级变得更加容易。在网络升级和扩容时,无须对光缆线路进行改造,增加波长即可开通或叠加新业务,在大容量长途传输时节省大量光纤和 3R 再生器,传输成本显著下降。

(4)波长路由

WDM 技术是实现全光网络的关键技术之一。在将来有望实现的全光网络中,通过改变和调整光信号在光路上的波长,可以实现各种电信业务的上/下和交叉连接。

(三)WDM 的关键技术

WDM 具有四大关键技术:

1. 光源技术

对于光源有两点要求:较大的色散容限和输出标准且稳定的波长。非零色散位移光纤(NZDF),即 G.655 光纤,在 1550nm 窗口色散为 $1 \sim 6\mathrm{ps}/(\mathrm{km \cdot nm})$,既大到对非线性有很好的抑制作用,又小到足以进行长距离的高速传输,不需要色散补偿,是 WDM 系统的理想之选。

2. 光复用和解复用技术,也就是合波分波技术

目前,WDM 复用系统中常用的复用、解复用器主要有角色散型(光栅型)、干涉型、光纤方向耦合器型、光滤波器型。

3. 光放大技术

对于长距离的光传输来说,随着传输距离的增加,光功率逐渐减弱,为了保证一定的误码率,接收端的接收光功率必须维持在一定的值上,因此光功率受限往往成为决定传输距离的主要因素。

光放大器(OA)的出现和发展克服了高速长距离传输的最大障碍——光功率受限,这是光纤通信史上的重要里程碑。OA 的形式主要有半导体激光器(SOA)、掺铒光纤放大器(EDFA)和拉曼光纤放大器(RFA)。EDFA 的工作波长处在 $1530 \sim 1565\mathrm{nm}$,不仅与光纤最小损耗窗口相一致,而且还与 DWDM 系统工作的 C 波段相一致,因此在 DWDM 系统中获得广泛应用。

4. 光监控技术

与一般的 SDH 系统不同,在利用 EDFA 技术的光线路放大设备上没有电接口接入,也没有业务信号上、下主信道,只有光信号的放大,而且 SDH 的开销中也没有对 EDFA 进行监控的字节。所以必须增加一个电信号以监控 EDFA 的运行状态,并通过一个额外的光监控通道来传送监控信息。

我国规定选用 1510nm 作为光监控通路,其工作速率定为 2Mbit/s。

(四)WDM 和 DWDM

在讨论 WDM 技术时,常将 DWDM(密集波分复用系统)放在一起讨论,实际上它们是同一种技术,它们是在不同发展时期对 WDM 系统的称呼,它们与 WDM 技术的发展历史有着紧密的关系。

早期的波分复用(WDM)采用的是在光纤的两个低损耗窗口传送光波信号:1310nm和 1550nm。每个窗口各传送一路光波长信号,也就是 1310/1550 两波长 WDM 系统,这种系统在我国也有实际的应用。该系统比较简单,波长间隔较大,由于没有合适的光放大器,它只能为一些短距离的应用提供双倍(如 $2 \times 2.5\mathrm{Gbit/s}$)的传输容量。

随着工作于 1550nm 窗口的掺铒光纤放大器(EDFA)的实用化,WDM 系统的应用进入了一个新时期,人们不再利用 1310nm 窗口,而在 1550nm 窗口传送 8 波、16 波或更多波

长的光信号。由于这些 WDM 系统相邻波长间隔比较窄,一般为 1.6nm、0.8nm 或更低,且工作在一个窗口内共享一个 EDFA,因此为了区别于传统的 WDM 系统,人们把在同一窗口(1550nm)中波长间隔更紧密(一般在 1.6nm 以下)的波分复用称为密集波分复用(DWDM)。

因此,密集波分复用技术其实是波分复用的一种具体表现形式。

DWDM 是目前市场最热的技术之一,一般情况下,如不特别说明,WDM 仅指 1550nm 波长区段内的 DWDM。

(五)DWDM 系统基本组成

一般来说,DWDM 系统主要由光发射机、光中继器、光接收机、光监控信道和网络管理系统等五个部分组成(图 2 - 17)。

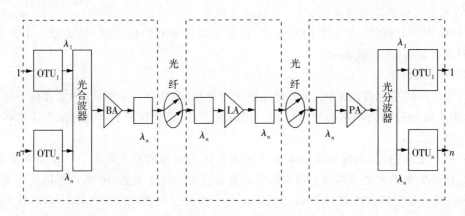

图 2 - 17 DWDM 组成图

1. 光发射机

光发射机是 DWDM 系统的核心,它由光波长转换器、合波器和光功率放大器等组成。在发送端,光波长转换器(OTU)首先将终端设备送来的非特定波长的光信号转换成符合 G.692 标准的特定波长的光信号,合波器把多个不同波长的光信号合成一路,然后通过光功率放大器(BA)放大输出,注入光纤线路。

2. 光中继器

光中继器用来放大光信号,以弥补光信号在传输中所产生的光损耗。光中继距离一般为 80~120km。目前光中继器用的光放大器大多为掺铒光纤放大器(EDFA)。在 DWDM 系统中,必须采用增益平坦技术,使 EDFA 对不同波长的光信号具有相同的放大增益。

3. 光接收机

光接收机由前置光放大器、分波器和光接收器等组成。在接收端,光前置放大器(PA)对传输衰减的光信号放大后,利用分波器从主信道光信号中分出特定波长的光信号送往各终端设备。接收机不但要满足接收灵敏度、过载功率等参数的要求,还要能承受有一定光噪声的信号,并要有足够的电带宽性能。

4. 光监控信道

光监控信道的主要功能是监控 DWDM 系统内各信道的传输情况。其监控原理是在发送端将波长为 1510nm 的光监控信号通过合波器插入主信道中,在接收端,通过分波器将光监控信号从主信道中分离出来。

5. 网络管理系统

网络管理系统通过光监控信道物理层传送开销字节到其他节点或接收来自其他节点的开销字节对 DWDM 系统进行管理,实现配置管理、故障管理、性能管理、安全管理等功能,并与上层管理系统(如 TMN)相连。

二、OTN 光传送网

光传送网(OTN)技术是电网络与全光网折衷的产物,SDH 强大完善的 OAM&P 理念和功能移植到了 WDM 光网络中,有效地弥补了现有 WDM 系统在性能监控和维护管理方面的不足。OTN 技术可以支持客户信号的透明传送、高带宽的复用交换和配置,具有强大的开销支持能力,提供强大的 OAM 功能,支持多层嵌套的串联连接监视(TCM)功能、具有前向纠错(FEC)支持能力。

(一)OTN 的概念

OTN 是以波分复用技术为基础、在光层组织网络的传送网,OTN 通过 G.872、G.709、G.798 等一系列 ITU - T 的建议所规范的新一代"数字传送体系"和"光传送体系",将解决传统 WDM 网络无波长/子波长业务调度能力差、组网能力弱、保护能力弱等问题。

OTN 跨越了传统的电域(数字传送)和光域(模拟传送),是管理电域和光域的统一标准。OTN 处理的基本对象是波长级业务,它将传送网推进到真正的多波长光网络阶段。由于结合了光域和电域处理的优势,OTN 可以提供巨大的传送容量、完全透明的端到端波长/子波长连接以及电信级的保护,是传送宽带大颗粒业务的最优技术。

(二)OTN 的主要优势

OTN 的主要优点是完全向后兼容,它可以建立在现有的 SDH 管理功能基础上,不仅提供了通信协议的完全透明,而且还为 WDM 提供端到端的连接和组网能力,它为 ROADM 提供光层互联的规范,并补充了子波长汇聚和疏导能力。主要在 SDH 基础上建立了端到端的链接和组网能力,并提供了光层的典范。

OTN 概念涵盖了光层和电层两层网络,其技术继承了 SDH 和 WDM 的双重优势,关键技术特征体现为:

1. 多种客户信号封装和透明传输

基于 ITU - T G.709 的 OTN 帧结构可以支持多种客户信号的映射和透明传输,如 SDH、ATM、以太网等。对于 SDH 和 ATM 可实现标准封装和透明传送,但对于不同速率以太网的支持有所差异。ITU - T G.sup43 为 10GE 业务实现不同程度的透明传输提供了补充建议,而对于 GE、40GE、100GE 以太网、专网业务光纤通道(FC)和接入网业务吉比特无源光网络(GPON)等,其到 OTN 帧中标准化的映射方式目前正在讨论之中。

2. 大颗粒的带宽复用、交叉和配置

OTN 定义的电层带宽颗粒为光通路数据单元(ODUk,$k=0,1,2,3$),即 ODU0(GE,1000M/S)ODU1(2.5Gb/s)、ODU2(10Gb/s)和 ODU3(40Gb/s),光层的带宽颗粒为波长,相对于 SDH 的 VC - 12/VC - 4 的调度颗粒,OTN 复用、交叉和配置的颗粒明显要大很多,能够显著提升高带宽数据客户业务的适配能力和传送效率。

3. 强大的开销和维护管理能力

OTN 提供了和 SDH 类似的开销管理能力,OTN 光通路(OCH)层的 OTN 帧结构大大增强了该层的数字监视能力。另外,OTN 还提供六层嵌套串联连接监视(TCM)功能,这样使得 OTN 组网时,采取端到端和多个分段同时进行性能监视的方式成为可能,为跨运营商传输提供了合适的管理手段。

4. 增强了组网和保护能力

通过 OTN 帧结构、ODUk 交叉和多维度可重构光分插复用器(ROADM)的引入,大大增强了光传送网的组网能力,改变了基于 SDH VC-12/VC-4 调度带宽和 WDM 点到点提供大容量传送带宽的现状。前向纠错(FEC)技术的采用,显著增加了光层传输的距离。

(三)OTN 的体系结构

按照 G.805 建议的规定,从垂直方向上,光传送网(OTN)分为光通道(OCH)层、光复用段(OMS)层和光传输段(OTS)层三个独立的层网络,它们之间的关系如图 2-18 所示。

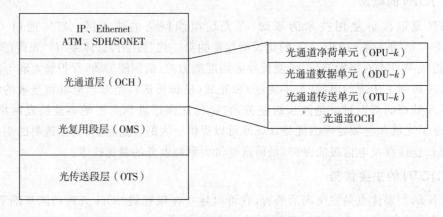

图 2-18　OTN 结构图

1. 光通道层(OCH)

OCH 所接收的信号来自电通道层,在此光通道层将为其进行路由选择和波长分配,从而可灵活地安排光通道连接、光通道开销处理以及监控功能等。它是 OTN 的主要功能的载体,是由 OCH 传送单元(OTUk)、OCH 数据单元(ODUk)和 OCH 净负荷单元(OPUk)三个电域子层和光域的光信道 OCH 组成的。

2. 光复用段层(OMS)

光复用段层主要负责为两个相邻波长复用器之间的多波长信号提供连接功能。具体功能包括光复用段开销处理和光复用段监控功能。光复用段开销处理功能是用来保证多波长复用段所传输的信息的完整性,而光复用段监控功能则是完成对光复用段进行操作、维护和管理操作的重要保障。

3. 光传送段层(OTS)

光传输段(OTS)层为各种不同类型的光传输介质(如 G.652、G.653、G.655 光纤)上所携带的光信号提供传输功能,包括光传输段开销处理功能和光传输段监控功能。光传输段开销处理功能是用来保证多波长传输段所传输信息的完整性,而光传输段监控功能则是完成对光传输段进行操作、维护和管理操作的重要保障。

(四)OTN 帧结构和开销

OTN 规定了类似于 SDH 的块状帧结构,它包括 OPUk 净负荷区域和开销区域两部分。OPU-k 净负荷区域用来装入各种业务,开销字节(包括帧定位)用于系统的运行、维护和管理 OAM。

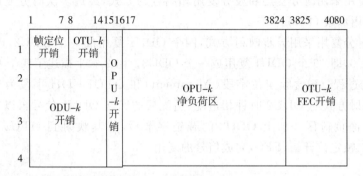

图 2-19 OTN 帧结构

OTN 的帧结构及长度是固定不变的,采用 4 行 4080 列的字节帧。对于不同速率的OTU 信号(如 OTU. 1、OTU. 2 和 OTU. 3)具有相同的帧长度,都是 $4 \times 4080 = 16320$ 字节 $= 130560$ bit,但它们的帧周期是不同的。这一点与 SDH 的帧结构不同。SDH 帧周期均为 $125 \mu s$,不同速率信号的帧长度是不同的。

(五)OTN 客户信号的映射和复用

1. OTN 层次结构及信息流之间的关系

G. 709 定义的 OTN 层次结构及信息流之间的关系如图 2-20 所示。

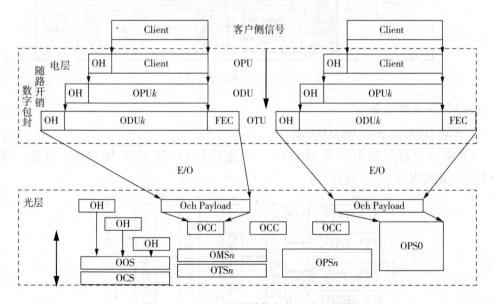

图 2-20 OTN 层次结构与信息流关系图

OTN 网络中信息流的适配过程首先是从客户业务适配到光通道层（OCH），信号的处理是在光域内进行的，此信号采用时分复用的处理方式；然后从光通道层（OCH）到光传输段（OTS）信号的处理也是在光域内完成的，包括光信号的复用、放大及光监控信道（OSC）的插入，其间信号采用波分复用的处理方式。

2. OTN 客户信号的复用和映射结构

OTN 的复用采用时分复用和波分复用相结合的方式，经过多次时分复用形成 OCH，再通过波分复用形成 OTM。

OTN 的时分复用采用异步映射方式，四个 ODU1 复用成一个 ODU2，四个 ODU2 复用成一个 ODU3，即 16 个 ODU1 复用成一个 ODU3。图 2 - 21 描述了四个 ODU1 复用成一个 ODU2 的过程。包含帧定位字段（Alignment）和 OTU1 - OH 字段为全 0 的 ODU1 信号以异步映射方式与 ODU2 时钟相适配，适配后的四路 ODU1 信号再以字节间插的方式进入 OPU2 净负荷区。加上 ODU2 的开销字节后，将其映射到 OTU2 中，最后加上 OTU2 的开销、帧定位开销、FEC，完成信号的复用。

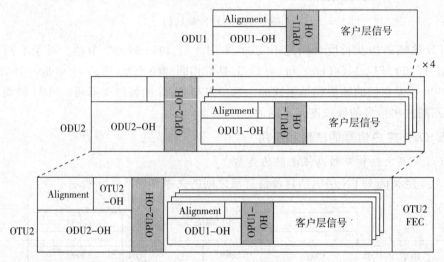

图 2 - 21　OTN 客户信号复用

(六)OTN 主要设备

1. 具有 OTN 接口的 WDM 设备

支持将客户信号映射封装到 OTU - k 接口的 OTM 或者 ROADM 设备。通常 DWDM 产品都支持 OTN 接口。

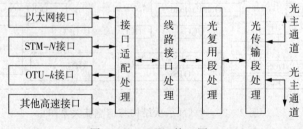

图 2 - 22　OTN 接口图 1

2. 支持 ODUk 电交叉设备

与 SDH 交叉设备类似，OTU-k 电交叉设备可完成 ODUk 级别的电路交叉功能，其结构如图 2-23 所示。这种设备可以独立存在，类似 SDH 设备，对外提供各种业务接口和 OTU-k 接口，也可与具有 OTN 的 WDM 设备集成，以支持 WDM 传输。

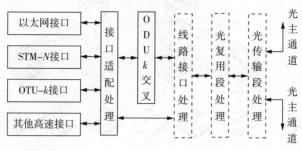

图 2-23　OTN 接口图 2

3. 支持 ODUk 和光波长交叉设备

支持 ODUk 和光波长的 OTN 设备功能模型如图 2-24 所示，它是 OTN 电交叉设备与 OCh 交叉设备组成，可同时提供 ODUk 电层和 OCh 光层调度能力。

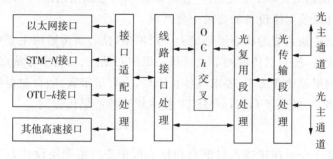

图 2-24　OTN 接口图 3

第6节　内河水运通信传输系统

内河水运通信传输系统为内河航道规划管理、船岸枢纽指挥调度、船舶水上安全监督、防灾防污安全监控等业务应用系统提供信息承载通道，以及为通信网各业务系统组网提供可靠的、冗余的、可重构的、灵活的传送通道。

一、内河水运通信传输系统网络结构

在我国现有内河航道中，起重要作用的有长江水系、珠江水系、淮河水系、黑龙江水系和京杭大运河。在这"三江两河"中首推长江水系。长江水系是我国内河运输线的大动脉，干支流通航里程达 7 万公里。干流自四川宜宾至入海口，全长 2800 余公里，可全年通航，是中国全年昼夜通航最长的深水干线内河航道。内河水运通信由于独特的地理特征，网络结构一般为线状分布，其中长江水运通信传输系统也是目前我国最具代表性的内河水运通信传输系统，其网络结构总体上可分为三层，从高到低依次为核心层、汇聚层和接入层，如

图 2-25 所示。

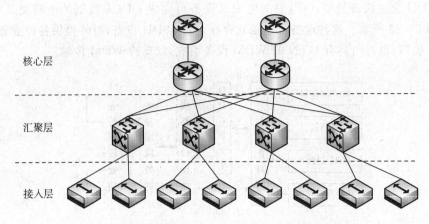

核心层

汇聚层

接入层

图 2-25　内河水运通信网络拓扑图

(一)核心层

核心层的功能主要是实现骨干网络之间的优化传输,骨干层设计任务的重点通常是冗余能力、可靠性和高速的传输。核心层一直被认为是所有流量的最终承受者和汇聚者,所以对核心层的设计以及网络设备的要求十分严格。

内河水运通信传输系统的核心层是最上一层网络,核心层传输网主要承载内河一级中心至二级中心的业务,核心层传输网节点选择一级中心站点、二级中心站点。

核心层传输网根据业务需求,要求具备长距离,大容量带宽,能自愈保护、灵活调度、集中网络管理的网络,一般选择 OTN+MSTP 技术组建核心层传输网。

(二)汇聚层

汇聚层的功能主要是连接接入层节点和核心层中心。汇聚层设计为连接本地的逻辑中心,仍需要较高的性能和比较丰富的功能。

汇聚层设备一般采用可管理的三层交换机或堆叠式交换机以达到带宽和传输性能的要求。其设备性能较好,但价格高于接入层设备,而且对环境的要求也较高,对电磁辐射、温度、湿度和空气洁净度等都有一定的要求。汇聚层设备之间以及汇聚层设备与核心层设备之间多采用光纤互联,以提高系统的传输性能和吞吐量。

(三)接入层

接入层通常指网络中直接面向用户连接或访问的部分。接入层利用光纤、双绞线、同轴电缆、无线接入技术等传输介质,实现与用户连接,并进行业务和带宽的分配。接入层目的是允许终端用户连接到网络,因此接入层交换机具有低成本和高端口密度特性。

二、SDH/MSTP 传输系统应用

随着航运事业的不断发展,内河水运通信传输网也得到了相应的发展。SDH/MSTP传输系统作为通信和信息业务的基础承载网络,是内河航运信息通信网络中传递各种信息的物理平台。经过多年的建设和优化,以 SDH/MSTP 技术为基础的内河水运通信网已经

较好地满足了现有的语音业务和部分数据业务的传送需求。随着 IP 网络的快速发展,大量的业务应用迅速向分组化、网络化转换,而数据业务的突发性强、带宽占用量大,势必会对底层传送网络的可靠性、网络带宽、服务质量、网络管理及应急保障能力提出新的要求。

下面以长江航运通信系统为例,说明 SDH/MSTP 传输系统的应用。

(一)为监管单位提供通道需求

长江安全监管的主要特点表现为"六多一杂":港区和停泊区多、渡口渡船多、桥区坝区多、油区和危险品作业点多、船舶及船公司多、水运从业人员多、通航环境复杂。如此复杂的水运运输过程要求监管部门必须运用高科技手段建设信息化系统,用于保障船舶能够安全通航,包括:AIS 船舶自动识别系统、VTS 船舶交管系统、CCTV 视频监控系统、IMS 语音交换系统、VHF 船岸甚高频系统、高清视频会议系统等信息化手段。通信线路为 SDH/MSTP 传输网提供光缆资源需求,实现 SDH/MSTP 网络的组网,而 SDH 传输又为其他信息化系统提供传输通道。

(1)为 AIS 船舶自动识别系统提供专用通道,实现 AIS 一级站点—二级站点—各个收发站、接收站的传输通道,保证 AIS 系统在长江上的全覆盖。

(2)为 VTS 船舶交管系统提供专用通道,实现指挥中心与各个雷达站点的网络连接。其中还包含各个雷达站点的动环系统的组网。

(3)为 CCTV 视频监控系统提供专用通道,保证监管部门在重要的港区、停泊区、渡口码头、桥区坝区、油区和危险品作业区建立以视频摄录为信息采集手段,计算机为数据处理终端,CCTV 传输专网为主要通道的数字电视监控系统。

(4)为 IMS 语音交换系统提供专用通道,实现长江全线电话专网的架构。

(5)为 VHF 船岸甚高频系统提供专用通道,实现长江全线甚高频通信的全覆盖。

(6)为高清视频会议系统提供专用通道,保证长江全线航运管理职能部门的视频会议召开需求。

(7)为无线调度通信系统提供专用通道,实现长江全线无线通信的全覆盖。

(二)为数字航道提供通道需求

当前,国家大力推进实施大数据战略,提出要加快建设"数字中国",加大"新基建"项目投资。这是国家未来发展的新信号、新亮点、新趋势。长江航道顺应时代要求,加快推进数字航道建设,实现航道要素全天候监测监控,航道维护船舶动态监测、运行维护、决策支持等一体化管理,实现航道探测、航标维护等现场养护工作以及物资器材消耗全过程留痕,建立了辅助决策管理的信息化数据基础。

数字航道建设,网络是基础。2019 年 9 月 30 日,长江干线数字航道全面联通运行,圆满完成全覆盖目标,形成贯穿多层级的生产业务规范流程 14 大类,功能原型近 171 项,实现了 6 个分中心软件功能和数据标准全面统一,为航道运行、管理与服务实现质量变革、效率变革和动力变革奠定了坚实的基础。依托长江航运通信的 OTN/MSTP 传输系统,数字航道系统有效地完成了全覆盖目标。

三、DWDM 系统应用

DWDM 系统由于通信容量大,已广泛应用于国家省际干线网、省内干线网、本地交换网和各种专网,如内河通信的核心网和汇聚网中。

　　内河水运通信核心网络波分复用系统主要利用内河沿江分布的主要站点作为波分系统设置站点,在距离满足设计要求的前提下,利用骨干光缆资源,搭建 DWDM 系统。

　　内河波分复用传送系统(DWDM)以长江水运通信传输系统为例,主要采用 40 波为主,速率为 10Gbit/s。如图 2-26 所示。

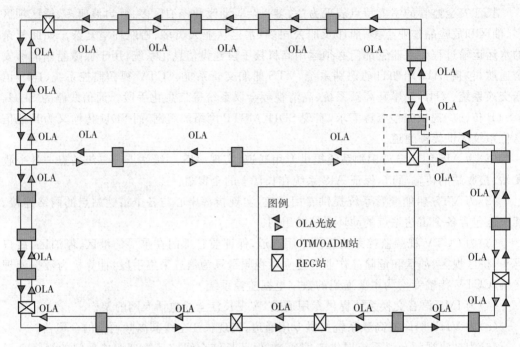

图 2-26　核心网络 DWDM 系统应用

习　　题

1. 光纤传输系统的特点是什么?

2. 光纤的主要特性是什么?

3. 光纤的传输特性分为什么,各有什么特点?

4. SDH 的基本特点是什么?

5. SDH 帧中开销的含义是什么?

6. SDH 的复用原理是什么?

7. MSTP 的主要特点是什么?

8. PTN 的体系结构是什么?

9. 简述分组传送网的基本概念。

10. 简述波分复用的基本概念,并说明与密集波分复用在概念上的区别。

11. OTN 的主要优势有哪些?

第3章 接入网

第1节 概 述

一、接入网的定义和定界

接入网(AN,Access Network)是由业务节点接口(SNI,Service Node Interface)和相关用户网络接口(UNI,User Network Interface)之间的一系列传送实体(诸如线路设施和传输设施)组成的为传送电信业务提供所需传送承载能力的实施系统,其示意图如图3-1所示。接入网可通过维护管理(Q3)接口进行配置和管理。

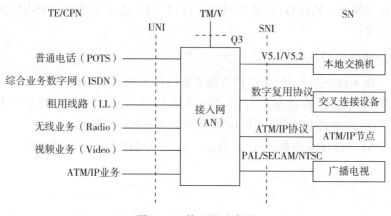

图 3-1 接入网示意图

接入网是由 UNI、SNI 和 Q3 三个接口定界的,即网络侧经由 SNI 与业务节点(SN,Service Node)相连,用户侧经由 UNI 与用户终端设备(TE,Terminal Equipment)或用户驻地网(CPN,Customer Premises Network)相连,管理方面经由 Q3 接口与电信管理网(TMN,Telecom Management Network)相连。其中业务节点 SN 是提供业务的实体,是一种可以接入各种交换型和永久连接型电信业务的网元,业务节点接口(SNI)是接入网(AN)和业务节点(SN)之间的接口。用户网络接口(UNI)是用户和网络之间的接口。在单个 UNI 的情况下,ITU-T 所规定的 UNI 应该用于 AN 中,以便支持目前所提供的接入类型和业务。图3-2显示了接入网与其他网络实体的关系。

接入网与用户间的 UNI 接口能够支持目前网络所能提供的各种接入类型和业务,但接入网的发展不应限制在现有的业务和接入类型。

内河水运通信接入网为内河水运各类用户及水运外用户提供综合接入各种电信业务和其他业务的途径。

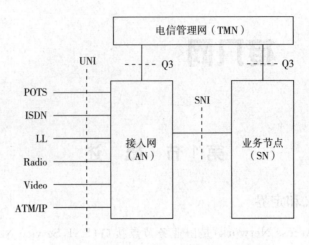

图 3-2　接入网与其他网络实体的关系图

二、接入网的接口

接入网有四种类型的接口,即用户网络接口(UNI)、业务节点接口(SNI)、维护管理接口(Q3)和 V5 接口。

(一)用户网络接口(UNI)

UNI 位于接入网的用户侧,是用户终端设备与接入网之间的接口。

UNI 分为两种类型,即独享式 UNI 和共享式 UNI。独享式 UNI 指一个 UNI 仅能支持一个业务节点,共享式 UNI 指一个 UNI 支持多个业务节点的接入。

共享式 UNI 的链接关系如图 3-3 所示。由图中可以看到一个共享的 UNI 支持多个

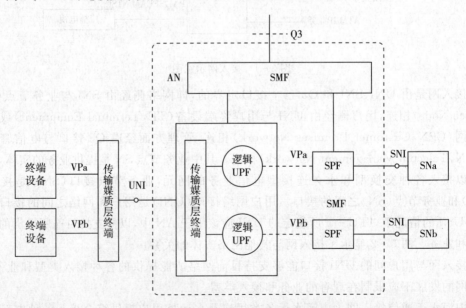

图 3-3　共享式 UNI 的功能模块关系图

逻辑接入,每个逻辑接入由不同的用户口功能(UPF,User Port Function)支持,并通过不同的业务口功能(SPF)经由不同的业务节点接口(SNI)连接到不同的业务节点(SN)上。系统管理功能(SMF,System Management Function)对接入网中的 UPF、SPF 等功能进行指配和管理。

UNI 的主要表现形式有模拟二线音频接口(POTS,Plain Old Telephone Service)、模拟四线接口、E&M 模拟接口、ISDN(Integrated Services Digital Network,综合业务数字网)基本速率接口(BRI,Basic Rate Interface,2B+D)、ISDN 基群速率接口(PRI,Primary Rate Interface,30B+D)、E1 数字接口、$n \times 64$kbit/s 的 v.35 接口等。

(二)业务节点接口(SNI)

SNI 位于接入网的业务节点(SN)一侧,是接入网与业务节点之间的接口。如果接入网的 SNI 与业务节点的 SNI 不在同一地点,可能需要通过透明传送通路进行远程连接。

不同的接入业务需要通过不同的 SNI 与接入网相连。为适应接入网中的多种传输媒质,并向用户提供多种业务的接入,SNI 有多种不同的类型。

按照 SNI 支持的接入能力,将其分为 3 类:

(1)仅支持一种专用接入类型;

(2)可支持多种接入类型,但所有接入类型的接入承载能力相同;

(3)可支持多种接入类型,且每种接入类型的接入承载能力不同。

按照特定 SN 类型所需要的能力,根据所选接入类型、接入承载能力和业务要求可以规定合适的 SNI。

从历史的发展角度看,SNI 是由交换机的用户接口演变而来的,分为模拟接口(Z 接口)和数字接口(V 接口)两大类。使用 Z 接口时,需引入 A/D 变换,不适应内河水运接入网建设发展趋势,因此内河水运接入网系统都采用了数字接口(V 接口)。数字接口有 V1、V2、V3、V4、V5、VB1 和 VB5 等多种。

(三)Q3 接口

Q3 是接入网(AN)与电信管理网(TMN)之间的接口。TMN 通过 Q3 接口实施对 AN 的管理、配置等操作,为用户提供所需的接入类型和承载能力。接入网作为整个电信网络的一部分,通过 Q3 接口纳入 TMN 的管理范围之内。

(四)V5 接口

V5 接口作为一种标准化、完全开放的接口,用于接入网数字传输系统和数字交换机之间的配合。根据接口容量和有无集线功能,V5 接口又分为 V5.1 和 V5.2 接口。V5.1 接口由 1 个 2048kbit/s 链路组成,其所对应的 AN 无集线功能。V5.2 接口按需要由 1~16 个 2048kbit/s 链路构成,其所对应的 AN 具有集线功能。

1. V5 接口支持的业务

V5 接口支持以下的接入类型:

(1)模拟电话接入:支持单个用户的接入,也支持用户交换机(PABX,Private Automatic Branch Exchange)的接入,其中用户线路信令可以是双音多频(DTMF,Dual Tone Multi Frequency)信号或线路状态信号,并且对用户的补充业务没有任何限制。

(2)ISDN 接入：V5.1 接口可以支持 ISDN 基本接入(ISDN－BA)；V5.2 接口可以同时支持 ISDN 基本接入和 ISDN 一次群接入(ISDN－PRA)。对于 ISDN 接入，B 通路上的承载业务、用户终端业务以及补充业务不受限制。另外，ISDN 接入可同时支持 D 通路的分组模式业务和 B 通路中的分组数据业务，其中 B 通路可用于永久线路(PL，Permanent Line)业务或半永久租用线路业务。永久线路(PL)业务旁通 V5 接口，半永久租用线路业务通过 V5 接口。

2. V5 接口的基本功能

V5 接口功能特性如图 3－4 所示，各功能描述如下：

(1)承载通路：为配置于 ISDN－BA 和 ISDN－PRA 用户端口(仅 V5.2 接口)分配的 B 通路为 PSTN(Public Switched Telephone Network，公共交换电话网络)用户端口的 PCM (Pulse Code Modulation，脉冲编码调制)编码的 64kbit/s 通路提供双向传输能力。

(2)ISDN D 通路信息：为 ISDN－BA 和 ISDN－PRA 用户端口(仅 V5.2 接口)的 D 通路信息(包括信令和分组型数据)提供双向传输能力。

(3)PSTN 信令信息：为 PSTN 用户端口的信令信息提供双向传输能力。

(4)用户端口控制信息：提供每个 PSTN 和 ISDN 用户端口状态和控制信息的双向传输能力。

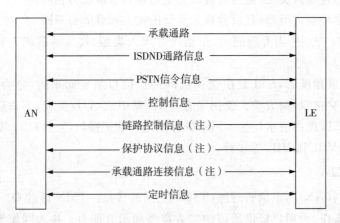

图 3－4　V5 接口功能特性

注：仅适用于 V5.2 接口。

(5)2048kbit/s 链路的控制：对 2048kbit/s 链路的帧定位、复帧定位、告警指示和 CRC (Cyclic Redundancy Check，循环冗余校验)信息进行管理控制。

(6)第二层链路的控制：为控制协议、PSTN 协议、链路控制协议、承载通路连接(BCC，Bearer Channel Connection)等第三层协议信息提供双向传输能力。

(7)用于支持公共功能的控制：提供 V5.2 接口系统启动规程、指配数据的同步应用和重新启动能力。

(8)链路控制协议：支持 V5.2 接口上 2048kbit/s 链路的管理功能。

(9)保护协议：支持在合适的物理 C 通路之间交换逻辑 C 通路。

(10)承载通路连接(BCC)协议：用来在 LE(Logic Element，逻辑单元)控制下分配承载通路。

(11)业务所需的多速率连接:它应在 V5.2 接口内的一个 2048kbit/s 链路上提供,在这种情况下,总是提供 8kHz 和时隙序列的完整性。

(12)定时:提供比特传输、字节识别和帧定位必要的定时信息。

三、接入网分类

接入网通常是按其所用传输介质的不同来进行分类的。

(一)铜线接入网

端局与交接箱之间可以有远端交换模块(RSU,Remote Switching Unit)或远端(RT,Remote Terminal)。

端局本地交换机的主配线架(MDF,Main Distribution Frame)经大线径、大对数的馈线电缆(数百至数千对)连至分路点转向不同方向。

由交接箱开始经较小线径、较小对数的配线电缆(每组几十对)连至分线盒。

由分线盒开始通常是通过若干单对或双对双绞线直接与用户终端处的网路接口(NI,Network Interface)相连,用户引入线为用户专用,NI 为网络设备和用户设备的分界点。

铜线用户环路的作用是把用户话机连接到电话局的交换机上。

为了提高铜线传输速率,在接入网中使用了数字用户线(DSL,Digital Subscriber Line)技术,以解决高速率数字信号在铜缆用户线上的传输问题。常用的 DSL 技术有高速率数字用户线(HDSL,High-speed Digital Subscriber Line)和不对称数字用户线(ADSL,Asymmetric Digital Subscriber Line)技术。

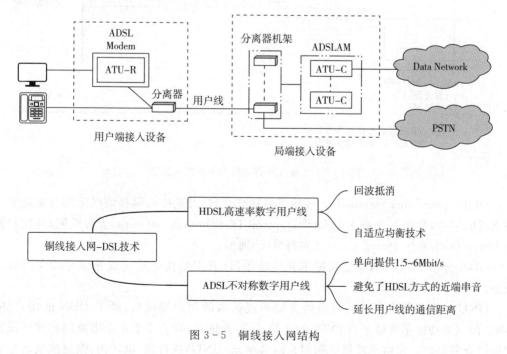

图 3-5 铜线接入网结构

铜线接入网,简单来说,就是使用电话线来上网,常见的家庭终端设备联接示意图如图3-6所示。

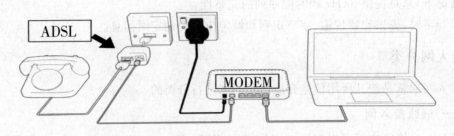

图3-6 常见的家庭终端设备联接示意图

(二)光纤接入网

光纤接入网(OAN,Optical Access Network)又称光接入网,是以光纤为传输介质,并利用光波作为光载波传送信号的接入网,泛指本地交换机或远端交换模块与用户之间采用光纤通信或部分采用光纤通信的系统,其功能参考配置如图3-7所示,其结构如图3-8所示。

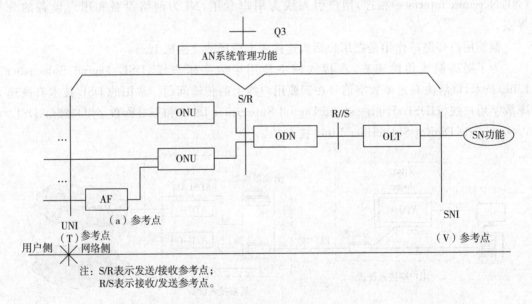

图3-7 光接入网的功能参考配置示意图

OLT(optical line terminal,光线路终端)的作用是为光接入网提供网络侧与本地交换机之间的接口,并经一个或多个ODN(Optical Distribution Network,光分配网)与用户侧的ONU(Optical Network Unit,光网络单元)通信。

ODN为OLT与ONU之间提供光传输手段,其主要功能是完成光信号功率的分配任务。

ONU的作用是为光接入网提供直接的或远端的用户侧接口,处于ODN的用户侧。ONU的主要功能是终结来自ODN的光纤,处理光信号,并为多个小企事业用户和居民用户提供业务接口。在用户端则要利用光网络单元(ONU)进行光/电转换,恢复成电信号后送至用户终端设备。

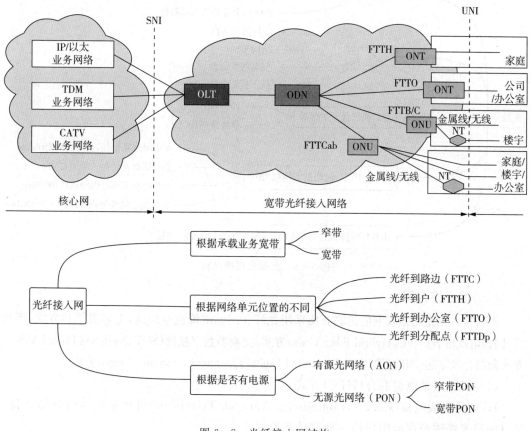

图 3-8 光纤接入网结构

无源光网络(PON,Passive Optical Network)(图 3-9)是指在 OLT 和 ONU 之间的光分配网络(ODN),其中没有任何有源电子设备,即传输设施在 ODN 中全部采用无源器件。PON 是一种纯介质网络,避免了外部设备的电磁干扰和雷电影响,减少了线路和外部设备的故障率,提高了系统可靠性,同时节省了建造和维护成本。

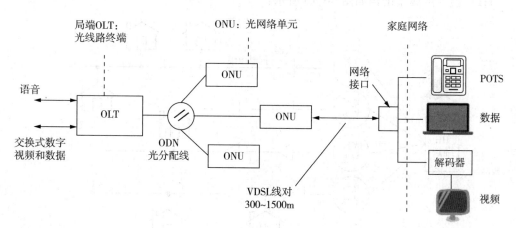

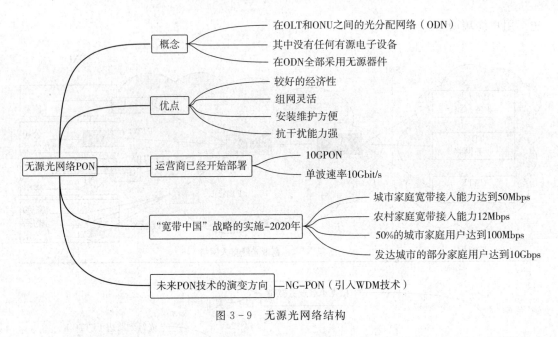

图 3-9　无源光网络结构

(三) 混合接入网

混合接入网是指接入网的传输介质采用光纤和同轴电缆混合组成,主要有三种方式,即光纤/同轴电缆混合(HFC,Hybrid Fiber Coax)方式、交换型数字视像(SDV,Switched Digital Video)方式和综合数字通信和视像(IDV,Integrated Digital Communication and Video)方式。

(1)光纤/同轴电缆混合(HFC)方式

HFC 是有线电视(CATV,Community Antenna Television)网和电话网结合的产物,是目前将光纤逐渐推向用户的一种较经济的方式。

在 HFC 上实现双向传输,需要从光纤通道和同轴通道这两方面来考虑。从前端到光节点这一段光纤通道中,上行回传可采用空分复用(SDM,Space Division Multiplexing)和波分复用(WDM,Wavelength Division Multiplexing)这两种方式。从光节点到住户这段同轴电缆通道,其上行回传号要选择适当的频段。

HFC 接入网典型结构如图 3-10 所示:

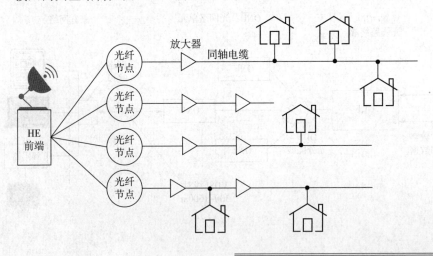

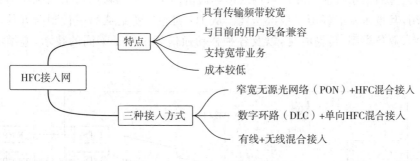

图 3-10　HFC 接入网结构

（2）交换型数字视像（SDV）方式

交换型数字视像（SDV）方式是将 HFC 与 FTTC（Fiber-To-The-Curb，光纤到路边）结合起来的一种组网方式。在 SDV 中，是用 FTTC 来传送所有交换式数字业务（包括语音、数据和视像），而用 HFC 来传送单向模拟视像节目，同时向 HFC 和 ONU 供电。这种结合实际是由两套基本独立的网络基础设施所组成。

（3）综合数字通信和视像（IDV）方式

综合数字通信和视像方式基本原理与 SDV 方式的原理近似，它是在 ATM（Asynchronous Transfer Mode，异步传输模式）技术还未成熟推广前所采用的一种过渡方式。IDV 是可以传送 59 路以上模拟视像节目的 AM-VSB 接入系统和采用 V5 标准接口的数字环路载波或 PON 接入系统综合在两极光纤上组成的全业务网。

（四）无线接入网

无线接入网是一种部分或全部采用无线电波作为传输媒质来连接用户与交换中心的接入方式。它除了能向用户提供固定接入外，还能向用户提供移动接入。与有线接入网相比，无线接入网具有更大的使用灵活性和更强的抗灾变能力。按接入用户终端移动与否，可分为固定无线接入和移动无线接入两类。

1. 固定无线接入

固定无线接入是一种用户终端固定的无线接入方式。其典型应用就是取代传统有线电话用户环路的无线本地环路系统。这种用无线通信（地面、卫星）等效取代有线电话用户线的接入方式，因为它的方便性和经济性，将从特殊用户应用（边远、岛屿、高山等）过渡到一般应用。需说明的是，无绳电话虽是通信终端（电话机）的一种无线延伸装置，并使话机由固定变为移动，但它仍属于固定接入网，而且当前基本是有线接入。固定无线接入的主要技术有 LMDS（Local Multipoint Distribution Services，本地多点分配服务）、3.5GHz 无线接入、MMDS（Multichannel Multipoint Distribution Service，多信道多点分配服务）、固定卫星接入、不可见光无线系统等。系统结构图如图 3-11 所示。

2. 移动无线接入

用户终端移动的无线接入有蜂窝移动通信系统、卫星通信系统、集群调度系统、无线市话（PAS，Personal access System）和用于短距离无线连接的蓝牙技术等（图 3-12）。其中，蜂窝移动通信系统已经广泛使用的公共地面移动通信网络，将其应用到接入网中，是最佳选择;移动卫星通信系统应用在广域网或国际通信网中。蜂窝移动通信系统作为典型的无线接入应用,其技术发展经历了数次迭代。从 1G 到 5G,就是从第一代到第五代。主要区别在于速率、业务类型、传输时延,以及各种移动通信等采用了不同的技术,遵循不同的通信协议。

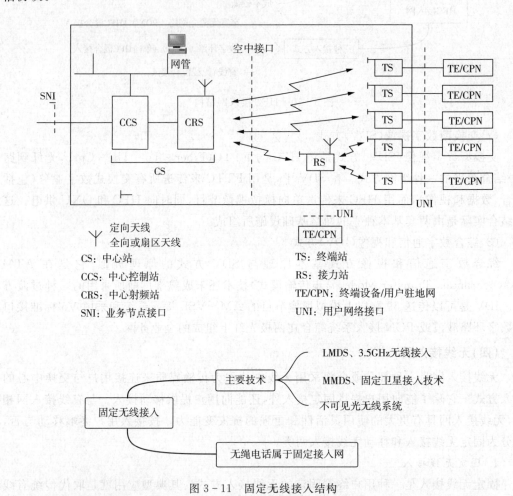

图 3-11 固定无线接入结构

内河水运通信概论

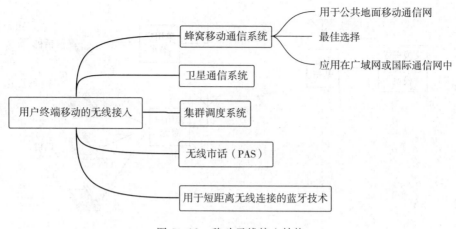

图 3 - 12　移动无线接入结构

第 2 节　无线接入技术

无线接入以无线技术为手段为用户提供各种电信业务,可以全部或部分替代有线接入网。无线接入网可分为固定接入和移动接入两部分。固定无线接入又称为无线本地环路(WLL,Wireless Local Loop)。移动接入有卫星接入和地面移动接入两种方式。

一、固定无线接入技术

在现有的用户接入网中所采用的无线接入方式,大部分属于固定无线接入(FWA,Fixed Wireless Access)方式。FWA 是指从交换局到用户终端之间部分或全部采用无线传输的方式。

FWA 又称无线本地环路(WLL)或无线用户环路。固定无线接入的终端没有移动性或仅含有限的移动性。所谓有限的移动性是指终端可以在单基站范围内移动,而不具有越区切换功能。

在固定无线接入中采用的技术主要包括:传统的微波通信技术、卫星通信技术、蜂窝移动通信技术和无绳电话通信技术等。典型的固定无线接入系统配置如图 3 - 13 所示。

(1)单(多)用户终端设备

终端设备为用户提供电话、传真、数据等标准接口,与基站通过无线接口相连,并向终端用户透明地传送交换机所能提供的业务和功能。它分为单用户终端设备和多用户终端设备。

(2)基站

基站是为一个小区或多个小区服务的无线收发设备。其受控制器的控制,通过无线信道为用户终端设备提供无线接口。

(3)控制器

控制器可由单个实体构成,其功能是为基站提供网络侧的接口以及维护管理中心的接口。控制器提供无线信道控制和基站监测等功能,并完成与交换机的转接。基站与控制器

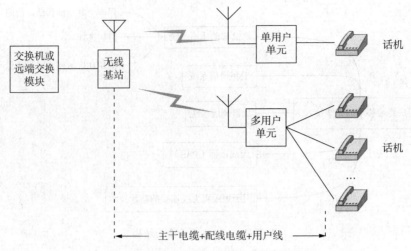

图3-13 固定无线接入的系统配置图

之间可根据用户分布、地理环境、线路可靠性等因素选择组成星状、树状、环状等网络。

(4)操作维护中心

操作维护中心负责整个固定无线接入系统中的有关设备的操作与维护,管理网络的日常操作,并为网络管理和规划提供必要的数据和统计资料。对于采用移动通信技术(蜂窝通信技术)的固定无线接入系统来说,其配置方法既可以采用与移动通信网相混合的组网的方式,也可采用图3-13所示的典型系统配置。当采用与移动通信网混合组网的方式时,网络部分完全采用蜂窝移动通信网的网络结构,仅终端采用固定终端设备。

固定无线接入系统在不同的国家和地区所采用的无线技术以及所使用的频段部是不同的。到目前为止,世界上还没有关于这方面的统一的标准和规范。

二、卫星接入技术

卫星接入是利用人造卫星作为中继站,实现地球上无线用户之间或移动用户到固定用户之间的通信,如图3-14所示。

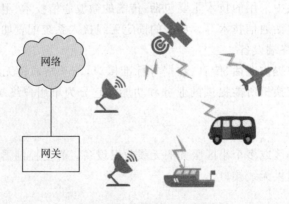

图3-14 卫星接入示意图

卫星接入的通信距离远、覆盖范围大、对接收站没有特别的地理环境要求,特别适合偏远山区、农村等地域;带宽高、容量大,特别适合广播型业务;传输时延大,不同轨道的卫星时延不同,适合的业务也有所不同。卫星工作频段范围很大,目前卫星通信使用的频段主要在 L、C、Ku、Ka 波段,见表 3-1 所列。

表 3-1 卫星工作频段

波段名称	频率范围(GHz)	用途
L 波段	1.12～1.7	移动卫星通信、海事卫星业务
C 波段	3.95～5.85	固定卫星、专用卫星业务
Ku 波段	12.4～18.0	卫星电视广播、移动卫星通信
Ka 波段	26.5～40.0	卫星电视广播

(一)卫星通信系统类型

卫星通信系统分为三种基本类型:同步轨道地球卫星(GEO,Geostationary Earth Orbit)、中轨道地球卫星(MEO,Medium Earth Orbit)、低轨道地球卫星(LEO,Low Earth Orbit)。

(1)同步轨道地球卫星(GEO)

GEO 可称为地球同步卫星、高轨卫星、静止卫星,离地距离 35768km,与地球自转同步,相对于地球静止不动;3 颗卫星就可覆盖全球,单颗星覆盖范围广,通信时不需更换卫星,信道稳定;由于距离远,时延很大,往返时延大于 500ms,不适合传输实时业务,但适合广播电视业务或无时延要求的数据业务,用于固定用户的接入。如东方红三号卫星(DFH-3),它是中国新一代通信卫星,主要用于电视传输、广播、通信及数据传输等业务。

(2)中轨道地球卫星(MEO)

MEO 离地距离 20000km 左右,运行方向和速度与地球自转不同步,相对于地球是运动的,连续覆盖同一地域需要多颗卫星,一颗卫星可以较长时间覆盖某个地域,大多数通信过程可能不需切换卫星;时延较大,往返时延大于 100ms,不太适合传输实时业务,但有时依然传输话音,有一定延时;主要用于军事、海事等应急通信,用于固定或移动用户的接入。运行于中地球轨道的卫星大都是导航卫星,例如北斗卫星导航系统、GPS 系统(20200km)、格洛纳斯系统(19100km)以及伽利略定位系统(23222km)。部分跨越南北极的通信卫星也使用中地球轨道;中地球轨道的卫星运转周期在 2～12h 之间;最早的通信卫星"Telstar"也是使用的这条轨道。

(3)低轨道地球卫星(LEO)

LEO 离地距离 1457km(平均),运行方向和速度与地球自转不同步,相对于地球是运动的;连续覆盖某一地域需要许多颗卫星(几十上百),大多数通信过程可能需要切换多颗卫星;时延较小,往返时延小于 30ms,适合传输实时业务及其他数据业务,最适合移动用户的卫星接入方式。

(二)现有卫星通信系统

(1)铱星卫星通信系统(Iridium)

设计者认为全球性卫星移动通信系统必须在天空上设置 7 条卫星运行轨道,每条轨道上均匀分布 11 颗卫星,组成一个完整的卫星移动通信的星座系统。由于它们就像化学元素铱(Ir)原子核外的 77 个电子围绕其运转一样,所以该全球性卫星移动通信系统被称为铱星。后来经过计算证实,设置 6 条卫星运行轨道就能够满足技术性能要求,因此,全球性卫星移动通信系统的卫星总数被减少到 66 颗,但仍习惯称为铱星移动通信系统。

铱星移动通信系统最大的技术特点是通过卫星与卫星之间的接力来实现全球通信,相当于把地面蜂窝移动电话系统搬到了天上。

与静止轨道卫星通信系统相比,铱星主要具有两方面的优势:轨道低,传输速度快,信息损耗小,通信质量大大提高;不需要专门的地面接收站,每部卫星移动手持电话都可以与卫星连接。

(2)国际海事卫星通信系统(Inmarsat)

Inmarsat 系统(第三代)的空间段由四颗 GEO 卫星构成,分别覆盖太平洋(卫星定位于东经 178°)、印度洋(东经 65°)、大西洋东区(西经 16°)和大西洋西区(西经 54°)。

(3)VSAT 卫星通信系统

VSAT(甚小口径终端)是一种天线口径很小的卫星通信地球站,又称微型地球站或小型地球站。其特点是天线直径很小(一般为 0.3～2.4m),设备结构紧凑、固体化、智能化、价格便宜、安装方便、对使用环境要求不高,且不受地面网络的限制,组网灵活。

(4)全球星卫星通信系统(Globalstar)

全球星是由美国劳拉公司(Loral Cor - poration)和高通公司(Qualcomm)倡导发起的卫星移动通信系统。

(5)GPS 全球定位系统

GPS 的空间部分是由 24 颗卫星组成(21 颗工作卫星,3 颗备用卫星),它位于距地表 20200km 的上空,均匀分布在 6 个轨道面上(每个轨道面 4 颗)。

(6)伽利略卫星导航定位系统(Galileo)

伽利略卫星导航系统(Galileo satellite navigation system),是由欧盟研制和建立的全球卫星导航定位系统,该计划于 1999 年 2 月由欧洲委员会公布,欧洲委员会和欧空局共同负责。系统由轨道高度为 23616km 的 30 颗卫星组成,其中 27 颗工作星,3 颗备份星。卫星轨道高度约 2.4 万公里,位于 3 个倾角为 56 度的轨道平面内。

(7)格洛纳斯全球卫星导航系统(GLONASS)

该系统是俄罗斯 1993 年开始独自建立的全球卫星导航系统,作用类似于美国的 GPS、欧洲的伽利略卫星定位系统。

(8)北斗卫星导航定位系统

该系统是中国自行研制的全球卫星定位与通信系统(GNSS,Global Navigation Satellite System),由空间端、地面端和用户端组成,可在全球范围内全天候、全天时为各类用户提供高精度、高可靠定位、导航、授时服务,并具有短报文通信能力。截至 2020 年 6 月 23 日,在轨卫星 59 颗,已经具备区域导航、定位和授时能力。

目前全世界有 4 套卫星导航系统:中国北斗、美国 GPS、俄罗斯"格洛纳斯"、欧洲"伽利略"。

三、5G 接入技术

5G 网络中,接入网被重构为 3 个功能实体,即 CU(Centralized Unit,集中单元)、DU

(Distribute Unit,分布单元)、AAU(Active Antenna Unit,有源天线单元),是在4G网络基础上演化而来。4G基站的组成部分如下:①BBU(Building Base band Unit,基带处理单元,主要负责信号调制);②RRU(Remote Radio Unit,射频拉远单元,主要负责射频处理);③馈线(连接RRU和天线);④天线(负责线缆上导行波和空气中空间波之间的转换)。

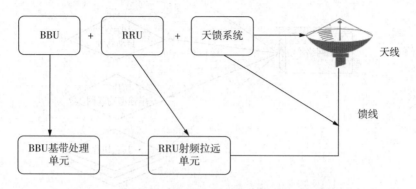

图3-15 4G基站结构图

5G时代的CU、DU、AAU和4G时代的BBU、RRU、天线之间关系见图3-16:

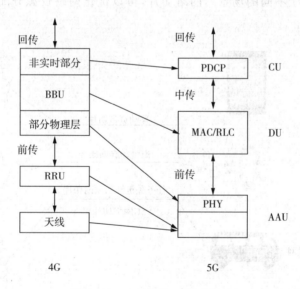

图3-16 5G和4G基站关系图

(1)CU:将原BBU的非实时部分分割出来,定义为CU,负责处理非实时协议和服务。

(2)AAU:BBU的部分物理层处理功能+原RRU+无源天线合并为AAU。

(3)DU:BBU剩余功能重新定义为DU,负责处理物理层协议和实时服务。

以上可以看出:BBU、RRU、天线在5G时代被重组。其中,CU和DU可通过处理内容的实时性进行区分(非实时性:CU;实时性:DU)。

把网络拆开、细化,就是为了更灵活地应对场景需求,从而实现5G网络关键技术——

切片。切片,简单来说,就是把一张物理上的网络,按应用场景划分为 N 张逻辑网络。不同的逻辑网络,服务于不同场景。

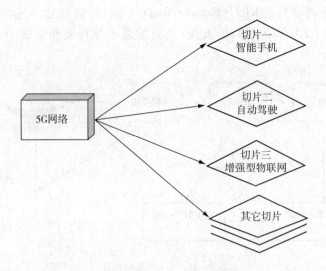

图 3-17　5G 切片应用图

不同的切片,用于不同的场景。网络切片,可以优化网络资源分配,实现最大成本效率,满足多元化要求。

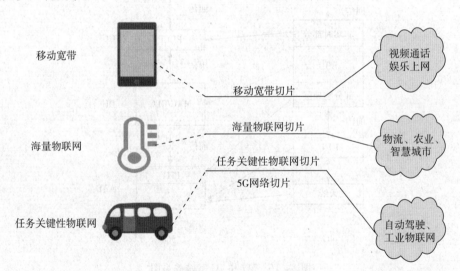

图 3-18　5G 切片应用场景图

因为需求多样化,所以要网络多样化;因为网络多样化,所以要切片;因为要切片,所以网元要能灵活移动;因为网元灵活移动,所以网元之间的连接也要灵活变化。因此,才有了 CU 和 DU 这样的新架构。

依据 5G 提出的标准,CU、DU、AAU 可以采取分离或合设的方式,所以,会出现多种网络部署形态,如图 3-20 所示:

图 3-19　切片层次图

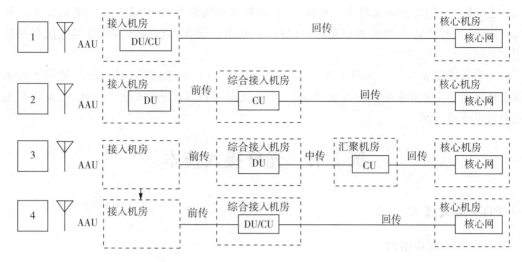

图 3-20 网络部署形态图

图 3-20 所列网络部署形态,依次为:

(1)与传统 4G 宏站一致,CU 与 DU 共硬件部署,构成 BBU 单元。

(2)DU 部署在 4G BBU 机房,CU 集中部署。

(3)DU 集中部署,CU 更高层次集中。

④ CU 与 DU 共站集中部署,类似 4G 的 C-RAN 方式。

这些部署方式的选择,需要同时综合考虑多种因素,包括业务的传输需求(如带宽、时延等因素)、建设成本投入、维护难度等。

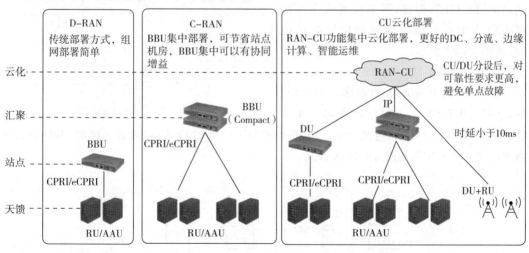

图 3-21 不同网络部署方式图

4G/5G 协同需求:5G 部署初期,大部分运营商选择非独立组网向独立组网逐渐演进的方案。在 NSA 阶段,4G/5G 之间需要解决如何更加高效地完成业务协同的问题。

切片管理需求:5G 网络的未来实现目标是网络切片即服务(Network Slicing as a Service,NSaaS),在无线侧需要功能扩展性非常强的架构来完成各个切片逻辑的划分并进行高效的管理;同时,还需要支持组建大范围基带资源池以提升资源利用率。

边缘转发需求:在未来超高可靠性、超低时延业务场景下,用户面转发功能需要下沉到网络边缘,无线侧需要灵活控制空口协议栈,并和垂直行业的边缘计算服务器完成高层应用的对接。

当前传统的无线接入网网络架构,已经无法满足这些需求,需要进行网络架构上的重新设计以满足 5G 未来业务的需求,形成一个敏捷而弹性、统一接入统一管理、可灵活扩展的全新无线接入网。

第 3 节　光纤接入技术

一、PON 接入技术

(一)PON 拓扑结构

PON(无源光网络),指在 OLT 和 ONU 之间的 ODN(光分配网络),在 ODN 中不使用任何供电设备。

光纤接入网(OAN)由光线路终端(OLT)、光分配网络(ODN)和光网络单元(ONU)三大部分组成。光纤接入网(OAN)的拓扑结构取决于光分配网络(ODN)的结构。通常 ODN 可归纳为单星型、树型、总线型和环型等四种基本结构,也就是 PON 的四种基本拓扑结构。

(1)单星型结构

单星型结构是指用户端的每一个光网络单元(ONU)分别通过一根或一对光纤与端局的同一 OLT 相连,形成以光线路终端(OLT)为中心向四周辐射的星型连接结构,如图 3-22 所示。

(2)树型结构

在 PON 的树型结构(也叫多星型结构)中,连接 OLT 的第一个光分支器(OBD,

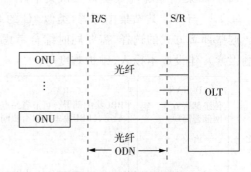

图 3-22　单星型结构

Optical Branching Device)将光分成 n 路,每路通向下一级的 OBD,如最后一级的 OBD 也为 n 路并连接 n 个 ONU,如图 3-23 所示。

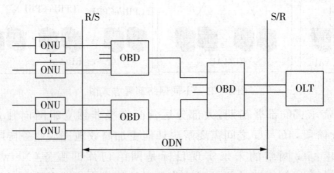

图 3-23　树型结构

（3）总线型结构

总线型结构的PON通常采用非均匀分光的光分支器(OBD)沿线状排列，如图3-24所示。

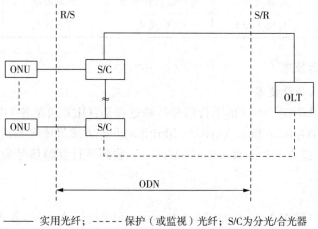

—— 实用光纤；----- 保护（或监视）光纤；S/C为分光/合光器

图3-24 总线型结构

（4）环型结构

环型结构相当于总线型结构组成的闭合环，其信号传输方式和所用器件与总线型结构类似，如图3-25所示。

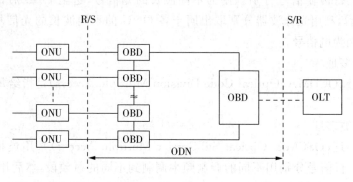

图3-25 环型结构

为便于PON结构选择，现将单星型、树型、总线型及环型拓扑结构从性能上进行比较，见表3-2。

表3-2 不同拓扑结构性能比较

比较内容	单星型	树型	总线型	环型
成本投资	最高	低	低	低
维护与运行	清除故障时间长	测试困难	测试很困难	较好
安全性能	安全	很安全	很安全	很安全
可靠性	最差	比较好	比较好	很好
用户规模	适于大规模	适于大规模	适于中规模	适于选择性用户

（续表）

比较内容	单星型	树型	总线型	环型
新业务要求	容易提供	每户提供较困难	容易提供	每户提供较困难
带宽能力	基群接入视频	视频高速	高速数据	基群接入

（二）PON 关键技术

1. PON 的双向传输技术

在 PON 中，OLT 至 ONU 的下行信号传输过程是：OLT 送至各 ONU 的信息采用光时分复用（OTDM，Optical Time Division Multiplexing）方式组成复帧送到馈线光纤；通过无源光分支器以广播方式送至每一个 ONU，ONU 收到下行复帧信号后，分别取出属于自己的那一部分信息。

（1）光时分多址

光时分多址（OTDMA，Optical Time Division Multiple Access）方式是指将上行传输时间分为若干时隙，在每个时隙只安排一个 ONU，以分组的方式向 OLT 发送分组信息，各 ONU 按 OLT 规定的顺序依次向上游发送。

（2）光波分多址

光波分多址（OWDMA，Optical Wavelength Division Multiple Access）接入技术是指将各 ONU 的上行传输信号分别调制为不同波长的光信号，送至 OBD 后，耦合到馈线光纤；到达 OLT 后，利用光分波器分别取出属于各 ONU 的不同波长的光信号，再分别通过光电探测器解调为电信号。

（3）光码分多址

光码分多址（OCDMA，Optical Code Division Multiple Access）是指给每一个 ONU 分配一个多址码。

（4）光副载波多址

光副载波多址（OSCMA，Optical SubCarrier Multiple Access）采用模拟调制技术，将各个 ONU 的上行信号分别用不同的调制频率调制到不同的射频段，然后用此模拟射频信号分别调制各 ONU 的激光器（LD，Laser Device），把波长相同的各模拟光信号传输至 OBD 合路点后再耦合到同一馈线光纤到达 OLT，在 OLT 端经光电探测器后输出的电信号通过不同的滤波器和鉴相器分别得到各 ONU 的上行信号。

2. PON 的双向复用技术

作为构架信息高速公路的主要技术，光复用技术在过去、现在甚至将来都将对光通信系统和网络的发展以及对光纤巨大传输容量的挖掘起着重要作用。

（1）光时分复用（OTDM）技术

OTDM 的复接可分为两种，即以比特为单位进行逐比特交错复接和以比特组为单位的逐组交错复接。

（2）光波分复用（OWDM）技术

实用化程度最高的当属光波分复用技术，其技术及产品已广泛地应用在光通信系统中。构成 WDM-PON 的上行回传通道有四种方案可供选择。

方案一:在 ONU 也用单频激光器,由位于远端节点的路由器将不同 ONU 送来的不同波长的信号返回到 OLT。

方案二:利用下行光的一部分在 ONU 调制,从第二根光纤上环回上行信号,ONU 没有光源。

方案三:在 ONU 用 LED 一类的宽谱线光源,由路由器切取其中的一部分;由于 LED 功率很低,需要与光放大器配合使用。

方案四:与常规 PON 一样,采用多址接入技术,如 TDMA、SCMA 等。

(3)光码分复用(OCDM)技术

光码分复用技术在原理上与电码分复用技术相似。

(4)光副载波复用(OSCM)技术

OSCM 技术不同于 OWDM 和 OFDM 技术,OWDM 和 OFDM 都是指光波层进行复用。OSCM 技术的最大优点是:可采用成熟的微波技术,以较为简单的方式实现宽带、大容量的光纤传输,它可构成灵活方便的光纤传输系统,可以为多个用户提供语音、数据和图像等多种业务。

(5)光频分复用(OFDM,Orthogonal Frequency Division Multiplexing)技术

OWDM 和 OFDM 技术都是在光层按其波长将可传输带宽范围分割成若干光载波通道。

(6)光空分复用(OSDM)技术

空分复用(SDM,Space Division Multiplexing)指利用不同空间位置传输不同信号的复用方式,如利用多芯缆传输多路信号就是空分复用方式。

(7)时间压缩复用(TCM)技术

时间压缩复用(TCM,Time Compression Multiplexing)又称"光乒乓传输"。时间压缩复用(TCM)是解决双向传输的有效手段之一。这种方法只利用一根光纤,但不断交替改变传输方向,使两个方向的信号得以轮流地在同一根光纤上传输,就像打乒乓球一样。

(三)PON 功能结构

(1)光线路终端(OLT)功能结构

在 PON 中,OLT 提供一个与 ODN 相连的光接口,在光接入网(OAN)的网络端提供至少一个网络业务接口。

(2)光网络单元(ONU)功能结构

在 PON 中,ONU 提供通往 ODN 的光接口,用于实现 OAN 的用户接入。

ONU 的核心功能块包括用户和服务复用功能、传输复用功能以及 ODN 接口功能。

ONU 服务功能块提供用户端口功能,它包括提供用户服务接口并将用户信息适配为 64kbit/s 或 $n \times 64$kbit/s 的形式。

(3)光配线网(ODN)功能结构

PON 中的 ODN 位于 ONU 和 OLT 之间,ODN 全部由无源器件构成,它具有无源分配功能,其功能结构如图 3-26 所示。

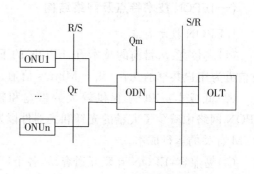

图 3-26 PON 功能结构

（4）操作管理维护功能

通常将操作管理维护（OAM，Operation Administration and Maintenance）功能分成两部分，即光接入网（OAN）特有的 OAM 功能和 OAM 功能类别。

（四）PON 技术应用

1. PON 组网应用

目前无源光纤接入网发展很快，组网方式多种多样。PON 主要采用无源光功率分配器（耦合器）将信息送至各用户。

2. 波分复用 PON 技术应用

（1）粗波分复用 PON

ITU - T 制定的 G.983 标 310nm/1550nm（波分复用 WDM）技术，即粗波分复用（CWDM）技术。OLT 与 ONU 间是明显的点到多点连接，上行和下行信号传输发生在不同的波长窗口中。

当 ONU 采用 TDMA 方式上传数据时，为避免数据可能发生的碰撞，OLT 与 ONU 之间要精确定时，ONU 按照 OLT 分配的时隙传送分组。系统采用单纤波分复用方式来解决双向传输问题，即用 1550nm 波长（1484～1580nm）传送下行信号、用 1310nm 波长（1270～1344nm）传送上行信号。

（2）波分复用 PON

波分复用 PON 简称为 WDM - PON，其下行传输的关键是多波长光源，目前有许多方法制造多波长光源。

方法一：选择 16 个接近精确波长的、离散的分布反馈（DFB，Distributed Feedback Laser）激光器，每个均有温度调谐以便获得满意的信道间隔。

方法二：使用多频激光器（MFL，Multiple Frequency Laser）。

方法三：采用啁啾脉冲 WDM 光源。它使用了飞秒级（e^{-15} s）光纤激光器来产生一个 1500nm 附近 70nm 谱宽的脉冲，此脉冲被 22km 长的标准单模光纤啁啾。

二、EPON 接入技术

以太网无源光网络（EPON，Ethernet PON 或 Ethernet Over PON）是指采用 PON 的拓扑结构实现以太网的接入。

（一）EPON 技术特点及网络结构

1. EPON 技术特点

（1）高带宽：从目前的技术看，EPON 的下行信道为几百/几千 Mbit/s 的广播方式；上行信道为用户共享的几百/几千 Mbit/s 信道。

（2）低成本：EPON 提供较大的带宽和较低的用户设备成本，它采用 PON 结构，使 EPON 网络中减少了大量的光纤和光器件以及维护的成本，降低了设备成本和与 SDH 及 ATM 有关的运行成本。

（3）易兼容：EPON 互联互通容易，各个厂家生产的网卡都能互联互通。以太网技术是目前最成熟的局域网技术。

2. 网络结构

EPON 位于业务网络接口到用户网络接口间,通过 SNI 与业务节点相连,通过 UNI 与用户设备相连。EPON 主要分成三部分,即光线路终端(OLT)、光分配网(ODN)和光网络单元/光网络终端(ONU/ONT)。其中 OLT 位于局端,ONU/ONT 位于用户端。OLT 到 ONU/ONT 的方向为下行方向,反之为上行方向。EPON 接入网结构如图 3-27 所示。

EPON 中的 ONU 采用了技术成熟的以太网络协议,在中带宽和高带宽的ONU 中,实现了成本低廉的以太网第二层、第三层交换功能。

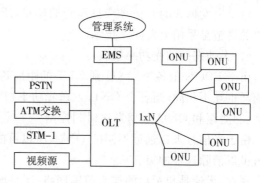

图 3-27　EPON 接入网结构

(二)EPON 传输原理及帧结构

在 EPON 中,根据 IEEE802.3 以太网协议,传送的是可变长度的数据包,最长可为1518 个字节。在 EPON 中,OLT 传送下行数据到多个 ONU,完全不同于从多个 ONU 上行传送数据到 OLT。

OLT 根据 IEEE802.3 协议,将数据以可变长度的数据包广播传输给所有在 PON 上的 ONU,每个包携带一个具有传输到目的地 ONU 标识符的信头。

EPON 下行传输帧结构由一个被分割成固定长度帧的连续信息流组成,其传输速率为1.250Gbit/s,每帧携带多个可变长度的数据包(时隙)。

按照 IEEE G.802.3 组成可变长度的数据包,每个 ONU 分配一个数据包,每个数据包由信头、可变长度净负荷和误码检测域组成。EPON 在上行传输时,采用 TDMA 技术将多个 ONU 的上行信息组织成一个 TDM 信息流传送到 OLT。

(三)EPON 光路波长分配

EPON 的光路可以使用两个波长,也可以使用三个波长。

EPON 的两波长结构如图 3-28 所示,1510mm 波长用来携带下行数据、语音和数字视频业务,1310mm 波长用来携带上行用户语音信号和点播数字视频、下载数据的请求信号。

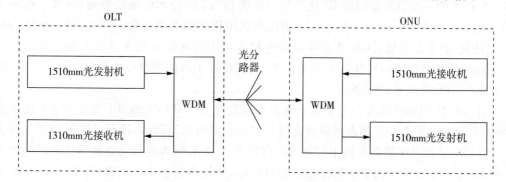

图 3-28　EPON 的两波长结构

(四)EPON 关键技术

(1)突发同步

由于突发模式的光信号来自不同的端点,所以可能导致光信号的偏差,消除这种微小偏差的措施是采用突发同频技术。

(2)大动态范围光功率接收

由于 EPON 上各个 ONU 到 OLT 的距离各不相同,所以各个 ONU 到 OLT 的路径传输损耗也互不相同,当各个 ONU 发送光功率相同时,到达 OLT 后的光功率互不相同。

(3)测距和 ONU 数据发送时刻控制

由于光信号来自远近不同的 ONU,所以可能产生相应的信号冲突,通过距离修正的技术就可以消除这种冲突。

现在,无论是长距离的核心传输网络,还是城域接入网汇聚层部分,数字通信技术已经从 ATM 为中心,逐渐转移到以 IP 为基础的视频、音频和数据通信了。

(4)带宽分配

EPON 分配给每个 ONU 的上行接入带宽由 OLT 控制决定。

(5)实时业务传输质量

传输实时语音和视频业务要求传输延迟时间既恒定又很小,时延抖动也要小。

(6)安全性和可靠性

EPON 下行信号以广播的方式发送给所有 ONU,每个 ONU 可以接收 OLT 发送给所有 ONU 的信息,这就必须对发送给每个 ONU 的下行信号单独进行加密。

三、GPON 技术

(一)GPON 技术的提出

吉比特无源光网络(GPON,Gigabit - capable Passive Optical Network)技术是无源光网络(PON)家族中一个重要的技术分支,其他类似技术包括 PON 和 EPON 等,GPON 是当前最受关注的光接入技术之一。

GPON 的概念最早由全业务接入网联盟(FSAN,Full Service Access Networks)在 2001 年提出,在此之前,IEEE 也已经开始 EPON 技术的标准化工作,并很快于 2003 年正式发布了 IEEE802.3ah,这标志着 EPON 技术标准化工作的完成。FSAN/ITU 推出 GPON 技术的最大原因是网络 IP 化进程的加快和 ATM 技术的逐步萎缩,导致之前基于 ATM 技术的 APON/BPON 技术在商用化和实用化方面严重受阻,迫切需要一种传输速率高、适宜 IP 业务承载,同时具有综合业务接入能力的光接入技术出现。在这样的背景下,FSAN/ITU 以 APON 标准为基本框架,重新设计了新的物理层传输速率和 TC 层,推出了新的 GPON 技术和标准。

GPON 与 EPON 最大的差别在于业务支持能力上。GPON 是为了支持全业务部署设计的,而 EPON 是为使点到点网络能支持点到多点网络而设计的,没有考虑对全业务的支持。EPON 最初是用来向高速上网业务提供比普通 DSL 网络或有线电视网络更高的接入速率,所以当用 EPON 构建的网络提供全业务时,其可靠性还未得到验证;而 GPON 系统在宽带能力、安全性、可管理性以及经济效益等方面都明显优于 EPON 系统。

(二)GPON 系统结构

GPON 系统网络结构如图 3 - 29 所示。

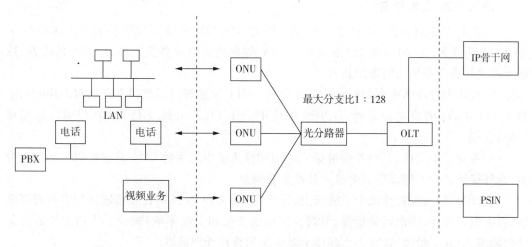

图 3 - 29 GPON 系统网络结构

与所有的 PON 系统一样,GPON 系统由 OLT、ONU 和 ODN 组成,OLT 位于局端,是整个 GPON 系统的核心部件,向上提供广域网接口(包括千兆以太网、ATM 和 DS - 3 接口等),作为无源光网络系统的核心功能器件,OLT 具有集中带宽分配、控制光分配网(ODN)、实时监控、运行维护管理光网络系统和功能;ONU 放在用户侧,为用户提供 10/100Base - T、TI/El 和 DS - 3 等应用接口,适配功能在具体实现中可以集成于 ONU 中;ODN 是一个连接 OLT 和 ONU 的无源设备,其功能是分发下行数据和集中上行数据。

GPON 系统中下行数据采用广播方式发送,上行数据采用基于统计复用的时分多址方式接入。系统支持的分路比为 1∶16/32/64,随着光收发模块的发展演进,支持的分路比将达到 1∶128。在同一根光纤上,GPON 可以使用波分复用(WDM)技术实现信号的双向传输。根据实际需要,还可以在传统的树状拓扑结构的基础上,采用相应的 PON 保护结构来提高网络的生存性。

(三)GPON 传输原理及帧结构

GPON 采用 GEM(GPON Encapsulation Method)封装机制,它适配来自传送网上高层客户信令的业务,可以对 Ethernet、TDM、ATM 等多种业务进行封装映射,能提供 1.244Gbit/s 和 2.488Gbit/s 下行速率和所有标准的上行速率,并具有强大的 OAM 功能。

GPON 协议设计时主要考虑以下因素:基于帧的多业务(ATM、TDM 和数据)传送、上行带宽分配机制采用时隙指配;支持不对称线路速率;线路码是不归零码,在物理层有带外控制信道,用于使用 G. 983 的 PLOAM(Physical Layer Operations, Administration and Maintenance,物理层操作管理和维护)的 OAM 功能;为了提高带宽效率,数据帧可以分拆和串接;缩短上行突发方式报头(包括时钟和数据恢复);动态带宽分配报告,安全性和存活率开销都综合在物理层;帧头保护采用循环冗余码(CRC),误码率估算采用比特交织奇偶校验;在物理层支持 QoS。

GPON 系统采用 125μs 长度的帧结构,用于更好地适配 TDM 业务;继续沿用

PLOAM 信元的概念传送 OAM 信息,并加以补充丰富;帧的净负荷分为 ATM 信元段和 GEM 通用帧段,实现综合业务接入。

(四)GPON 技术特点

(1)业务支持能力强,具有全业务接入能力。GPON 系统可以提供包括 64kbit/s 业务、E1 电路业务、ATM 业务、IP 业务和 CATV 等在内的全业务接入能力,是提供语音、数据和视频综合业务接入的理想技术。

(2)可提供较高的带宽和较远的覆盖距离。GPON 系统可以提供下行 2.488Gbit/s、上行 1.244Gbit/s 的带宽。此外,GPON 系统中一个 OLT 可以支持 64 个 ONU,并支持 20km 传输。

(3)带宽分配灵活,有服务质量保证。GPON 系统中采用的 DBA 算法可以灵活调用带宽,能够保证各种不同类型和等级业务的服务质量。

(4)ODN 的无源特性减少了故障点,便于维护。GPON 系统在光传输过程中不需要电源,没有电子部件,因此容易铺设,并避免了电磁干扰和雷电影响,减少了线路和外部设备的故障率,简化了供电,这在很大程度上节省了运营和管理成本。

(5)PON 可以采用级联的 ODN 结构,即多个光分路器可以进行级联,大大节约了主干光缆。

(6)系统扩展容易,便于升级。PON 系统模块化程度高,对局端资源占用很少,树型拓扑结构使系统容易扩展。

第 4 节　内河水运接入网系统

一、内河水运接入网业务

水路运输是资源节约、环境友好的运输方式,也是典型的低碳运输方式。国家已将加快内河水运发展上升为国家战略。一些沿江省份正在积极推进内河航运通信网络系统建设。

内河水运通信接入网支持的业务范围及接口见表 3-3。

表 3-3　内河水运区段通信接入网支持的业务范围及接口

业务类型	范围	接口
电话	程控电话、软交换、IMS	E1、以太网
数据通信	OTN、MSTP、PTN、SDH、PDH 等	E1、STM-1、STM-4、STM-16、STM-64、GE、10GE
专用通信	调度、监管、监控、指挥、语音等	以太网、GE、10GE
图像业务	会议电视、可视电话、图像传送等	以太网、GE、10GE

内河水运通信网络系统仍存在一些亟待解决的问题:一是除了长江干线安全通信专网外,其他流域的各省区基础网络建设缺乏统一规划,各自为政,条块分割,重复投入现象严

重,无法形成一个完整可靠、互联互通的水运行业专网;二是缺少流域级的信息服务平台,省区间、部门间、行业间缺乏信息的交换与共享机制,"信息孤岛""信息烟囱"现象严重,无法实现畅通、高效、平安、绿色的现代化内河水运体系的建设目标。

二、内河水运接入网结构

内河水运通信接入网可与模拟或数字专用设备共同组织专用通信网络,如调度、监管、监控、指挥、语音等专用通信系统,采用通道类型为以太网、GE(Gigabit Ethernet,千兆以太网)、10GE。

基层电话及图像业务的接入有以下几种:

(1)接入网可为内河水运电话提供程控电话、软交换、IMS 服务,通道类型为 E1、以太网等;

(2)内河水运区段图像业务包括会议电视、可视电话、图像传送等,通道类型为以太网、GE、10GE,接入网可为其提供点对点或共线方式的专线通道。

三、其他行业接入网应用

(一)高速公路接入网应用

就当前高速公路通信系统而言,在实际管理方面通常选择三级结构体制,也就是由通信总中心到通信分中心,最后到通信站,分中心对下属收费站及服务区内相关业务进行管理。在目前高速公路传输业务中,其相关内容主要包括路段及隧道监控图像业务、收费数据业务以及监控数据业务,还包括办公自动化业务、收费图像业务以及语音电话业务等相关内容。

就目前实际情况来看,在传输网络实际构建过程中,应用相对比较广泛的技术主要包括 SDH/MSTP 技术、OTN 技术以及 PTN 技术等,通过对业务带宽进行分析,对于各个中心环网而言,其带宽需求大小大约为 40G,由于主流 PTN 传输设备在实际应用过程中所能够达到最大带宽为 10G,因而在实际应用过程中只能选择 SDH 技术和 OTN 技术。

(二)铁路接入网应用

铁路接入业务主要承担调度及交换两个方面的工作。一方面需要配合完成相关的调度工作。由于铁路系统有着庞大的运行体系、复杂的运行机构、多部门人员配置等,在调度通信中应用接入网技术,使得调度工作简单化,调度通信更加安全高效,从而使得铁路交通运输以及生产有所保证。另一方面需要完成相关的交换工作,接入网需要承担起自动交换的工作,将不同门类的信息传输到指定的部门中去,方便工作人员的工作开展以及大众对信息的精确获取。目前,我国铁路系统主要采用的无线接入技术是 GSM - R(Global System for Mobile Communications - Railway,铁路综合数字移动通信系统),这项技术可以实现多种无线通信功能,服务于铁路调度、应急指挥等方面,可以显著提升铁路通信的运行效率。

习 题

1. 简述接入网是怎样定界的。
2. 简述接入网的功能结构。

3. 简述接入网的协议层。

4. 简述接入网的常见接口。

5. 简述光接入网的组成。

6. 在光接入网中,ONU 和 OLT 的作用分别是什么?

7. 什么是 EPON? 请画出其系统结构。

8. 简述 EPON 技术特点。

9. 什么是 GPON? 请画出其系统结构。

10. 简述 GPON 的工作原理。

第4章 电话交换网

第1节 概 述

一、交换的基本概念

"交换"即在通信网大量的用户终端之间,根据用户通信的需要,在相应终端设备之间互相传递话音、图像、数据等信息。我们常用的通信工具——电话,在 1876 年由美国科学家贝尔发明。最初的电话通信只能完成一部话机与另一部话机的固定通信,这种仅涉及两个终端的通信称为点对点通信。

最早的电话网就是采用点对点的通信方式。随着用户数量逐渐增多,电话网络结构逐渐变得复杂,点对点通信的缺点开始暴露出来。若采取任意两个用户之间的通话都需要一条专门的线路直接连接的方式,我们可以计算出:当存在 N 个终端时,需要的传输线数为 $N(N-1)/2$ 条,传输线的数量随终端数的增加而急剧增加。如图 4-1 所示为多个终端的点对点通信。当终端间相距较远时,线路信号衰耗大。

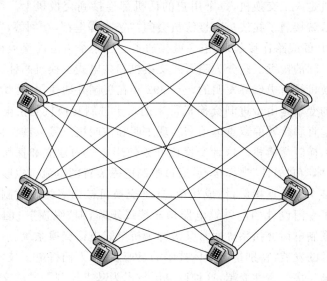

图 4-1 点对点通信方式

实际上,当电话用户数量过多时,点对点通信是不现实的。如何实现多个终端之间的相互通信呢? 终于,美国人阿尔蒙·B. 史瑞乔在 1878 年提出了交换思想。其基本思想是将多个终端与一个转接设备相连,当任意两个终端要传递信息时,该转接设备就把连接这两个用户的电路接通。通信完毕,再把相应的电路断开,我们称这个转接设备为交换机,如

图 4 - 2 所示,交换机的出现不仅降低了线路的成本,而且提高了传输线路的利用率。

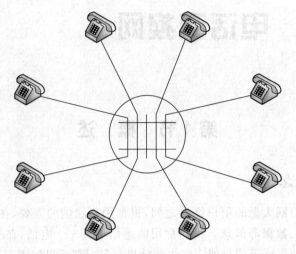

图 4 - 2　交换机通信方式

二、交换机的发展历程

在美国人史瑞乔提出交换思想后,人们就开始考虑如何设计一个交换设备来实现交换功能,先后出现了人工交换机、自动电话交换机、步进制交换机和纵横制电话交换系统,而后发展到程控交换技术、软交换技术及 IMS 技术。

最早的交换机是人工交换机,每个用户的话机都连接到交换机上。当 A 需要和 B 通话时,A 只要摘机,就接通了接线员。接线员会问:"您要哪里?",A 回答:"我要找 B",接线员就手动把 A 和 B 的线路连接起来,电话就接通了。这是最古老的交换机,需要依靠话务员完成主被叫用户间的接续。它分为磁石式交换机和共电式交换机两种。

自动电话交换机是由史瑞乔发明的,于 1892 年在美国开通使用,开始了自动接续的时代。这场革命性的变革是由步进制交换机带来的。步进制交换机是由电动机的转动带动选择器(接线器)垂直和旋转的双重运动来实现主叫和被叫用户接续的。同时期,另外一种经典的交换机是纵横制交换机。这种交换机开始使用电磁力建立和保持接续。它的选择器采用交叉的"纵棒"和"横棒"选择接点,通过控制电磁装置的电流可以吸动相关的纵棒和横棒动作使其在某个交叉点接触,完成接续,这种交换机被命名为纵横制交换机。后期的选择器虽然使用了专门设计的电磁继电器构成接线矩阵,但"纵横"一词却一直被沿用下来。步进制和纵横制电话交换系统通常又被称为机电式电话交换系统。

随着电子技术的发展,特别是半导体技术的迅速发展,人们将电子技术引入交换机内,交换技术迎来了第二次革命性变革,这种以电子技术为基本控制手段的交换机称作电子式交换机。程控交换的交换系统就是利用预先编制好的计算机存储程序,来控制整个交换系统的运行,并用逻辑电路控制整个系统的运行。

程控交换机又分为模拟程控交换机和数字程控交换机。这类程控交换机的最大特点就是由存放在存储器中的程序来控制交换网络的接续,这就是所谓的软件控制。在话路系统中采用了速度较快的接线器,并设置了扫描器和驱动器。扫描器可以实现将话路的状态信息提供给中央处理器,驱动器可以实现将中央处理器处理结果输出,信息一入一出,最后实现控制话路系统的硬件动作。这种交换机与纵横制交换机相比,沿用了纵横制交换机的话路交换方式,改变了纵横制交换机机械控制的方式,将功能转给软件完成,使电路得到简化。

早期的程控交换机所交换的信息是模拟信号,因而这一类的交换机被称作模拟程控交换机,标志事件是 1965 年美国研制和开通了第一部模拟程控交换机。后来,随着 PCM(脉冲编码调制)传输技术的发展,交换的信息由模拟信号转变为数字信号,与此相对应,模拟程控交换机逐步被数字程控交换机所替代。标志事件是 1970 年法国开通了第一部数字程控交换机,首次在交换系统中采用了时分复用技术,使数字信号直接通过交换网络,实现了传输和交换一体化,为向综合业务数字网发展铺平了道路。

数字程控交换机具有明显的优越性,自第一部数字程控交换机诞生之日起,不到 10 年,就得到了很大的发展。许多发达国家都投入了大量的人力、物力竞相开发、完善和更新这种交换机。现代的数字交换机,不仅能进行话音业务通信,还能进行许多非话音业务通信。

1997 年,美国克林顿政府提出了下一代互联网(NGI)行动计划,之后业界提出了下一代网络(NGN)的概念。它的主要思想是在一个统一的网络平台上以统一管理的方式提供多媒体业务,在整合现有固话业务、移动业务的基础上,增加多媒体数据业务及其他增值型业务。NGN 最大的优势就在于业务以及网络融合带来的网络建设及运维成本的降低。从单一的业务网变成多种业务网为一体的融合的网络,可以更大程度地降低网络的建设、运维成本。

作为 NGN 的重要组成部分,软交换技术于 1997 年由贝尔实验室提出,它将传统的交换设备部件化,实现了控制和承载的分离。二者之间采用标准协议,并且主要使用纯软件进行处理,这种软交换思想很快得到了业界的广泛认同和重视,在短短的十几年内,国际上已经历了实验室、市场推广、大规模应用 3 个阶段。

2002 年,3GPP 在 R5 规范中首先提出 IMS,最初的目标是为移动网络中 IP 多媒体业务的实现提供一套完整的解决方案,随后被 ITU - T 和 ETSI 认可,纳入 NGN 的核心标准框架,以欧洲 ETSI 为代表的 TISPAN 侧重于从固定的角度对 IMS 提出需求,并统一由 3GPP 来完善。IMS 与软交换相比,在控制和承载分离的基础上,更进一步地实现了业务和控制的分离。它的出现为全 IP 网络和移动网与固网的无缝融合提供了可能。在短短的几年时间内,IMS 已经得到了业界的广泛认可,并成为全球众多运营商网络演进的关键技术。

三、交换方式

交换方式一般分为电路交换、报文交换和分组交换,分别用于实现信息的交换。下面将对电路交换、报文交换、分组交换技术做详细介绍。

(一)电路交换

呼叫双方在通话之前,先由交换设备在两者之间建立一条专用电路,并在整个通话期间独占这条电路,直到通话结束再将这条电路释放,这样一种交换方式被称为电路交换。

电路交换的通信过程分为电路建立、通话、电路拆除 3 个阶段。在通话前,必须建立起点到点的电路连接,在此阶段交换机根据用户的呼叫请求,通过呼叫信令为用户分配固定位置、恒定带宽(通常是 64kbit/s)的电路,完成逐个节点的接续,建立起一条端到端的通信电路。到了通话阶段,交换机对经过数字化的话音信号信息不存储、不分析、不处理,不进行任何干预,也没有采取任何差错控制的措施,仅在已建立的端到端的直通电路上,透明地完成传送。在通信结束时,将电路拆除,释放节点的信道资源。

例如打电话时,首先是摘机拨号,拨号完毕,交换机就知道了我们要和谁通话,并建立连接,这就完成了电路建立阶段;双方在通话时,话音信号就在已经建立的电路上进行独占带宽不受控制的透明传输,此阶段即通话阶段;等一方挂机后,交换机就把双方的线路断开,此刻即完成电路拆除。

在电路交换中,每个用户占有的信道是周期性分配的,周期的时长固定为 $125\mu s$。电路交换的优点是实时性好、传输延时很小,特别适合像话音通信之类的实时通信场合。其缺点是建立物理通路的时间较长(以秒为单位),且电路资源被通信双方独占,话路接通后,即使无消息传送,也需要占用电路,电路利用率低,不适合于突发性强的数据通信。因为电路交换要求通信双方在消息传输、编码格式、同步方式、通信协议等方面完全兼容,所以不同类型和特性的用户终端之间不能互通。

(二)报文交换

报文交换又称为消息交换,用于交换电报、信函、文本文件等报文消息,这种交换的基础就是存储转发(SAF)。在这种交换方式中,发方不需先建立电路,不管收方是否空闲,可随时直接向所在的交换机发送消息。交换机将接收到的消息报文先存储于缓冲器的队列中,然后根据报文中的地址信息计算出路由,确定输出线路,一旦输出线路空闲,即将存储的消息转发出去。电信网中的各中间节点的交换设备均采用此种方式进行报文的接收、存储、转发,直到报文到达目的地。应当指出的是,在报文交换网中,一条报文所经由的网内路径只有一条,但相同的源点和目的点间传送的不同报文可能会经由不同的网内路径,如图 4 - 3 所示。

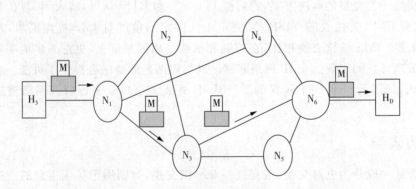

图 4 - 3　报文交换方式

报文交换的通信过程分为 4 个阶段:接收和存储报文—处理机加工处理(给报文加上报头符号和报尾符号)—将报文送到输出队列上排队—输出线路空闲时发送报文。例如,A 用户向 B 用户发送信息,A 用户不需要叫通 B 用户之间的电路,而只需要与交换机接通,由交换机暂时把 A 用户要发送的报文接收并存储起来,交换机根据报文中提供的 B 用户的地址在交换网中确定路由,并将报文送到下一个交换机,最后送到终端用户 B。

报文交换不需要先建立电路,不必等待收方空闲,发方就可实时发出消息,因此电路利用率高,而且各中间节点交换机还可以进行速率和代码转换。同一报文可转发至多个收信站点,但采用报文交换方式的交换机需配备容量足够大的存储器并具有高速的处理能力,网络中传输延时较大,且延时不确定,因此这种交换方式只适合于数据传输,不适合实时交互通信,如话音通信等。

(三)分组交换

在分组交换中,消息被划分为一定长度的数据分组,每个分组通常含数百至数千比特,将该分组数据加上地址和适当的控制信息等送往分组交换机。与报文交换一样,在分组交换中,分组也采用存储转发(SAF)技术;两者不同之处在于,分组长度通常比报文长度要短小得多。在交换网中,同一报文的各个分组可能经过不同的路径到达终点,由于中间节点的存储时延不一样,各分组到达终点的先后与源节点发出的顺序可能不同。因此目的节点收齐分组后尚需经排序、解包等过程才能将正确的数据送给用户,如图 4-4 所示。在报文交换和分组交换中,均分别采用差错控制技术来对付数据在通过网络中可能遭受的干扰或其他损伤。

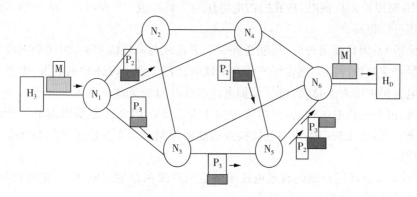

图 4-4　分组交换方式

分组交换的优点是可高速传输数据,实时性比报文交换的好,能实现交互通信(包括语音通信),电路利用率高,传输时延比报文交换时小得多,而且所需的存储器容量也比后者小得多。分组交换的缺点是节点交换机的处理过程复杂。

第 2 节　程控交换技术

一、程控交换机的组成

(一)程控交换机的基本硬件结构

程控交换机主要由控制系统和话路系统两大部分组成。控制部分只处理控制信息,话路部分既处理控制信息,又负责通话阶段的话音信号的传递。控制信息和话音信号,都必须在交换网络进行交换才能从一个部分到另一个部分。

1. 控制系统

控制系统的功能包括两个方面:一方面对呼叫进行处理;另一方面对整个交换系统的运行进行管理、监测和维护。控制系统的硬件由中央处理器(CPU)、存储器、I/O 设备组成。中央处理器将控制信息传送到交换网络,交换网络再将控制信息传送到其他话路部分。

2. 话路系统

话路系统由交换网络、用户电路、中继器、扫描电路、网络驱动器和话路设备接口等部分组成。

(1)交换网络

交换网络的基本功能是根据用户的呼叫要求,通过控制部分的接续命令,建立主叫与被叫用户间的连接通路。主要包括空分交换网络和时分交换网络。

(2)用户电路

用户电路是交换网络和用户线间的接口电路,它的作用是:一方面把语音信息(模拟或数字)传送给交换网络;另一方面把用户线上的其他信号(如铃流等)和交换网络隔离开来,以免损坏交换网络。模拟用户电路的功能可以用 BORSCHT 概括,相应地分别对应不同的功能模块,以下分别说明。

馈电 B:向用户话机供电,在我国馈电电压为$-48V$ 或$-60V$,如果用户线距离较长,则馈电电压还可能提高。

过压保护 O:用户线是外线,可能遭到雷电袭击或与高压线相碰,因此必须设置过压保护电路以保护交换机内部。通常用户线在配线时已经设置了气体放电装置,但经过气体放电装置的电压仍可能有上百伏,过压保护电路主要针对的是这个电压。

振铃 R:由于振铃电压较高,我国规定为 $75V\pm15V$,因此还是采用由电子元件控制振铃继电器来实现,铃流的产生由继电器接点的通断控制。也有交换机采用高压电子器件来实现振铃功能。

监视 S:通过监视用户线的直流电流来确定用户线回路的通断状态,进而检测摘机、挂机、拨号、通话等用户状态。

编译码与滤波 C:完成模拟话音信号和数字信号之间的转换,包括抽样、量化、编码三个步骤,此外还负责滤除话音频带以外的频率成分。

混合电路 H:混合电路完成二线/四线之间的转换功能,用户线的模拟号是二线双向的,但 PCM 中继线的信号是四线单向的。因此在编码之前,或是译码之后要完成二线/四线的转换。

测试 T:负责将用户线接到测试设备以便对用户线进行测试。

(3)中继器

中继器是中继线和交换网络以及控制系统间的接口电路。中继器上传输的不仅有语音信号还有各种局间信号。中继器一般由保护电路、信号互换电路、用户线信号电路和隔离电路等组成。其中,信号互换电路用来指定中继线工作方向(出中继或入中继)和指定信号形式;用户线信号电路则用来在出入中继期间用户电路断开时,代替用户电路向话机馈电、铃流的接通和断开、传输信号等功能;隔离电路的功能则用来分离开用户线、中继线以及交换网络内传输的电流。

中继器一般分为模拟中继器 AT(模拟口)和数字中继器 DT(数字口)两种。

(4)扫描电路

扫描电路可在电话呼叫的各个阶段使控制系统完成各种信息的收集。交换系统中使用广泛的是光电耦合器和差动放大器。该器件很容易由集成电路来实现,多个这种部件集成在一起即可构成扫描矩阵。

(5)网络驱动器

网络驱动器是在中央处理系统的控制下,具体地执行交换网络中通路的建立和释放。

(6)话路设备接口

话路设备接口,又称信号接收分配器,统一协调信号的接收、传送和分配。

(二)程控交换机的基本软件结构

程控交换机的软件包括运行程序和支援程序两大部分。

运行程序也可称为联机程序,是指交换系统工作时运行在各处理机中,对交换机的各种业务进行处理的程序的总和,其中大部分程序具有比较强的实时性。运行程序的基本任务是控制交换机的运行,而交换机的基本目的是建立连接和释放呼叫,因此运行程序的主要任务是呼叫处理。除此之外,运行程序还要完成交换机的管理和维护功能,系统的安全运行和保护功能等,运行程序主要包括执行管理程序、呼叫处理程序、系统监视和故障诊断程序、维护和运行程序等四个部分。

支援程序也可称为脱机程序,其任务涉及面很广,不仅涉及交换机的设计、生产和安装等交换机运行前的各项任务,还涉及交换机开始运行后的软件管理、数据设计、修改、分析及资料编辑等工作,其数量要比运行软件大得多。支援程序主要包括软件开发支援系统、应用工程支援系统、软件加工支援系统、交换机管理支援系统等四个部分。

二、数字交换网络

程控交换机的交换网络根据组织形式可以分为时分交换网络、空分交换网络以及混合型交换网络。

(一)时分交换网络

时分交换器对应的是 T 接线器,它完成的是同一中继线上不同时隙之间的交换。T 接线器由话音存储器和控制存储器组成,话音存储器用于存储输入复用线上,各话路时隙的8bit 编码数字话音信号;控制存储器用于存储话音存储器的读出或写入地址,作用是控制话音存储器各单元内容的读出或写入顺序。如图 4-5 所示。

依据对话音存储器的读写控制方式不同,又可以分为顺序写入控制读出和控制写入顺序读出两种。

顺序写入控制读出:话音存储器中的内容是按照时隙到达的先后顺序写入的,但它的读出受到控制存储器的控制,根据交换的要求来决定话音存储器中的内容在哪一个时隙被读出。

控制写入顺序读出:话音存储器的写入受控制存储器的控制,即根据出中继线的目的时隙来决定入中继线各个时隙中内容被写入话音存储器的位置,而读出则是从话音存储器中顺序依次读出。

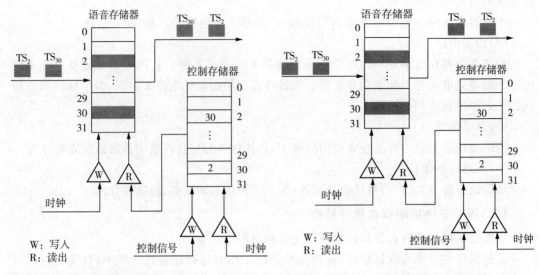

T型接线器顺序写入控制读出　　　　　　　　T型接线器控制写入顺序读出

图 4-5　T型接线器结构示意图

(二)空分交换网络

空分交换器又称为 S 接线器,功能是完成不同中继线的同一时隙内容的交换。空分交换器由交叉结点矩阵和控制存储器组成。交叉结点矩阵为每一入中继线提供了和任一出中继线相交的可能,这些相交点的闭合时刻就由控制存储器控制。空分交换器包括输出控制和输入控制两种类型,如图 4-6 所示。

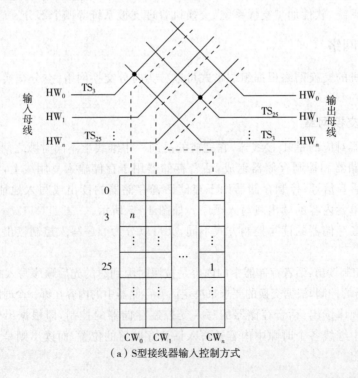

(a)S型接线器输入控制方式

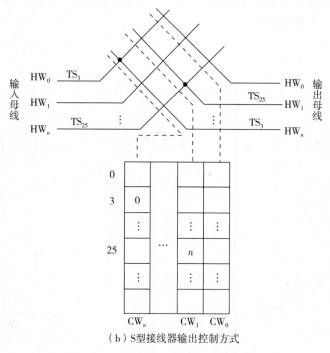

（b）S型接线器输出控制方式

图 4 - 6　S 型接线器结构示意图

（三）混合型交换网络

对于大规模的交换网络，必须既能实现同一中继线不同时隙之间的交换又能实现不同中继线相同时隙之间的交换，因此需要将时分交换和空分交换相结合组成混合型交换网络。

1. TST 型交换网络

这是大规模交换网络中应用最为广泛的一种形式。其中：采用输入 T 接线器完成同一入中继线不同时隙之间的交换；S 接线器负责不同母线之间的空分交换；输出 T 接线器负责同一出中继线不同时隙之间的交换。各接线器采用哪一种控制方式可以任意选择，而输入/输出 T 接线器都需要利用交换机内部的空闲时隙来完成交换。

2. STS 交换网络

首先输入的 S 接线器将时隙信号交换到内部的空闲链路，然后 T 接线器将这一链路上的信号交换到需要的时隙，最后再由输出 S 接线器将此信号交换到需要的链路。

3. 多级交换网络

除了以上两种三级交换网络以外还存在着多级交换网络，例如由 TSST 组成的四级网络，由 TSSST 组成的五级网络等。

三、呼叫处理

（一）呼叫处理的一般流程

在程控交换系统中，电话接续称作呼叫处理，是由软件辅助完成的，其中呼叫处理程序是交换系统软件中的最基本的系统软件。数字电话交换机处理一次呼叫大约要经过五个基本步骤,如图 4-7 所示。

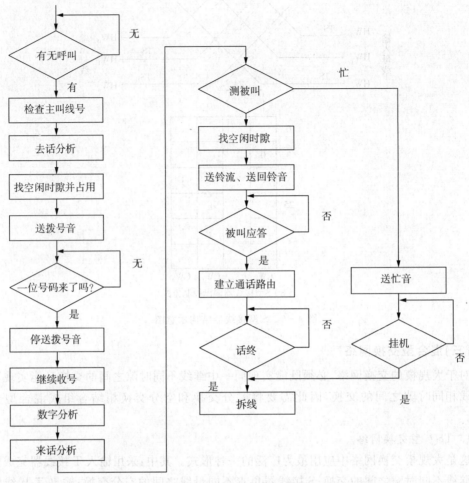

图 4-7 呼叫处理流程图

1. 主叫摘机到交换机送拨号音

程控交换机按一定周期执行用户线扫描程序,对用户电路进行扫描,检测出呼叫用户,并确定出呼叫用户的号码,然后执行去话分析程序。如分析结果确定是电话呼叫,则找一个从用户通向选组级空闲时隙,把数字化的拨号音在该时隙内选出,使用户听到拨号音。

2. 收号和数字分析

用户电路接收电话号码,收到第一位号码,即停发拨号音;收到一定位数的号码,交换机就可进行数字分析。数字分析的目的主要是确定本次呼叫是局内呼叫,还是呼叫他局。

3. 来话分析并向被叫振铃

若分析结果是局内呼叫,则收号完毕和数字分析结束后,从外存储器调入被叫用户数据(用户设备号、用户类别等),执行来话分析程序,并测被叫用户忙闲。

如被叫用户空闲,则找到一个从选组通向被叫用户在用户级的空闲时隙,然后向主叫用户送回铃音,向被叫用户送铃流。

4. 被叫应答、双方通话

由扫描电路测出被叫摘机后，即连通主、被叫空隙时隙，建立通话电路，传送铃流和回铃音信号。

5. 话终挂机、复原

对方通话时，用户电路和扫描电路监视是否话终挂机。如果主叫挂机，通话电路立即复原，向被叫送忙音，被叫挂机后停送忙音。

(二)呼叫处理的基本过程

通过对呼叫处理过程特点的分析，我们发现可以将呼叫处理过程划分为输入处理、分析处理、执行任务和输出处理 3 个部分。

1. 输入处理

在呼叫处理的过程中，输入信号主要有摘机信号、挂机信号、所拨号码和超时信号，这些输入信号也叫作"事件"，输入处理就是指识别和接收这些输入信号的过程。输入处理包括用户线扫描监视、中继线线路信号扫描、接收数字信号、公共信道信令、操作台的各种信号等。

2. 分析处理

分析处理就是对各种信息(当前状态、输入信息、用户数据、可用资源等)进行分析，确定下一步要执行的任务和进行的输出处理。分析处理由分析处理程序来完成，它属于基本级程序。按照要分析的信息，分析处理具体可分为去话分析、号码分析、来话分析、状态分析。

(1)去话分析。输入处理的摘挂机扫描程序检测到用户摘机信号后，交换机要根据主叫用户数据进行一系列分析，决定下一步的接续动作。将这种在主叫用户摘机发起呼叫时所进行的分析叫作去话分析。去话分析是在主叫局对主叫用户数据进行的分析，其结果决定下一步任务的执行和输出处理操作，非主叫局不需要去话分析。

(2)号码分析。号码分析是在收到用户的拨号号码时所进行的分析处理，其分析的数据来源就是用户所拨的号码。交换机可从用户线上直接接收号码也可从中继线上接收其他局传送来的号码，然后根据译码表对号码进行分析。

(3)来话分析。来话分析是指有入局呼叫到来时，被叫响应之前所进行的分析。分析数据主要包括被叫用户数据、被叫用户忙闲状态数据等。

(4)状态分析。状态分析是除去话分析、号码分析和来话分析 3 种情况之外的状态分析。概括说来，状态分析的依据来源于 3 个方面：现在稳定状态(例如：空闲还是通话状态)；电话外设输入信息(例如：用户摘机、挂机等)；提出处理要求的设备或者是任务(例如：在通话结束时，是主叫用户先挂机还是被叫用户先挂机)。

3. 执行任务和输出处理

输出处理是将分析程序分析的结果付诸实施，以使状态转移。分析程序只解决了对输入信息进行分析，确定应该执行的任务及向哪一种稳定状态转移。输出处理则要去执行这些任务，控制硬件动作，使这一稳定状态转移到下一个稳定状态。具体来说，输出处理主要包括以下几方面：

(1)送各种信号音、停各种信号音，向用户振铃和停振铃。

(2)驱动交换网络建立或拆除通话话路。

(3)连接 DTMF 收号器。

(4)发送公共信道信令。

(5)发送线路信令和 MFC 信令。

(6)发送处理机间通信信息。

(7)发送计费脉冲等。

(8)被叫用户振铃。

第 3 节　IMS 技术

IMS 技术首先由国际标准组织 3GPP 在 R5 版本中提出,发展到今天,技术已经相当成熟。IMS 技术采用端到端的 IP 架构,基于"业务、控制、承载完全分离"的理念,构建可管、可控、可信、可靠的 IP 多媒体子系统,可以通过融合不同媒体(语音、文本、图片、音频、视频等)提供实时多媒体业务。

一、IMS 的技术特点

与传统网络相比,IMS 网络架构更加合理、清晰,其特点主要体现在如下几个方面:

(一)基于 SIP(Session Initialization Protocol)协议的会话控制

IMS 全部采用 SIP 协议进行呼叫控制和业务控制,这一特点实现了端到端的 SIP 协议互通,同时也顺应了终端智能化的网络发展趋势,使网络的业务提供和发布具有更大的灵活性。基于 SIP 协议,IMS 网络实现了接入的独立性,也增强了与 Internet 的互操作性。

(二)控制层和业务层完全分离

软交换技术实现了控制层与承载层的分离,但没有实现控制层与业务层的严格分离。软交换设备与传统交换机一样,仍然承担了电信基本业务、承载业务、补充业务等。为进一步实现控制层和业务层的分离,IMS 定义了标准的基于 SIP 协议的 ISC(IMS Service Control,IMS 业务控制)接口,从而彻底实现了控制层与业务层的完全分离。基于 SIP 的 ISC 接口,支持 3 种业务提供方式,即 SIP 应用服务器方式、智能网业务方式、能力开放业务方式。IMS 的核心控制网元不再需要处理业务逻辑,而是通过分析用户签约数据的 IFC(Initial Filtering Criteria,初始过滤规则)触发到规则指定的应用服务器,由应用服务器完成业务逻辑处理。

(三)接入无关性

IMS 技术允许各种设备以 IP 方式接入 IMS 网络,这种接入无关的特性为运营商全业务运营提供了有效保证。IMS 支持多种固定或者移动接入方式,通过向用户提供统一的接入点,可以支持 LAN/PON/CABLE 等固定接入,支持 2G/3G/4G/WLAN 等移动接入,还可以支持接入层面的多种接入设备,如 AG(Access Gateway,接入网关)、IAD(Integrated Access Device,综合接入设备)、IP PBX 等,可以将传统的 POTS 话机接入 IMS,从而实现 SIP 硬终端、SIP 软终端、POTS 话机、移动终端的统一接入。

(四)丰富而动态的组合业务

在个人业务方面,传统网络的多媒体业务采用个人到服务器的通信方式,而 IMS 更加面向用户,采用了直接的个人到个人的多媒体通信方式。同时,IMS 具备在多媒体会话和控制过程中增加、修改和删除会话和业务的能力,并且还具备对业务进行区分及计费的能力。IMS 业务以高度个性化和可管理的方式支持个人与个人以及个人与服务器之间的多媒体通信,包括语音、文本、图片、音频和视频或这些媒体的组合。

(五)统一的用户数据管理

IMS 网络中所有用户数据统一存储在 HSS(Home Subscriber Server,归属用户服务器),既存储固定 IMS 用户的数据,也存储移动 IMS 用户的数据,数据库可同时为固定用户和移动用户提供服务,这是网络融合的基础。

二、IMS 的系统架构

IMS 的系统架构由业务层、控制层、承载层、接入层组成,不同层面之间采用开放接口协议,提供以 IP 为承载的、基于 SIP 协议的多媒体会话业务的控制能力和业务提供能力,如图 4-8 所示。

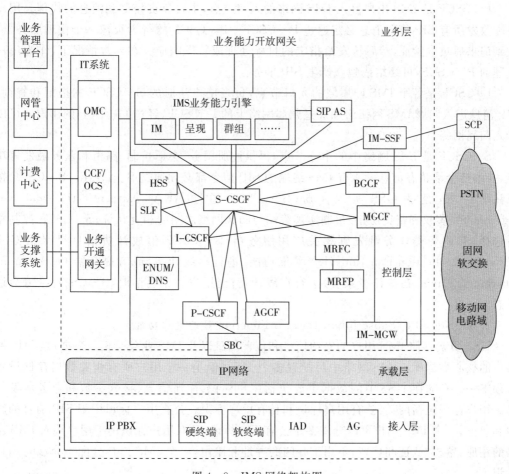

图 4-8 IMS 网络架构图

(一)业务层

IMS 业务提供平台支持 SIP AS、IM-SSF(IMS Service Switching Function,IMS 业务

交换功能)等业务提供方式,各 IMS 业务能力之间可以相互调用。根据具体的业务情况,业务层网元与该业务对应的业务管理平台连接,由业务管理平台来提供业务管理功能。

网元包括:SIP AS、IM-SSF/SCP(Service Control Point,业务控制点)、IMS 业务能力引擎和业务能力开放网关等。SIP AS 直接为用户提供业务,IM-SSF 和 SCP 为用户提供传统的智能网业务,IMS 业务能力引擎和业务能力开放网关提供第三方业务。

(二)控制层

IMS 控制层主要完成会话控制、协议处理、路由、资源分配、认证、计费、业务触发等功能。控制层是 IMS 网络的核心,其网元分为以下几类。

1. CSCF(Call Session Control Function 呼叫会话控制功能)

根据功能不同,可分为 P-CSCF(Proxy-CSCF,代理呼叫会话控制功能)、I-CSCF(Interrogating-CSCF,查询呼叫会话控制功能)、S-CSCF(Serving-CSCF,服务呼叫会话控制功能)3 种呼叫会话控制功能。

P-CSCF 是 IMS 用户接入 IMS 网络的入口节点,主要负责信令和消息的代理。用户终端收发所有 SIP 信令消息必定通过 P-CSCF。P-CSCF 的行为很像一个代理服务器,收到请求后负责验证,然后转发给指定的目标处理或转发响应。在异常情况下,作为用户代理的 P-CSCF,可终结或独立产生 SIP 事务。

I-CSCF 是各个 IMS 归属域的入口节点,负责用户注册的 S-CSCF 的指配和查询。SIP 消息进入归属 IMS 网络必须经过归属网络上的 I-CSCF,经过 I-CSCF 的用户才可以接入归属网络。

S-CSCF 是 IMS 网络中的中心节点,提供注册服务、会话控制、路由和业务触发等功能,并维持会话状态信息。所有 IMS 终端的 SIP 信令都必须通过 S-CSCF。S-CSCF 接收注册请求,经过 HSS 实现注册;S-CSCF 通过 AKA(Authentication and Key Agreement,鉴权和密钥协定)机制实现终端与归属网络之间的相互认证;S-CSCF 控制路由选择,并将各类业务触发到相关应用服务器;S-CSCF 生成计费信息提交给 CCF(Charging Collection Function,计费采集功能)进行离线计费,或者提交给 OCS(Online Charging System,在线计费系统)进行在线计费;当用户处于会话时,S-CSCF 维持会话状态。

2. HSS 和 SLF(Subscription Locator Function 签约定位功能)

HSS 负责存储 IMS 用户的签约信息和位置信息以及 IMS 业务等相关数据,是 IMS 网络中的核心数据库。IMS 网络中可配置多个 HSS,但是一个用户所有相关数据存储设备必须唯一。存储在 HSS 中的数据主要包括用户标识、注册信息、接入参数和业务触发信息。用户标识包括两类:公有用户标识和私有用户标识。公有用户标识用于 SIP 消息的路由和业务,一个 IMS 用户可以分配多个公有用户标识;私有用户标识用于用户接入 IMS 网络的注册、鉴权、认证和计费,不用于呼叫的寻址和路由,一个 IMS 用户分配一个私有用户标识。

SLF 是一种地址解析机制,当 IMS 网络设置多个 HSS 时,可以用来寻址 HSS 的数据库,通过用户地址信息查找存储该用户信息的 HSS。在注册和会话建立的过程中通过查询 SLF,以确定存储该用户信息的 HSS 的域名。

3. MRF(Multimedia Resource Function,多媒体资源功能)

MRF 负责控制和处理网络中的多媒体资源,包括 MRFC(Multimedia Resource Function Controller,多媒体资源功能控制器)和 MRFP(Multimedia Resource Function Processor,多媒体资源功能处理器)两个部分。MRFP 在 MRFC 的控制下,实现输入媒体流的混合(如多媒体会议)、媒体流发送源处理(如多媒体公告)、媒体流接收处理(如音频的编解码转换、媒体分析)等。另外,MRFC 能够生成计费信息提交给 CCF。

4. 网关功能网元

MGCF(Media Gateway Control Function,媒体网关控制功能)实现 IMS 与 PSTN、软交换、移动网电路域之间的控制面交互,支持 ISM 的 SIP 协议与 PSTN、软交换、移动网电路域的 ISUP/BICC 信令之间的交互。另外,MGCF 能够生成计费信息提交给 CCF。

IM-MGW(IMS Media Gateway,IMS 媒体网关)实现 IMS 与 PSTN、软交换、移动网电路域之间的用户面交互,接受 MGCF 的命令,完成互通两侧承载连接的建立和释放。

BGCF(Breakout Gateway Control Function,出口网关控制功能)主要用于 IMS 网络与 PSTN、软交换、移动网电路域互通时进行 MGCF 的选择。IMS 网络间通信不需要经过 BGCF。

5. 其他功能网元

SBC(Session Border Controller,会话边界控制器)位于 IMS 网络控制层的边缘,是不可信终端接入 IMS 核心网络的信令代理设备和媒体代理设备。SBC 具备防火墙与地址转换功能,保证终端进出网络的信息安全。

ENUM(E.164 Number,E.164 号码)服务器处理 S-CSCF、P-CSCF、AS 的查询,将 Tel URI 中的 E.164 地址翻译成统一在 IMS 核心网中可路由的 SIP URI。

DNS(Domain Name Server,域名服务器)主要提供域名查询服务,P-CSCF、S-CSCF、MGCF 等设备可以直接查询 DNS 获得被叫或注册用户归属域的 CSCF 地址,通过查询指定网元的标识得到该网元的实际 IP 地址。

AGCF(Access Gateway Control Function,接入网关控制功能)负责将以 H.248 协议接入的网元 AG、IAD 接入 IMS。

(三)承载层

采用 IP 网络进行承载。

(四)接入层

接入层是指除业务层、控制层、承载层以外的接入设备和终端。IMS 的接入设备和终端主要包括 AG、IAD、IP PBX、SIP 硬终端和 SIP 软终端。

1. AG

支持传统 POTS 话机的接入,采用 SIP/H.248 协议接入 IMS 网络。

2. IAD

支持传统 POTS 话机的接入,采用 SIP/H.248 协议接入 IMS 网络。

3. IP PBX

IP 用户交换机,同时具备电话接入和电话交换功能,可通过多种方式接入 IMS 网络;而且 IP PBX 也可以提供 E1 中继接口,直接完成与公网运营商的互联互通。

4. SIP 硬终端

即 SIP 话机,外观类似于普通的 POTS 话机,部分 SIP 话机具备视频通话的功能。SIP 话机直接采用 IP 接口接入 IMS 网络。

5. SIP 软终端

支持 SIP 协议的软件客户端,通常安装在 PC 设备上,也有支持安卓平台的 APP 应用软件。SIP 软终端一般通过 WLAN、LAN、xDSL 等方式接入 IMS 网络。

(五)IT 系统

IT 系统中包含的网元如下:

1. OMC

负责 IMS 网络内各网元的配置管理,与网管中心连接。

2. CCF

计费网关,负责离线计费,与计费中心连接。

3. OCS

在线计费系统,负责 IMS 网络用户的在线计费。

4. 业务开通网关

负责业务开通,支持将业务支撑系统传来的业务开通请求解析成若干工单,并有序地发送给相关 IMS 网元。

三、IMS 接口协议

IMS 网络的接口协议体系分为控制面(信令接口)和用户面(媒体接口),涉及信令协议和媒体协议。

(一)控制面

控制面信令协议主要有 SIP、Diameter 及 H. 248 3 种协议。

1. SIP 协议

SIP 协议最初是由 IETF(Internet Engineering Task Force,互联网工程任务组)的 MMUSIC(Multiparty Multimedia Session Control,多媒体会话控制协议工作组)提出的标准,用来解决 IP 网上的信令控制。在 IP 网络分层模型上,SIP 是工作在应用层上的信令协议,用来建立、修改和终止有多方参与的多媒体会话进程。

SIP 协议支持多媒体通信的 5 个方面:①用户定位,确定用于用户的终端系统;②用户能力,确定通信媒体和媒体的使用参数;③用户可达性,确定被叫用户加入通信的意愿;④呼叫建立,建立主叫和被叫的呼叫参数;⑤呼叫处理,包括呼叫转移和呼叫终止。

SIP 协议主要应用在 IMS 网络内部、用户与 IMS 网络之间以及 IMS 网络与业务平台之间。

2. Diameter 协议

Diameter 协议基于 RADIUS(Remote Authentication Dial In User Service,远程拨入用户认证服务),是由 IETF 开发的认证、授权和计费协议,用来为众多的接入技术提供 AAA(Authentication Authorization and Accounting,认证、鉴权和计费)服务。该协议包括两个部分:基础协议和应用。基础协议被用于传送 Diameter 数据单元、协商能力集和处理错误,并提供可拓展能力;应用部分定义了特定应用的功能和数据单元。

3. H.248 协议

H.248 协议用于媒体网关控制和媒体资源控制。

(二)用户面

用户面接口主要是指终端与终端/MRFP/IM - MGW 之间,以及 IM - MGW 与 MRFP 之间的媒体流接口。用户面主要协议包括 RTP(Real - Time Transport Protocol,实时传输协议)、RTCP(Real - Time Transport Control Protocol,实时传输控制协议)等实时媒体传输协议。RTP 被定义为传输音频、视频模拟数据等实时数据的传输协议,提供时间标志、序列号、监控管理、负荷标识。RTCP 是 RTP 的控制部分,用来保证 QoS(Quality of Service,服务质量)。

四、IMS 组网架构

IMS 网络不同功能区域之间采用开放接口协议,提供以 IP 为承载的、基于 SIP 协议的多媒体会话业务的控制能力和业务提供能力。

IMS 内部,CSCF 之间均采用 SIP 协议完成互通,CSCF 与 HSS 间通过 Diameter 协议进行互通,CSCF 与 MGCF 间通过 SIP 协议进行互通。IMS 网络可借由 ISUP 协议通过 MGCF/MGW 与电路交换网以及公网运营商互通,也可通过 SIP - I 协议与软交换互通,如图 4 - 9 所示。

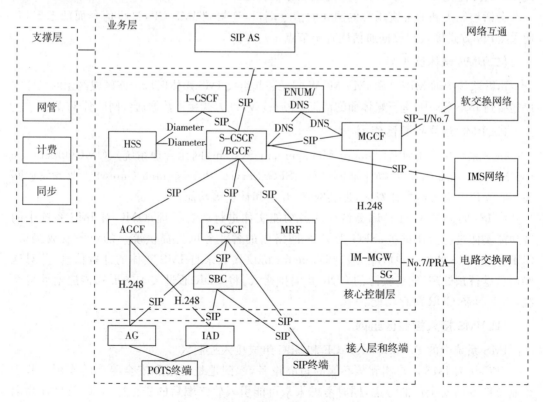

图 4 - 9 IMS 网络组织图

IMS 按照网络功能划分区域,主要有接入控制区、会话控制区、媒体区、运维计费区和业务平台区,如图 4-10 所示。

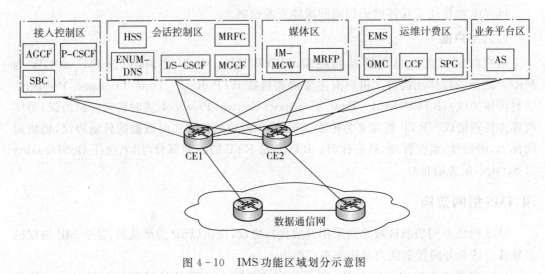

图 4-10　IMS 功能区域划分示意图

(一)IMS 会话控制区和业务平台区组网

IMS 系统中的 I-CSCF、S-CSCF、HSS、ENUM/DNS、MGCF 和 MRFC 网元一起组成 IMS 会话控制区;业务平台 AS 组成业务平台区。

会话控制类和业务应用类的网元的信令端口,连接到 IMS CE,进行信令面的汇聚,并通过 VPN 方式接入到数据通信网骨干节点。

(二)IMS 媒体区组网

IMS 系统中的 MRFP 和 IM-MGW 网元一起组成 IMS 媒体区域。该区域网元的媒体端口连接到 IMS CE 中,进行媒体面的汇聚,并通过 VPN 方式接入数据通信网的骨干节点。

(三)IMS 运维计费区组网

IMS 系统中的 EMS(Element Management System,网元管理系统)、OMC(Operation and Maintenance Center,操作维护中心)、SPG(Service Provisioning Gateway,业务发放网关)和 CCF 等组成运维计费区,提供网管、开通和计费等功能。

EMS 通过 OMC 对 IMS 系统中的各功能实体进行综合管理;OMC 对 IMS 系统中的各功能实体进行操作维护;SPG 为 IMS 网络内的各业务网元提供统一的业务发放接口;CCF 用于 IMS 域的话单收集,通过 Diameter 协议接收来自 IMS 实体的计费信息,并对这些信息进行预处理,构建实际的 CDR 并编排格式,将 CDR 通过文本的形式传递给计费系统,CCF 具备 CDR 缓存功能。

(四)IMS 接入控制区组网

IMS 系统中的 P-CSCF、AGCF 和 SBC 组成接入控制区。

SBC 作为 IMS 用户侧和核心侧的边界设备,起到地址互通和安全隔离的作用。基于企业交换专网安全性的考虑,同时考虑未来可能引入软终端后的安全性需求,可信任终端信令和媒体流不需要经过 SBC,非可信任终端信令和媒体流必须经过 SBC。

第4节 内河水运通信电话网

一、内河水运通信电话网结构

(一)电话网的分级结构

电话网采用等级结构,把所有交换局划分成多个等级,低等级的交换局与管辖它的高等级交换局相连,逐级将通信流量汇集起来。一般是低等级的交换局与管理它的高等级的交换局相连,形成多级汇集辐射网,最高级的交换局采用直接互联,组成网状网。等级结构的电话网一般是复合型网,这种结构可以将各区域的话务流量逐级汇集,保证通信质量的同时又提高了电路利用率。

电话网基本结构形式分为多级汇接网和无级网两种。我国电话网由四级长途交换中心和一级本地网端局组成五级结构。其中一、二、三、四级的长途交换中心构成长途电话网,由本地网端局和按需要设置的汇接局组成本地电话网。其结构图如图4-11所示。

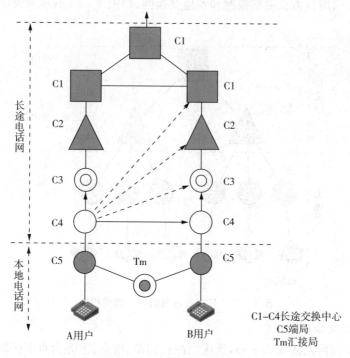

图4-11 电话网等级结构图

近几年,我国电话网的分级结构已由五级逐步演变为三级。长途电话网由四级网向二级网过渡,如图4-12所示。

(二)长江航运电话交换网三级结构

长江是我国第一大河,横贯东西、沟通南北,具有得天独厚的区位优势和水运优势,素有"黄金水道"的称誉。长江航运电话网是专为长江航运管理部门及相关港航单位内部公务联系而设的电话网,是经国家批准建设的专网,以保证长江水上运输畅通和安全。长江沿线地区有航运管理、航运运输、港口作业等各种单位,各地用户数量不同,因而交换机容量大小不一。武汉为一级交换中心,容量一般在数千门至万门左右;重庆、宜昌、芜湖、南京、上海为二级交换中心,容量一般在数百门至数千门左右;其他为三级交换中心即本地网端局,容量一般在数百门左右。一、二、三级交换中心局间设直达双向数字中继线,且分别加冠号"8"出局与邻近公

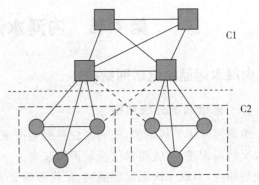

图4-12 长途电话网二级结构图

网的电信运营商设直达双向中继线。用户号有长号与短号之分:用户长号为七位数或八位数号码,并与属地公网市话统一编号;用户短号为四位数或五位数号码。

根据长江航运特点,系统内独立设置长话网,用户可采用自动拨号方式拨打长途电话,自动接续时应设长途自动交换设备,通常采用长市合一自动电话交换机。

长江航运电话网分为长途交换网和本地交换网,如图4-13所示为长江航运电话网三级结构。

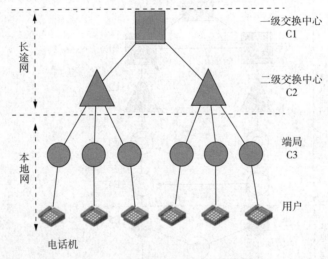

图4-13 长江航运电话网三级结构图

1. 长途电话交换网

长途电话交换网以武汉为中心,重庆、宜昌、芜湖、南京、上海为重要区域建立起来的长江干线二级汇集辐射式电话网。

长途电话交换网一般在每一个长途编号区设置一个长途电话交换中心,即长途电话交换局,简称长途局。其汇集本编号区内的长途电话,进行长途电话的接续。

(1)长途电话交换网包括长途自动和长途人工电话交换网。

(2)长途电话交换网一般由一级交换中心 C1 和二级交换中心 C2 组成。电话交换网已逐步向动态无级网络发展,便于维护管理。

(3)长途电话交换网各级交换中心按下列地点设置。一级交换中心 C1 设在武汉,二级

交换中心 C2 设在重庆、宜昌、芜湖、南京、上海。

2．本地电话交换网

本地交换网简称本地网,是指在同一个长途编号区范围内的电话网。每个本地电话网均为自动电话交换网,有一个单独的长途区号,一个长途编号区的范围就是一个本地电话网的服务范围。同一个本地电话网用户之间相互呼叫只拨本地电话号码。如本地电话号码为 7 位时,拨 ABCDEFG,而呼叫本地电话网以外的用户时则按长途号程序拨号,即拨：0＋X1X2……＋ABCDEFG,0 为长途全自动字冠,X1X2……为长途区号,ABCDEFG 为用户号码。

（1）长江航运本地电话交换网由汇接局交换机和端局交换机组成,大部分地区只有端局交换机。

（2）长江航运本地电话交换网按区域属地交换机组网,在区域属地覆盖范围采用汇接的方式接到属地汇接交换机。

（3）长江沿线各港航单位的基层用户应纳入区域属地电话交换网。对地理位置比较偏远的基层用户,不宜设 PABX 用户交换机,可采用远端接入,如 VOIP、PCM 电话等方式纳入本地电话交换网,便于用户长途电话自动拨号。

二、IMS 多媒体通信系统应用

在我国行业专网的电话网络中,目前绝大部分采用的仍然是基于程控交换技术的 PSTN。PSTN 经过多年运行,设备老化、故障率高,设备制式种类繁多,新业务支持力度不够,部分设备已逐步停产。PSTN 面临转型的问题,需要设计一张技术先进、业务丰富、成本可控、运维便捷的交换网络作为网络演进的方向。

而交换网、核心网技术发展到今天,IMS 技术已经相当成熟可用,采用端到端的 IP 架构,基于“业务、控制、承载安全分离”的理念,构建可管、可控、可信、可靠的 IP 多媒体子系统,支持多媒体业务及增值业务的快速开发与部署,从而成为 PSTN 网络演进的最佳选择。行业专网 PSTN 向 IMS 网络的迁移、演进已是大势所趋。

下面以长江航运电话交换网为例,说明 IMS 多媒体通信系统的应用。

（一）组网架构

长江航运电话自动交换网分区域、分层级、分权限管理,基于 IMS 技术,以重庆、宜昌、武汉、南京 4 个控制中心为主骨架,互联 33 个接入节点的下一代多媒体通信网络。

采用两个控制中心之间互备的容灾方式,其中武汉和南京控制中心互为备份,重庆和宜昌控制中心互为备份;IMS 核心设备分别部署在各控制中心数据承载网系统所在地。4 个控制中心、各接入节点、远端用户节点通过长航数据通信网进行互通。

IMS 系统在长江航运通信的应用架构图如图 4－14 所示。

各接入节点、远端用户节点部署综合接入网关 IAD 作为用户接入,部署综合媒体网关负责与当地 PSTN 互通,部署远程网管终端及远程计费终端负责本区域设备管理及计费,均通过交换机接入 IMS 网络。

（二）承载网规划

建设一个高带宽、高可靠性、可运营管理、具备多种业务综合承载能力网络,是建设承载网的关键。根据这个建设原则,在承载网规划中需考虑以下因素：

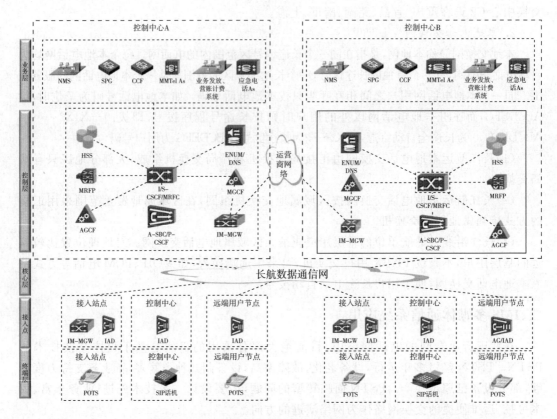

图 4-14 IMS 系统在长江航运通信的应用架构图

（1）具备强大的处理能力、业务能力及平滑演进能力

承载网必须具备承载增值类业务及 Internet 类业务所需的性能、各种特性及业务能力（如 MPLS VPN、QoS、安全特性、ACL、组播等），同时应具备强大的业务演进及扩展能力，对于新特性、新业务，可通过软件升级的方式提供，最大限度地保护现网投资，满足可持续发展的要求。

（2）提供全面的 MPLS VPN 支持

MPLS VPN 是多业务的综合承载的基础，长航数据通信网设备要求能够支持三层、二层 MPLS VPN 和 VPLS 技术，支撑长航数据通信网开展各种 VPN 业务。

（3）支持 IPv6，实现向 IPv6 的平滑过渡

由于 IPv4 的地址问题，随着全 IP 时代的到来，由 IPv4 向 IPv6 过渡是网络发展的必然趋势，为了保护现有的投资，支持新业务的部署并满足未来网络的发展，网络要能够支持向 IPv6 的平滑过渡，即设备支持 IPv6 不应该再添加、改动任何硬件。

（4）严格保证数据平面的安全性

保证数据在承载网中传送时的可靠性、完整性和保密性。严格达到网络 99.999％ 的可靠性要求，即：承载层设备本身必须达到 99.999％ 可靠性要求，整个网络应达到 99.999％ 的要求。

（5）可运营、可管理

承载网必须具有完善的流量统计与监测、故障定位、故障排查等功能，为网络日常维护管

理、网络优化提供依据;同时应提供 VPN、QoS 等策略部署工具,简化管理、降低维护成本。

(三)VPN 规划

IMS 核心网络依托长航数据通信网进行构建,采用 MPLS 专用 VPN 承载方案,MPLS VPN 为节点间提供全网状连接。信令流和媒体流处于同一 IMS VPN,网管信息处于网管 VPN 中。

1. MPLS VPN 规划

长航 IMS 交换网采用 MPLS VPN 方式实现不同业务在数据通信网上的隔离。需规划在数据通信网中增加一个 VPN,即 IMS VPN,用来承载 IMS 媒体和信令信息。

IMS 营账计费和网管系统需要根据长江航运数据通信网总体规划安排进行承载。IMS 营账计费和网管系统不存在跨域的管理需求,在 4 个控制中心为单位单独集中设置,实现各控制中心管辖范围内 IMS 营账计费和管理需求。因此,可依托现有网管网承载条件进行承载,或新规划一个网管 VPN 进行承载。

2. IP 地址规划

为保证网络安全,在实际部署时,IMS 核心网元做到各类 IP 地址和业务流的物理端口隔离。对于 IP 地址的规划,按照功能进行划分,即按照信令、媒体、运营和维护、用户接入、运营商网络 IP 中继互通等功能需求,分别规划 IP 地址,每种功能的 IP 地址尽量连续。

IP 地址分配充分考虑网络层面路由聚合的需求,根据各单位用户和设备规模对于 IP 地址的需求,启用一个新的 A 类地址段分配给 IMS 业务,同时做一定的地址预留。

各单位地址需求分别为核心网设备地址、业务平台设备地址、交换机设备地址以及用户终端地址。

(1)对于各控制中心,核心网设备地址、业务平台设备地址、交换机设备以及计费、网管系统地址共分配 2 个 C 类地址段。一段用于配置 IMS 核心设备的 IP 地址,另一段用于配置计费、网管系统的 IP 地址。

(2)用户终端地址根据各单位实际用户数情况进行分配。

(四)接入层规划

1. 控制中心及接入节点

4 个控制中心本部和 33 个接入节点用户规模较大,电话网用户人数相对较多。根据实际用户量,IAD 综合接入设备一般配备较大,如 IAD1224、IAD196 等型号。IAD 综合接入设备安装位置应尽量靠近用户配线架,以利于用户线的端子分配和跳线。

控制中心及接入节点拓扑如图 4-15 所示。

2. 远端用户接入节点

长航电话网的远端节点用户规模相对较小,但不同节点之间的用户数量也有差别,因此,建议对于用户数较多的节点(大于 100),可首选采用大容量 IAD 设备接入;对于用户数较少的节点(不足 100),可采用小容量 IAD 设备接入。

远端用户接入节点拓扑如图 4-16 所示。

3. 运营商公网接入

长江航运电话自动交换网 IMS 网络与公网运营商的互通方式采用 TDM 互通,如图 4-17 所示。

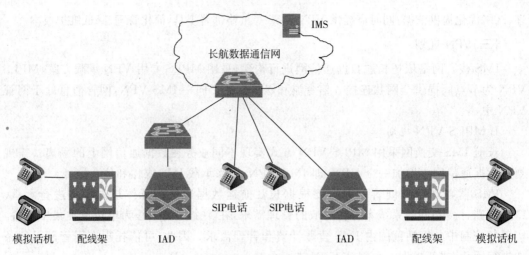

图 4 - 15　控制中心及接入节点拓扑

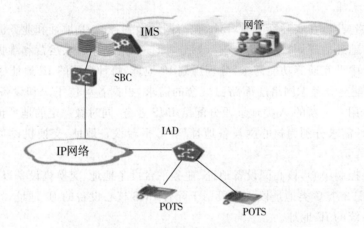

图 4 - 16　远端用户接入节点拓扑

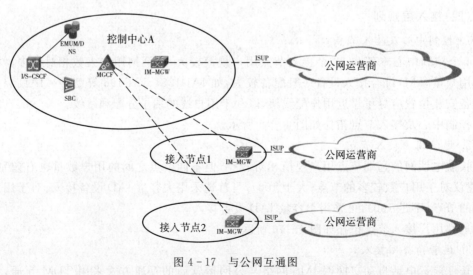

图 4 - 17　与公网互通图

1. 常见的交换方式有哪几种，各自有什么特点？
2. 程控交换机的硬件、软件各由哪几部分组成？
3. 简述程控交换机呼叫处理的基本步骤。
4. 简述 IMS 的技术特点。
5. IMS 按照网络功能划分为哪些区域？
6. 简述 IMS 的系统架构。
7. 简述我国电话网的分级结构。

第5章 数据通信网

第1节 概述

一、数据通信概念

数据通信是通信技术和计算机技术相结合而产生的一种新的通信方式。要在两地间传输信息必须有传输信道,根据传输媒体的不同,分为有线数据通信与无线数据通信。但它们都是通过传输信道将数据终端与计算机联接起来,而使不同地点的数据终端实现软件、硬件和信息资源的共享。

二、数据通信特点

数据通信具有许多不同于电报、电话通信的特点。它所实现的主要是"人(通过终端)－机(计算机)"通信与"机－机"通信,但也包括"人(通过智能终端)－人"通信。在数据通信中所传递的信息均以二进制数据形式来表现。数据通信的另一个重要特点是它总是与远程信息处理相联系的。这里的信息处理是指包括科学计算、过程控制等广义的信息处理。由于信息处理内容与处理方式的不同,对数据通信的要求也有很大差别。例如,根据系统的不同应用,即信息处理内容及处理方式的不同,对终端类型、传输代码、传输速率、传输方式、系统响应时间、信息的安全性与准确性、系统的可靠性等方面的要求也不同。因而在实现数据通信时涉及的因素也比较复杂。

三、数据通信系统常见组网模式

拓扑结构定义了组织网络设备的方法。常见网络拓扑结构一般有星型、环型、总线型、树型、网型和混合型,如图5-1所示。

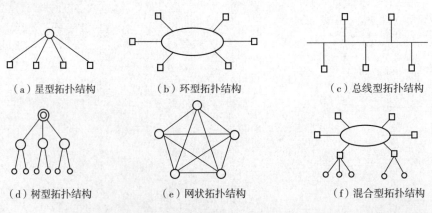

(a)星型拓扑结构　　(b)环型拓扑结构　　(c)总线型拓扑结构

(d)树型拓扑结构　　(e)网状拓扑结构　　(f)混合型拓扑结构

图5-1　常见网络拓扑结构

四、数据通信的发展趋势

（1）应用范围与应用规模的扩大，新的应用业务如电子数据互换（EDI）、多媒体通信等不断涌现。

（2）随着通信量增大，网路日益向高速、宽带、数字传输与综合利用的方向发展。例如光纤高速局域网、城域网、宽带综合业务数字网，中继、快速分组交换等许多新技术迅速发展，有些已经进入实用化阶段。

（3）与移动通信的发展相配合，移动式数据通信正获得迅速发展。

（4）随着网路与系统规模的不断扩大，不同类型的网路与系统的互联（也包括对互联网路的操作与管理）的重要性日趋突出。

（5）通信协议标准大量增加，协议工程技术日益发展。

第 2 节　数据通信基本原理

一、OSI 参考模型

OSI 参考模型（OSI/RM）的全称是开放系统互联参考模型（Open System Inter-connection Reference Model，OSI/RM），是由国际标准化组织 ISO 在 1985 年提出的网络互联模型。该体系结构标准定义了网络互联的七层框架，在这一框架下进一步详细规定了每一层的功能，以实现开放系统环境中的互联性、互操作性和应用的可移植性。

七层 OSI 参考模型具有以下优点：

（1）简化了相关的网络操作；

（2）提供即插即用的兼容性和不同厂商之间的标准接口；

（3）使各个厂商能够设计出互操作的网络设备，加快数据通信网络发展；

（4）防止一个区域网络的变化影响另一个区域的网络，因此，每一个区域的网络都能单边快速升级；

（5）把复杂的网络问题分解为小的简单问题，易于学习和操作。

OSI 参考模型结构如图 5-2 所示：

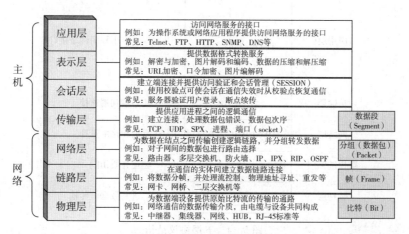

图 5-2　OSI 参考模型结构

二、网络协议

(一)TCP/IP 协议体系

OSI 参考模型为清晰地理解互联网络、开发网络产品和网络设计等带来了极大的方便,但是由于 OSI 过于复杂,各层功能具有一定的重复性,难以实现,再加上 OSI 参考模型提出时间比较滞后,TCP/IP 协议已经逐渐占据主导地位,因此 OSI 参考模型并没有流行开来。TCP/IP 协议得到了广泛应用,成为 Internet 的事实标准。

TCP(Transfer Control Protocol)/IP(Internet Protocol)协议(传输控制协议/网际协议)是 Internet 最基本的协议、Internet 国际互联网络的基础,主要由网络层的 IP 协议和传输层的 TCP 协议组成。

TCP/IP 协议具有简单的分层设计,与 OSI 参考模型有清晰的对应关系,如图 5-3 所示。

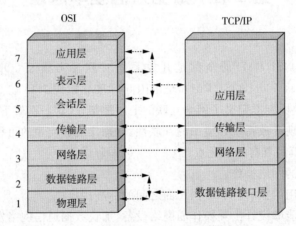

图 5-3 TCP/IP 协议参考模型

1. 协议基础

五层协议结构如图 5-4 所示。

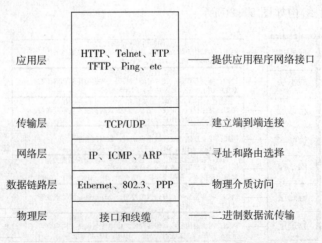

图 5-4 五层协议结构

物理层和数据链路层涉及在通信信道上传输的原始比特流,它实现传输数据所需要的机械、电气、功能及规程等特性,提供检错、纠错、同步等措施,使之对网络层显现一条无错线路,并且进行流量调控。

网络层检查网络拓扑,以决定传输报文的最佳路由,执行数据转发。其关键问题是确定数据包从源端到目的端如何选择路由。网络层的主要协议有 IP、ICMP(Internet Control Message Protocol,互联网控制报文协议)、ARP(Address Resolution Protocol,地址解析协议)等。

传输层的基本功能是为两台主机间的应用程序提供端到端的通信。传输层从应用层接收数据,并且在必要的时候把它分成较小的单元,传递给网络层,并确保到达对方的各段信息正确无误。传输层的主要协议有 TCP、UDP(用户数据报协议,User Datagraph Protocol)。

应用层负责处理特定的应用程序细节。应用层显示接收到的信息,把用户的数据发送到底层,为应用软件提供网络接口。应用层包含大量常用的应用程序,例如 HTTP(Hy-perTextTransferProtocol,文本传输协议)、Telnet(远程登录)、FTP(File Transfer Protocol,文件传输协议)等。

2.TCP/IP 的主要特点

高可靠性。TCP/IP 采用重新确认的方法保证数据的高可靠性传输,并采用"窗口"流量控制机制得到进一步保证。

安全性。为建立 TCP 连接,在连接的每一端都必须与该连接的安全性控制达成一致。IP 协议在它的控制分组头中有若干字段允许有选择地对传输的信息实施保护。

灵活性。TCP/IP 对下层支持其协议,而对上层应用协议没有特殊要求。因此,TCP/IP 的使用不受传输媒体和网络应用软件的限制。

互操作性。由 FTP、Telnet 等实用程序可以看到,不同计算机系统彼此之间可采用文件方式进行通信。

三、组网要求

(一)路由协议

1. BGP 协议

(1)BGP 基本概念

BGP 是边界网关协议,定义于 RFC1771。该协议用于创建自治系统(Autonomous Systems)之间无环路域间路由。BGP 是唯一一个用来处理像因特网大小网络的协议,也是唯一能够妥善处理好不相关路由域间多路连接的协议。BGP 系统的主要功能是和其他的 BGP 系统交换网络可达信息。网络可达信息包括列出的自治系统(AS)的信息。这些信息有效地构造了 AS 互联的拓扑图并由此清除了路由环路,同时在 AS 级别上可实施策略决策,如图 5-5 所示。

(1)BGP 的特征

① BGP 是一张增强型距离矢量;

② 传输协议:TCP,端口号:179;

③ 支持 CIDR(无类别域间选路);

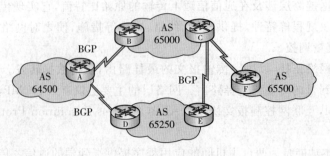

图 5-5 AS 互联拓扑图

④ 路由更新只发送增量路由;

⑤ 具有丰富的路由过滤和路由策略配置。

(2)BGP 的结构和功能

① 对等体:两台路由器为交换 BGP 路由信息,建立 TCP 连接之后,它们之间的关系就是对等关系或邻居关系。BGP 邻居分为 IBGP 和 EBGP 两种,如图 5-6 所示。

② 外部 BGP:邻居处于不同的自治域,邻居之间一般直接连接,如图 5-7 所示。

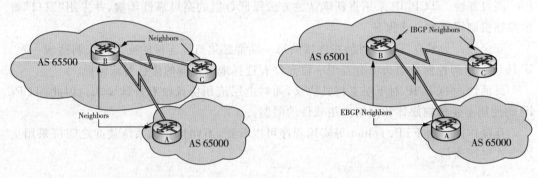

图 5-6 对等体   图 5-7 外部 BGP

③ 内部 BGP:邻居处于同一个 AS 内部,邻居之间不必直连,如图 5-8 所示。

(2)BGP 报文类型与连接状态

(1)BGP 报文类型

① OPEN——用于建立 BGP 连接

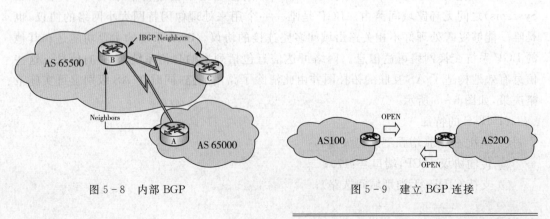

图 5-8 内部 BGP   图 5-9 建立 BGP 连接

版本号：在对等体之间协商双方支持的最高版本号；

AS 号：本 BGP 路由器的 AS 号码，占 2 字节；

保持时间：双方协商后取二者的较小值；

BGP 标识：表示发送者的 ID，一般是 Loopback 地址；

可选参数：如密码认证等；

OPEN Messages 格式如图 5-10 所示。

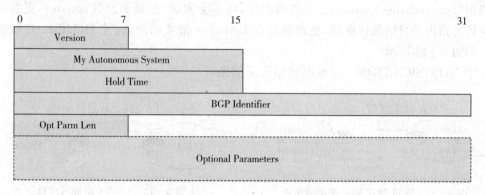

图 5-10   OPEN Messages 格式

② KEEPALIVE——用于保持 BGP 连接

缺省每 60 秒发送一次 Keepalives 消息（对等体之间发送），"保持计时器"（Hold time）的时间周期是 180

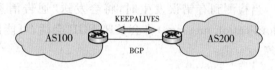

图 5-11   保持 BGP 连接

秒，Keepalives 消息将会将"保持时间"（Hold timer）重新置为 0。如果"保持时间"（Hold timer）超时，将会认为对方已经死亡，Keepalive 和"保持时间"（Hold timer）都可以改变。在建立 BGP 连接时，双方协商保持时间的时候将会取最低值，Keepalive 消息的长度是 19 个字节。

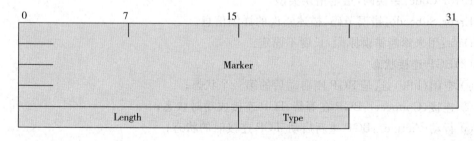

图 5-12   Keepalive 消息格式

Marker：用于检查 BGP 对等体的同步信息是否完整以及用于 BGP 验证的计算，共 16 字节；

Length：BGP 消息总长度（包括报文头在内），以字节为单位。长度范围是 19～4096；

Type：BGP 消息的类型。其取值从 1 到 5，分别表示 Open、Update、Notification、

Keepalive 和 Route-refresh 消息；

Route-refresh 消息用来通知对等体自己支持路由刷新能力。

需要注意的是 KEEPALIVE 消息格式中只包含报文头，没有附加其他任何字段，即 KEEPALIVE 消息＝BGP 报文头。

③ UPDATE——发送 BGP 路由更新或撤销

相同属性的路由才能在一个 Update 消息中更新出去，Update 也用于撤销那些"不可达路由"（unreachable routes），如果路由稳定，将不会发送"更新消息"（update），更新可以只是针对路由条目的属性更新，更新包具有 keepalive 报文的功效，使 Holdtime 定时器复位。如图 5-13 所示。

④ NOTIFICATION——BGP 差错提示信息

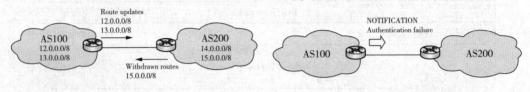

图 5-13 发送 BGP 路由更新或撤销   图 5-14 BGP 差错提示信息

当检测到有错误发生时，将会发送"通告消息"（Notification message），"通告消息"（Notification message）将会关闭 BGP 会话，可能出现的错误信息包括：验证失败、路由回路等。

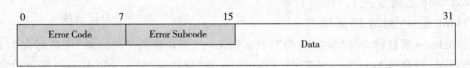

图 5-15 NOTIFICATION 格式

Error Code：错误码，指定错误类型。

Error Subcode：错误子码，描述错误的详细信息。

Data：用来诊断错误原因，长度不固定。

(2)BGP 连接状态

① 空闲（Idle）：这是 BGP 刚启动后的第一个状态；

② 连接（Connect）：BGP 在等待 TCP 连接成功时状态；

③ 行动（Active）：BGP 重新启动 TCP 连接时的状态；

④ OPEN 发送（Open sent）：TCP 连接成功后，BGP 开始发送 OPEN 消息，并等待对方的 OPEN 消息时的状态；

⑤ OPEN 证实（Open confirm）：接收到邻居 OPEN 消息后，BGP 等待 Keepalive 消息或者 Notification 消息时的状态；

⑥ 已建立（Established）：这是相邻体协商的最后阶段或者稳定阶段，BGP 开始与对端交换 Update 数据包。

内河水运通信概论

在 BGP 对等体建立的过程中,通常可见的三个状态是:Idle、Active、Established。Idle 状态下,BGP 拒绝任何进入的连接请求,是 BGP 初始状态。Active 状态下,BGP 将尝试进行 TCP 连接的建立,是 BGP 的中间状态。Established 状态下,BGP 对等体间可以交换 Update 报文、Route‑refresh 报文、Keepalive 报文和 Notification 报文。BGP 对等体双方的状态必须都为 Established,BGP 邻居关系才能成立,双方通过 Update 报文交换路由信息。

(3)BGP 路由通告原则

(1)多条路径时,BGP Speaker 只选最优的给自己使用;

(2)BGP Speaker 只把自己使用的路由通告给相邻体;

(3)BGP Speaker 从 EBGP 获得的路由会向它所有 BGP 相邻体通告(包括 EBGP 和 IBGP);

(4)BGP Speaker 从 IBGP 获得的路由不向它的 IBGP 相邻体通告;

(5)BGP Speaker 从 IBGP 获得的路由是否通告给它的 EBGP 相邻体要依 IGP 和 BGP 同步的情况来决定;

(6)连接一建立,BGP Speaker 将把自己所有 BGP 路由通告给对等体。

(4)BGP 属性

路由器发送关于目标网络的 BGP 更新消息,更新的度量值被称为路径属性。属性可以是公认的或可选的、强制的或自由决定的、传递的或非传递的。属性也可以是部分的。并非组织的和有组合的都是合法的,路径属性分为 4 类:公认必遵、公认自决、可选过渡、可选非过渡。

(1)公认属性

① 是公认所有 BGP 路由器都必须识别的属性;

② 分"公认必遵"和"公认自决"两种类型;

③ 公认必遵:必须出现在所有的更新消息里面;

④ 公认自决:可以出现在更新消息中,也可以不出现。

(2)可选属性

① BGP 路由器可以支持或不支持的属性;

② 分"可选过渡"与"可选非过渡"两种类型;

③ 可选过渡:如果被认可,将被标志成"全部的",然后传送出去;如果不被认可,将被标志成"局部的",然后传送出去。

④ 可选非过渡:如果被认可,则自我处理不传递给邻居;如果不被认可,做丢弃处理。

2. OSPF 路由协议

1)OSPF 概述

OSPF(Open Shortest Path First,开放式最短路径优先)是一个内部网关协议(Interior Gateway Protocol,IGP),用于在单一自治系统(Autonomous System,AS)内决策路由。是对链路状态路由协议的一种实现,隶属内部网关协议(IGP),故运作于自治系统内部。维护一个复杂的网络拓扑数据库,采用 SPF 算法计算最优路由。OSPF 的网络类型分为多点网络、点到点网络。

OSPF 优点如下：

① 无路由自环；

② 可适应大规模网络；

③ 路由变化收敛速度快；

④ 支持区域划分；

⑤ 支持等值路由；

⑥ 支持验证；

⑦ 支持路由分级管理；

⑧ 支持以组播地址发送协议报文。

2）OSPF 概念

Router ID(路由器标识符)：

定义：32 位二进制数，用于标识 OSPF 网络中的每个路由器。

选举方式：通常设备选择为第一个先激活的接口 IP 地址；若有多个已经激活的接口，则为路由器的最小的 IP 地址。如果在路由器上配置了 Loopback 接口，那么路由器 ID 是所有 Loopback 接口中的最小的 IP 地址，不管其他物理接口的 IP 地址的值，激活后不变。

特点：全局唯一，不能重复；一旦选定不能改变，除非重启 OSPF 进程；

(1)Interface(协议接口)

运行 OSPF 协议的接口；

周期性的发送协议报文(Hello 包)，查找发现邻居(neighbor)。

(2)指定路由器(DR)和备份指定路由器(BDR)

广播网络中为了减少 OSPF 同步链路状态信息的流量，根据接口优先级自动选举一个 DR 和 BDR 来代表这个网络。

(3)链接状态数据库(Link State Database)

包含了网络中所有路由器的链接状态，它表示着整个网络的拓扑结构。

(4)Neighboring Routers(邻居路由器)

直连网络中的 OSPF 路由器根据 hello 包自动形成邻居关系。

(5)Adjacency(邻接关系)

在邻居关系的基础上，同步链路状态信息数据库后形成邻接关系。

3）OSPF 工作过程

(1)邻居的发现过程

OSPF 邻居表建立过程如图 5 - 16 所示。

(2)DR、BDR 的选举

广播网络中，每个邻居之间都发送 LSA，会造成不必要的浪费(网络带宽、CPU 资源等)。

为了减少在局域网上的 OSPF 协议报文的流量，每个网段都会选出 DR 和 BDR 来代表这个网络。每个 Router 都会和 DR、BDR 同步 LSA，建立邻接关系。

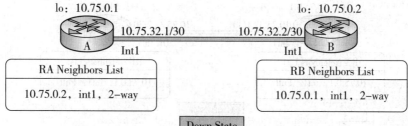

图 5 - 16   OSPF 邻居表建立过程

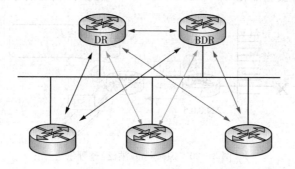

图 5 - 17   DR、BDR 的选举

(3)建立邻接关系

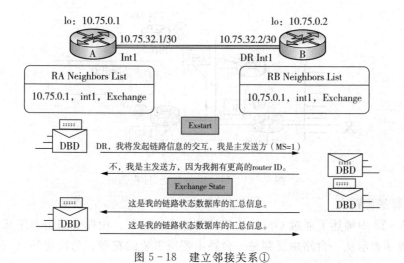

图 5 - 18   建立邻接关系①

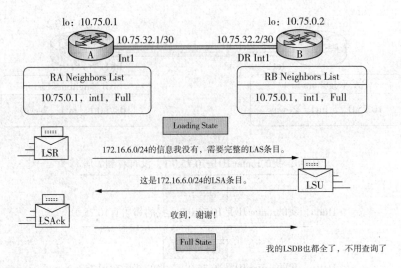

图 5-19　建立邻接关系②

（4）LSA 更新

点对点链路状态发生变化，路由器用 224.0.0.5 将拓扑改变消息通告给邻居。

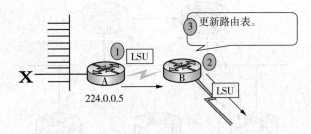

图 5-20　Flooding（洪泛）过程①

广播类型链路状态发生变化，路由器 A 用 224.0.0.6 通告给 DR，DR 用 224.0.0.5 通告给其他路由器。

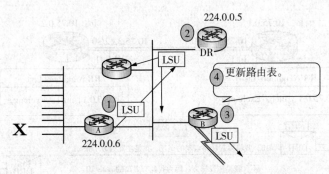

图 5-21　Flooding（洪泛）过程②

（5）计算最优路由

如图 5-22 中描述了通过 OSPF 协议计算路由的过程。由四台路由器组成的网络，连线旁边的数字表示从一台路由器到另一台路由器所需要的花费。为简化问题，我们假定两

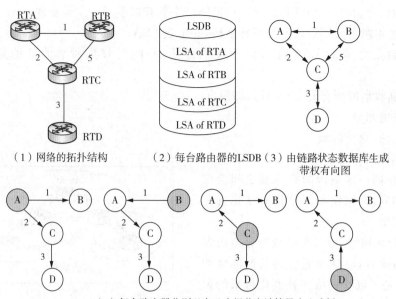

（1）网络的拓扑结构　　（2）每台路由器的LSDB　（3）由链路状态数据库生成
　　　　　　　　　　　　　　　　　　　　　　　　　带权有向图

（4）每台路由器分别以自己为根节点计算最小生成树

图 5 - 22　计算最优路由

台路由器相互之间发送报文所需花费是相同的。

首先,每台路由器都根据自己周围的网络拓扑结构生成一条 LSA(链路状态广播),并通过相互之间发送协议报文将这条 LSA 发送给网络中其他的所有路由器。这样每台路由器都收到了其他路由器的 LSA,所有的 LSA 放在一起称作 LSDB(链路状态数据库)。显然,4 台路由器的 LSDB 都是相同的。

其次,由于一条 LSA 是对一台路由器周围网络拓扑结构的描述,那么 LSDB 则是对整个网络的拓扑结构的描述。路由器很容易将 LSDB 转换成一张带权的有向图,这张图便是对整个网络拓扑结构的真实反映。显然,4 台路由器得到的是一张完全相同的图。

最后,接下来每台路由器在图中以自己为根节点,使用 SPF 算法计算出一棵最短路径树,由这棵树得到了到网络中各个节点的路由表。显然,4 台路由器各自得到的路由表是不同的。这样每台路由器都计算出了到其他路由器的路由。

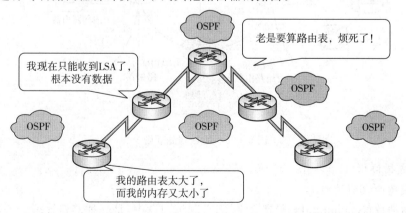

图 5 - 23　一个大规模 OSPF 网络遇到的问题

由上面的分析可知:OSPF 协议计算出路由主要有以下三个主要步骤:

① 描述本路由器周边的网络拓扑结构,并生成 LSA。

② 将自己生成的 LSA 在自治系统中传播,并同时收集所有的其他路由器生成的 LSA。

③ 根据收集的所有的 LSA 计算路由。

4)区域的划分

解决办法:划分区域

区域划分的好处:

① 只有同一区域内的路由器之间会保持 LSDB 的同步,网络拓扑结构的变化首先在区域内更新。

② 划分区域后,可以在区域边界路由器上进行路由聚合,以减少通告到其他区域的 LSA 数量,还可以将网络拓扑变化带来的影响最小化。

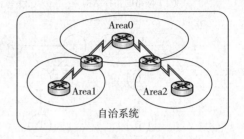

图 5-24　划分区域

区域划分的规则:

① 每一个网段必须属于一个区域,即每个运行 OSPF 协议的接口必须指定属于某一个特定的区域;

② 区域用区域号(Area ID)来标识,区域号是一个从 0 开始的 32 位整数;

③ 骨干区域(area0)不能被非骨干区域分割开;

④ 非骨干区域(非 area0)必须和骨干区域相连(不建议使用虚连接)。

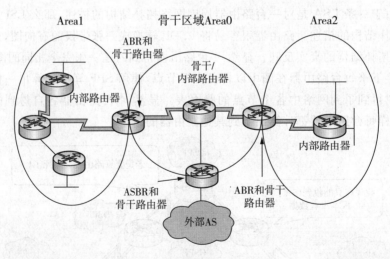

图 5-25　区域划分规则

3. 生成树协议

1)生成树原理概述

生成树协议(Spanning Tree)定义在 IEEE 802.1D 中,是一种链路管理协议,它为网络提供路径冗余同时防止产生环路。为使以太网更好地工作,两个工作站之间只能有一条活动路径。STP 允许交换机之间相互通信以发现网络物理环路。该协议定义了一种算法,交换机能够使用它创建无环路(loop - free)的逻辑拓扑结构。

生成树协议操作对终端站透明,也就是说,终端站并不知道它们是否连接在单个局域网段或多网段中。当有两个网桥同时连接相同的计算机网段时,生成树协议可以允许两网桥之间相互交换信息,这样只需要其中一个网桥处理两台计算机之间发送的信息。

2)网桥协议数据单元(BPDU)

网桥协议数据单元(Bridge Protocol Data Unit)是一种生成树协议间候数据包,它以可配置的间隔发出,用来在网络的网桥间进行信息交换。主要字段如图 5 - 26 所示:

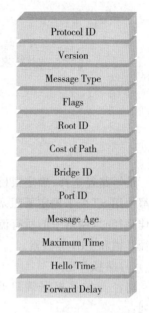

图 5 - 26　BPDU 主要字段

Protocol ID——恒为 0。

Version——恒为 0。

Type——决定该帧中所包含的两种 BPDU 格式类型(配置 BPDU 或 TCN BPDU)。

Flags——标志活动拓扑中的变化,包含在拓扑变化通知(Topology Change Notifications)的下一部分中。

Root ID——包括有根网桥的网桥 ID。会聚后的网桥网络中,所有配置 BPDU 中的该字段都应该具有相同值(单个 VLAN)。Net X Ray 可以细分为两个 BID 子字段:网桥优先级和网桥 MAC 地址。

Root Path Cost——通向有根网桥(Root Bridge)的所有链路的积累资本。

Bridge ID——创建当前 BPDU 的网桥 BID。对于单交换机(单个 VLAN)发送的所有 BPDU 而言,该字段值都相同,而对于交换机与交换机之间发送的 BPDU 而言,该字段值不同。

Port ID——每个端口值都是唯一的。端口 1/1 值为 0×8001,而端口 1/2 值为 0×8002。

Message Age——记录 Root Bridge 生成当前 BPDU 起源信息的所消耗时间。

Max Age——保存 BPDU 的最长时间,也反映了拓扑变化通知(Topology Change Notification)过程中的网桥表生存时间情况。

Hello Time——指周期性配置 BPDU 间的时间。

Forward Delay——用于在 Listening 和 Learning 状态的时间,也反映了拓扑变化通知(Topology Change Notification)过程中的时间情况。

3)生成树工作过程

根桥的选择:Bridge ID 最小的网桥将成为网络中的根桥。选举的依据是网桥优先级和网桥 MAC 地址组合成的桥 ID(Bridge ID),网桥优先级为 4096 的倍数,Bridge priority $=4096 * i (i=1$ 至 15),优先级值越小,则优先级越高;在网桥优先级都一样(默认优先级是 32768)的情况下,MAC 地址最小的网桥成为根桥。

根桥选择实例如下:Switch A、Switch B、Switch C 相互连通,互通 BPDU 数据包,由

BID 比较可知 Switch A 为根交换机,如图 5-27 所示:

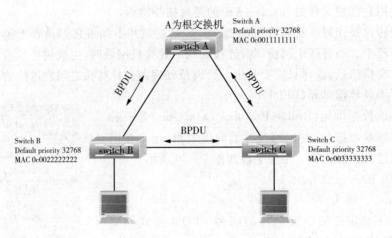

图 5-27 生成树工作过程

最短路径选择:确定根桥后,STA(生成树算法)会计算到根桥的最短路径。每台交换机都使用 STA 来确定要阻塞的端口。当 STA 为广播域中的所有目的地确定到达根桥的最佳路径时,网络中的所有流量都会停止转发。STA 在确定要开放的路径时,会同时考虑路径开销和 PID 等因素。

(1)路径开销

路径开销是根据端口开销值计算出来的。端口开销与带宽之间的关系见表 5-1所列:

表 5-1 端口开销与带宽之间的关系表

带宽	Cost（revised IEEE spec）	Cost（previous IEEE spec）
10Mbps	100	100
100Mbps	19	10
1Gbps	4	1
10Gbps	2	1

路径开销计算如图 5-28 所示:

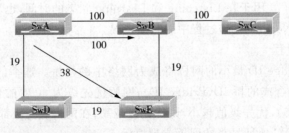

图 5-28 路径开销计算

SWA 至 SWC 之间的最优路径开销为:19+19+19+100<100+100,故最优路径选择为:SWA→SWD→SWE→SWB→SWC,而将阻塞 SWA→SWB 的链路。

(2)通过 Bridge ID 选择最短路径

如果路径开销相同,则比较发送 BPDU 交换机的 Bridge ID,Bridge ID 小的为最优路径。如图 5-29 所示:

左右两条路径如开销一样,则比较转发网桥的 Bridge ID,SWA 的 Bridge ID 较小,则最优路径选择为:SWC→SWA→SWD,而将 SWC→SWB→SWD 这条链路阻塞。

(3)比较发送者 port ID 选择最短路径

当路径开销相同,而且发送者 Bridge ID 相同,即同一台交换机,则比较发送者交换机的 port ID。Port ID:端口信息由 1 字节端口优先级和 1 字节端口 ID 组成。Port ID 优先级为 Port priority$=16*i$,($i=0$ 至 15),默认优先级为 128。

如图 5-30 所示,SWB 与 SWD 间建立两条链路,路径开销相同,且 Bridge ID 相同,则比较两者的 Port ID,优先级相同的情况下,最优路径选择为 1/1 的端口,而将 1/2 端口阻塞。

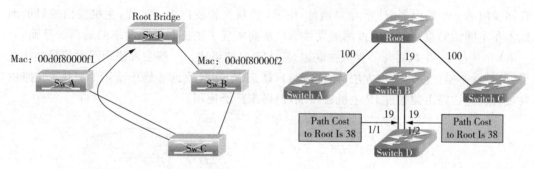

图 5-29 通过 Bridge ID 选择最短路径   图 5-30 路径开销选择

4)生成树协议端口类型

(1)端口分类

STA 确定了哪些路径要保留为可用之后,它会将交换机端口配置为不同的端口角色。端口角色描述了网络中端口与根桥的关系,以及端口是否能转发流量。

根端口(Root Port):所有非根交换机产生一个到达根交换机的端口。

指定端口(Designated port):每个 LAN 都会选择一台设备为指定交换机,通过该设备的端口连接到根,该端口为指定端口。

非指定端口:为防止环路而被置于阻塞状态的所有端口。

端口类型如图 5-31 所示:

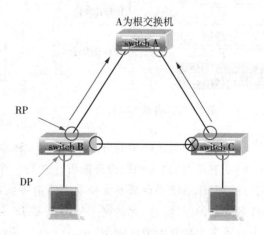

图 5-31 端口类型

（2）端口状态转换

生成树端口的五种状态：

Blocking：接收 BPDU，不学习 MAC 地址，不转发数据帧。

Listening：接收 BPDU，不学习 MAC 地址，不转发数据帧，但交换机向其他交换机通告该端口，参与选举根端口或指定端口。

Learning：接收 BPDU，学习 MAC 地址，不转发数据帧。

Forwarding：正常转发数据帧。

Off：关闭状态。

各状态间转换如图 5-32 所示：

生成树经过一段时间（默认值是 50 秒左右）稳定之后，所有端口要么进入转发状态，要么进入阻塞状态。

（二）VRRP

1. VRRP 基本概念及其作用

如图 5-33 所示，网络上的三台主机设置了一个网关（10.0.0.1），该网关就是主机所在网段内的一个路由器 R1 的接口地址，由 R1 将报文转发出去。这样，主机发出的目的地址不在本网段的报文将被通过网关发往 R1，从而实现了主机与外部网络的通信。然而，万一 R1 出现故障，主机将与外界失去联系，陷入孤立的境地。一些主机使用网关侦探办法获得，但一般不推广使用这一方法（RFC1122），动态 Ping 网关也是禁止使用的。ICMP 路由发现协议允许路由器通过 IP 主机被发现，但尚未广泛使用。

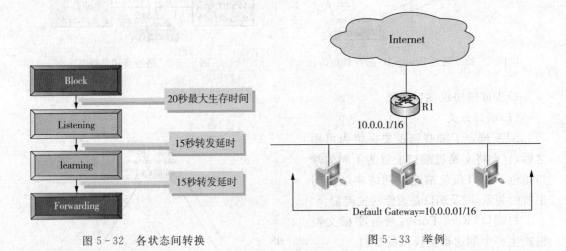

图 5-32 各状态间转换　　　　　　图 5-33 举例

目前常用的指定网关的方法有两种：一种是通过路由协议（比如：内部路由协议 RIP 和 OSPF）动态学习；另一种是静态配置。在每一个终端都运行动态路由协议是不现实的，大多客户端操作系统平台都不支持动态路由协议，即使支持也受到管理开销、收敛度、安全性等许多问题的限制。因此普遍采用对终端 IP 设备静态路由配置，一般是给终端设备指定一个或者多个默认网关（Default Gateway）。静态路由的方法简化了网络管理的复杂度和减轻了终端设备的通信开销，但是它仍然有一个缺点：如果作为默认网关的路由器损坏，所有使用该网关为下一跳主机的通信必然要中断。即便配置了多个默认网关,如果不重新启动终端设备,也不能切换到新的网关。

这就意味着大部分主机无法快速知道路由器和与之相联的局域网连接是否已经失败,而且 IP 主机检测连路失败与替代路由器进行交换需要很长时间。

斥资对所有网络设备进行更新当然是一种很好的可靠性解决方案;但本着节约现有投资的角度考虑,可以采用廉价冗余的思路,在可靠性和经济性方面找到平衡点。如图 5 - 34 所示。

而虚拟路由冗余协议(VRRP: Virtual Router Redundancy Protocol)就是一种很好的解决方案。在该协议中,对共享多存取访问介质(如以太

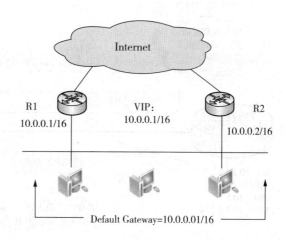

图 5 - 34   虚拟路由冗余协议

网)上终端 IP 设备的默认网关(Default Gateway)进行冗余备份,从而在其中一台路由设备宕机时,备份路由设备及时接管转发工作,向用户提供透明的切换,提高了网络服务质量。

为了避免由这个默认网关造成的单点故障,可以在一个广播域中配置多个路由器接口,并在这些路由器上运行 VRRP(虚拟路由器冗余协议)。

简单来说,VRRP 是一种容错协议,它为具有组播或广播能力的局域网(如以太网)设计,它保证当局域网内主机的下一跳路由器出现故障时,可以及时的由另一台路由器来代替,从而保持通信的连续性和可靠性。为了使 VRRP 工作,要在路由器上配置虚拟路由器号和虚拟 IP 地址,同时产生一个虚拟 MAC 地址,这样在这个网络中就加入了一个虚拟路由器。而网络上的主机与虚拟路由器通信,无须了解这个网络上物理路由器的任何信息。一个虚拟路由器由一个主路由器和若干个备份路由器组成,主路由器实现真正的转发功能。当主路由器出现故障时,一个备份路由器将成为新的主路由器接替它的工作。

2. VRRP 工作原理

主用路由器 Master:负责转发发给虚拟路由器的数据包,并响应 ARP 请求的路由器。若一台拥有与虚拟路由器相同 IP 地址的 VRRP 路由器处于活动状态,则此 VRRP 路由器为主用路由器。

备用路由器 Backup:在 VRRP 中,其他参与此虚拟路由器的均为备用路由器。它将在主用路由器不能工作时接替其工作。

路由器开启 VRRP 功能后,会根据优先级确定自己在备份组中的角色。优先级高的路由器成为主用路由器,优先级低的成为备用路由器。主用路由器定期发送 VRRP 通告报文,通知备份组内的其他路由器自己工作正常;备用路由器则启动定时器等待通告报文的到来。

VRRP 在不同的主用抢占方式下,主用角色的替换方式不同:(1)在抢占方式下,当主用路由器收到 VRRP 通告报文后,会将自己的优先级与通告报文中的优先级进行比较。如果大于通告报文中的优先级,则成为主用路由器;否则将保持备用状态。(2)在非抢占方

式下,只要主用路由器没有出现故障,备份组中的路由器始终保持主用或备用状态,备份组中的路由器即使随后被配置了更高的优先级也不会成为主用路由器。

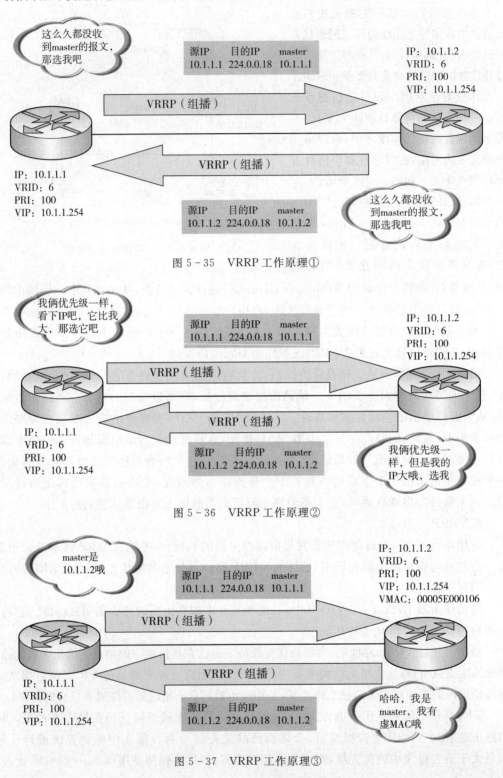

图 5 - 35　VRRP 工作原理①

图 5 - 36　VRRP 工作原理②

图 5 - 37　VRRP 工作原理③

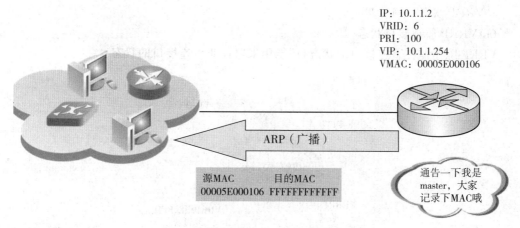

IP: 10.1.1.2
VRID: 6
PRI: 100
VIP: 10.1.1.254
VMAC: 00005E000106

ARP（广播）

源MAC　　　目的MAC
00005E000106　FFFFFFFFFFFF

通告一下我是
master，大家
记录下MAC哦

图 5-38　VRRP 工作原理④

如果备用路由器的定时器超时后仍未收到主用路由器发送来的 VRRP 通告报文,则认为主用路由器已经无法正常工作,此时备用路由器会认为自己是主用路由器,并对外发送 VRRP 通告报文。备份组内的路由器根据优先级选举出主用路由器,承担报文的转发功能。

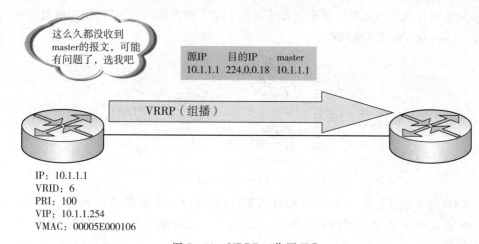

这么久都没收到
master的报文，可能
有问题了，选我吧

源IP　　　目的IP　　　master
10.1.1.1　224.0.0.18　10.1.1.1

VRRP（组播）

IP: 10.1.1.1
VRID: 6
PRI: 100
VIP: 10.1.1.254
VMAC: 00005E000106

图 5-39　VRRP 工作原理⑤

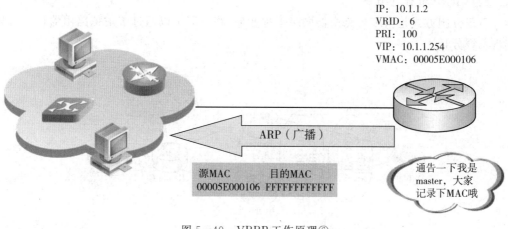

IP: 10.1.1.2
VRID: 6
PRI: 100
VIP: 10.1.1.254
VMAC: 00005E000106

ARP（广播）

源MAC　　　目的MAC
00005E000106　FFFFFFFFFFFF

通告一下我是
master，大家
记录下MAC哦

图 5-40　VRRP 工作原理⑥

3.VRRP 实际组网应用

(1)VRRP 监视接口状态

VRRP 除了监控直连接口的状态,还能用来监控非直连接口的状态。

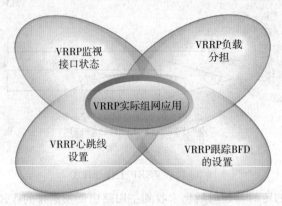

图 5-41　VRRP 实际组网应用

当被监视的接口 Down 时,这个路由器在备份组的优先级自动减低或增加一个数额,致使备份组内其他的路由器的优先级高于或低于这个路由器的优先级,优先级最高的路由器转变为 Master,完成主备切换。

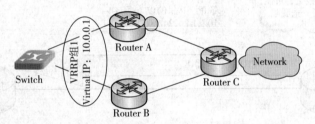

图 5-42　VRRP 监视接口状态

VRRP 组 1 通过监视 Router A 带红点端口,若端口正常时 Router A 作为 Master,接口 down 则 Router A 优先级降低使得 Router A 的优先级低于 Router B 的优先级,从而完成主备切换。

(2)VRRP 负载分担

负载分担方式是指多台路由器同时承担业务,路由器可以通过多虚拟路由器设置可以实现负载分担。

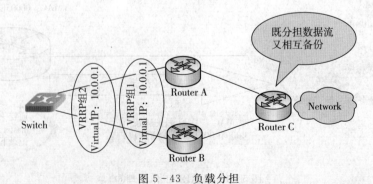

图 5-43　负载分担

负载分担方式具有以下特点：

① 每个备份组都包括一个 Master 设备和若干 Backup 设备；

② 各备份组的 Master 可以不同；

③ 同一台路由器可以加入多个备份组，在不同备份组中有不同的优先级。

RouterA 在备份组 1 中作为 Master，在备份组 2 中作为 Backup

RouterB 在备份组 2 中作为 Master，在备份组 1 中作为 Backup

（3）VRRP 心跳线设置

VRRP 协议报文发送可以经由心跳线来转发，而不必由配置 VRRP 组的那个接口发送。

如果 VRRP 组配置了心跳线，那么指定发送的出接口为心跳线接口；如果没有配置心跳线，则出接口为配置 VRRP 组的接口。

（4）VRRP 跟踪 BFD 的应用

VRRP 跟踪的 BFD 有两种应用：

① VRRP 跟踪普通类型的 BFD，不管主

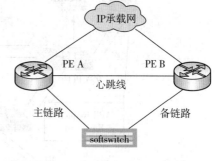

图 5-44　VRRP 心跳线设置

备，在 BFD 链路 down 时只降低优先级，不改变状态，通过 VRRP 报文的协商进行状态的切换。

② VRRP 快速倒换跟踪，优先级不变，仅状态进行切换。

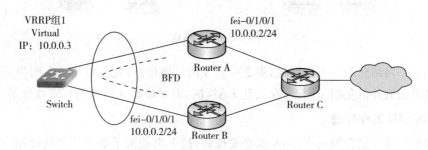

图 5-45　VRRP 快速倒换跟踪

四、VLAN

VLAN(Virtual Local Area Network)即虚拟局域网，是一种通过将局域网内的设备逻辑地而不是物理地划分成一个个网段从而实现虚拟工作组的技术。划分 VLAN 的主要作用是隔离广播域。

在共享式的以太网上，每个设备都处于一个广播域中。那么，为什么需要分割广播域呢？

如图 5-46 所示，是一个由 5 台二层交换机(交换机 1~5)连接了大量客户机构成的网络。假设这时计算机 A 需要与计算机 B 通信，在基于以太网的通信中，必须在数据帧中指定目标 MAC 地址才能正常通信。因此，计算机 A 必须先广播 ARP 请求(ARP Request)信息，来尝试获取计算机 B 的 MAC 地址。

交换机1收到广播帧(ARP请求)后,会将它转发给除接受端口外的其他所有端口,交换机2、3、4、5也会如此,最终ARP请求会被转发到同一网络中的所有客户机上。而这个ARP请求原本只是为了获得计算机B的MAC地址而发出的。但实际上,数据帧却传遍整个网络,导致所有计算机都接收到了它,造成了网络带宽和CPU运算能力的大量无谓消耗。

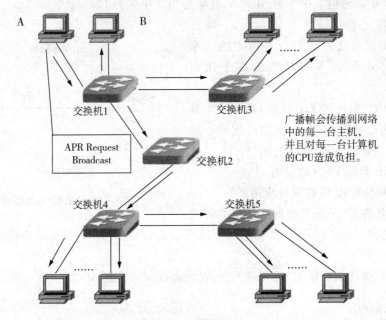

图 5-46 广播域

如果整个网络只有一个广播域,那么一旦发出广播信息,就会传遍整个网络,并对网络中的主机带来额外的负担。因此,在设计LAN时,需要注意如何才能有效地分割广播域。

(一)VLAN 工作原理

在理解广播域的分割与VLAN的必要性后,接下来就来了解应该如何使用VLAN来分割广播域。

例如,在一台未设置任何VLAN的交换机上,任何广播帧都会被转发给除接收端口外的所有其他端口。如图5-47,计算机aaa发送广播消息后,会被转发给端口2、3、4。

这时,如果在交换机上生成红、蓝两个VLAN,同时设置端口1、2属于红色VLAN、端口3、4属于蓝色VLAN。再从计算机aaa发送广播帧的话,交换机就只会把它转发给同属于一个VLAN的其他端口——同属于红色VLAN的端口2,不会再转发给属于蓝色VLAN的端口。同样,计算机ccc发送广播信息后,只会转发给其他属于蓝色VLAN的端口,不会再转发给属于红色VLAN的端口。

就这样,VLAN通过限制广播帧转发的范围分割了广播域。以上为方便说明,以红、蓝来识别不同的VLAN,在实际使用中则是用"VLAN ID"来区分的。

那么,如果需要跨越多台交换机VLAN时怎么做呢?

假设有如图5-48所示的网络,且需要将不同楼层的部门设置为同一个VLAN。最简

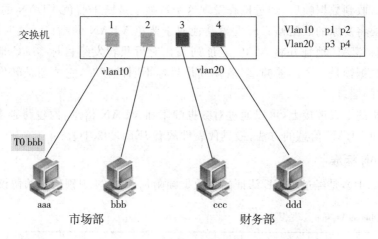

图 5-47　分割广播域

单的方法,自然就是在交换机 1 和 2 上各设一个红、蓝 VLAN 专业的接口并互联。但是,这个方法从扩展性和管理效率来看都不好。VLAN 越多,楼层间(交换机间)互联所需的端口也越来越多,交换机端口的利用效率低是对资源的一种浪费,也限制了网络的扩展。

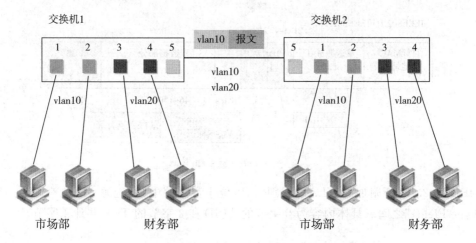

图 5-48　汇聚链接

　　为了避免这种低效率的连接方式,人们想办法让交换机间互联的网线集中到一根上,这时使用的就是汇聚链接。汇聚链接指的是能够转发多个不同 VLAN 的通信的端口。汇聚链接上流通的数据帧,都被附加了用于识别属于哪个 VLAN 的特殊信息。市场部发送的数据帧从交换机 1 经过汇聚链接到达交换机 2,在数据帧上附加了表示蓝色 VLAN 的标记。

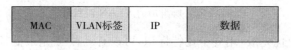

图 5-49　VLAN 信息格式

交换机 2 收到数据帧后,经过检查发现这个数据帧是属于蓝色 VLAN 的,因此去除标记后根据需要将复原的数据帧只转发给其他属于蓝色 VLAN 的端口。这时的转送,是指经过确认目标 MAC 地址并将 MAC 地址列表比对后只转发给目标 MAC 地址所连的端口。只有当数据帧是一个广播帧、多播帧或是目标不明的帧时,它才会被转发到所有属于蓝色 VLAN 的端口。

　　在交换机的汇聚链接上,可以通过对数据帧附加 VLAN 信息,构建跨越多台交换机的 VLAN。附加 VLAN 信息的方法,最具代表性的有 IEEE802.1Q。

(二)VLAN 标准

IEEE802.1Q,是经过 IEEE 认证的对数据帧附加 VLAN 识别信息的协议。

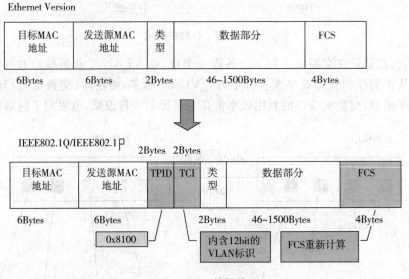

图 5-50　数据帧

　　IEEE802.1Q 所附加的 VLAN 识别信息,位于数据帧中"发送源 MAC 地址"与"类别域(Type Field)"之间。具体内容为 2 字节的 TPID 和 2 字节的 TCI,共计 4 字节。

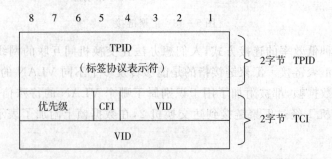

图 5-51　所附加的 VLAN 识别信息

　　(1)802.1P 用户优先级:用 3 个比特标识,可以有 8 种,0 是最低,7 是最高。

　　(2)CFI 位指示 MAC 数据域的 MAC 地址是否是规范格式。CFI=0 表示是规范格式,CFI=1 表示是非规范。

(3)VID 域指示帧属于的 VLAN 标识,最大可以有 4094($2^{12}-2$)个 VLAN,0 不表示 VLAN 标识。

五、链路聚合

组网时,核心交换机之间的连接,核心交换机与数据服务器的连接以及核心交换机与边缘交换机的连接是整个网络最重要的连接,也就是主干连接。主干连接具有高带宽和高可靠性等要求。显然,单一物理链路未必能提供足够的带宽和可靠性,因此便需要采用链路聚合技术,把多个物理链路捆绑成一条逻辑链路不但可以在一对系统之间建立一条高性能链路,来解决带宽瓶颈和单链路没有冗余备份的问题。

(一)链路聚合基本概念及特点

链路聚合(Link Aggregation),也称为端口捆绑、端口聚集或链路聚集。链路聚合是将多个端口聚合在一起形成一个汇聚组,以实现出/入负荷在各成员端口中的分担。在外面看起来,一个汇聚组好像就是一个端口。

使用链路汇聚服务的上层实体把同一聚合组内多条物理链路视为一条逻辑链路。链路聚合在数据链路层上实现。

链路聚合有以下优点:

(1)增加网络带宽。端口聚合可以将多个连接的端口捆绑成为一个逻辑连接,捆绑后的带宽是每个独立端口的带宽总和。当端口上的流量增加而成为限制网络性能的瓶颈时,采用支持该特性的交换机可以轻而易举地增加网络的带宽(例如,可以将 2～4 个 100Mbit/s 端口连接在一起组成一个 200～400Mbit/s 的连接)。该特性可适用于 10M、100M、1000M 以太网。

(2)提高了可靠性。当主干网络以很高的速率连接时,一旦出现网络连接故障,后果是不堪设想的。高速服务器以及主干网络连接必须保证绝对的可靠。采用端口聚合的一个良好的设计可以对这种故障进行保护,如图 5-52 所示,当有一条链路,例如 D 断开,流量会自动在剩下的 A B C 三条链路间重新分配。也就是说,组成端口聚合的一个端口,一旦某一端口连接失败,网络数据将自动重定向到那些好的连接上。这个过程非常快,只需要更改一个访问地址就可以了。然后,交换机将数据转到其他端口,该特性可以保证网络无间断地继续正常工作。

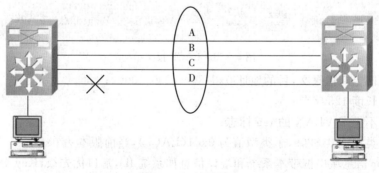

图 5-52　链路聚合

（3）避免二层环路。

（4）实现链路传输弹性和冗余。

链路聚合有以下限制条件：

（1）聚合链路两端的物理参数必须保持一致：

① 进行聚合的链路的数目；

② 进行聚合的链路的速率；

③ 进行聚合的链路为全双工方式。

（2）聚合链路两端的逻辑参数必须保持一致：

同一个汇聚组中端口的基本配置必须保持一致，基本配置主要包括 STP、QoS、VLAN、端口等相关配置。

（二）链路聚合方式

（1）静态聚合：用户配置聚合组号和端口成员，端口运行 LACP。

静态 Trunk 将多个物理端口直接加入 Trunk 组，形成一个逻辑端口，但这种方式不利于观察聚合端口的状态，造成部分业务中断。

（2）动态聚合：基于 IEEE802.3ad 的 LACP；聚合组号根据协议自动创建；聚合端口根据 key 值自动匹配添加。

基于 IEEE802.3ad 标准的 LACP（Link Aggregation Control Protocol，链路聚合控制协议）是一种实现链路动态汇聚的协议。为交换数据的设备提供一种标准的协商方式，供系统根据自身配置自动形成聚合链路并启动聚合链路收发数据。聚合链路形成后，负责维护链路状态，在聚合条件发生变化时，自动调整或解散链路聚合。

LACP 协议通过 LACPDU（Link Aggregation Control Protocol Data Unit，链路聚合控制协议数据单元）与对端交互信息。使某端口的 LACP 协议后，该端口将通过发送 LACPDU 向对端通告自己的系统优先级、系统 MAC 地址、端口优先级、端口号和操作 Key。对端接收到这些信息后，将这些信息与其他端口所保存的信息比较以选择能够汇聚的端口，从而双方可以对端口加入或退出某个动态汇聚组达成一致。

LACP 报文结构如图 5-53 所示：

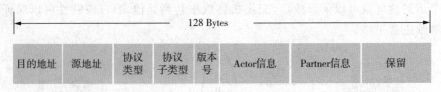

图 5-53　LACP 报文结构

① 以太网上广播报文，目的地址 0x0180-c200-0002；

② 报文长度 128 字节；

③ 报文不携带 VLAN 的 tag 标志；

④ 协议类型值 0x8809，子类型值为 0x01(LACP)，当前版本为 0x01；

⑤ Actor 信息域中携带本系统和端口信息如系统 ID，端口优先级，Key 等；

⑥ Partner 域中包含本系统中目前保存的对端系统信息；

⑦ 其他为保留域。

选择哪种聚合方式可根据实际网络环境而定：

① 成员端口工作在自适应模式下，可以选择静态或者动态聚合；

② 成员端口工作在强制模式下（尤其是光口），建议使用动态聚合（在光路收发其中一条链路出现问题时，动态聚合方式可以通过交互相应的报文间接的检查物理链路故障，确保最终聚合正确性）；

③ 对于参加聚合的设备中间有传输设备的组网，建议采用动态聚合。

六、网络控制

（一）端口镜像

1. 端口镜像的概念

将交换机或路由器上一个或多个端口（被镜像端口）的数据复制到一个指定的目的端口（监控端口）上，通过镜像可以在监控端口上获取这些被镜像端口的数据，以便进行网络流量分析、错误诊断等。

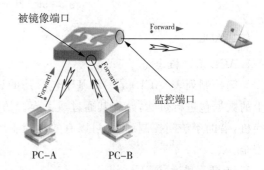

图 5-54　端口镜像

2. 端口镜像的分类

（1）基于端口的镜像

基于端口的镜像是把被镜像端口的进出数据报文完全拷贝一份到镜像端口，这样来进行流量观测或者故障定位。

以太网交换机及 T600/T1200 的 2.8.21.B.21.P2 及以后版本支持多对一的镜像，即将多个端口的报文复制到一个监控端口上。

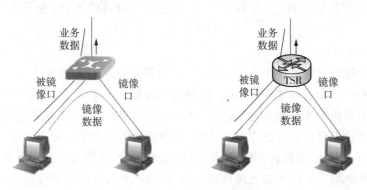

图 5-55　基于端口的镜像

（2）基于流的镜像

流镜像就是将匹配访问控制列表规则的业务流复制到指定的监控端口，用于报文的分析和监视。

基于流镜像的交换机针对某些流进行镜像，每个连接都有两个方向的数据流，对于交换机来说这两个数据流可以分开镜像。一台交换机或路由器只支持配置一个监控端口。

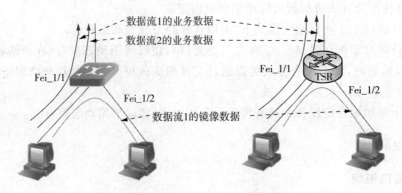

图 5-56 基于流的镜像

（二）ACL

1. ACL 基本概念

访问控制列表（ACL）是一种基于包过滤的访问控制技术，它可以根据设定的条件对接口上的数据包进行过滤，允许其通过或丢弃。访问控制列表被广泛地应用于路由器和三层交换机，借助于访问控制列表，可以有效地控制用户对网络的访问，从而最大限度地保障网络安全。

2. 为什么需要 ACL

（1）限制网络流量、提高网络性能。例如，ACL 可以根据数据包的协议，指定这种类型的数据包具有更高的优先级，同等情况下可预先被网络设备处理。

（2）提供对通信流量的控制手段。

（3）提供网络访问的基本安全手段。

（4）在网络设备接口处，决定哪种类型的通信流量被转发、哪种类型的通信流量被阻塞。

3. ACL 工作原理

（1）当一个数据包进入一个端口，路由器检查这个数据包是否可路由。如果是可以路由的，路由器检查这个端口是否有 ACL 控制进入数据包。如果有，根据 ACL 中的条件指令，检查这个数据包。如果数据包是被允许的，就查询路由表，决定数据包的目标端口。

（2）路由器检查目标端口是否存在 ACL 控制流出的数据包。若不存在，这个数据包就直接发送到目标端口。若存在，就再根据 ACL 进行取舍，然后再转发到目的端口。

总之，入站数据包由路由器处理器调入内存，读取数据包的包头信息，如目标 IP 地址，并搜索路由器的路由表，查看是否在路由表项中。如果有，则从路由表的选择接口转发（如果无，则丢弃该数据包），数据进入该接口的访问控制列表（如果无访问控制规则，直接转发），然后按条件进行筛选。

当 ACL 处理数据包时，一旦数据包与某条 ACL 语句匹配，则会跳过列表中剩余的其他语句，根据该条匹配的语句内容决定允许或者拒绝该数据包。如果数据包内容与 ACL 语句不匹配，那么将依次使用 ACL 列表中的下一条语句测试数据包。该匹配过程会一直继续，直到抵达列表末尾。最后一条隐含的语句适用于不满足之前任何条件的所有数据

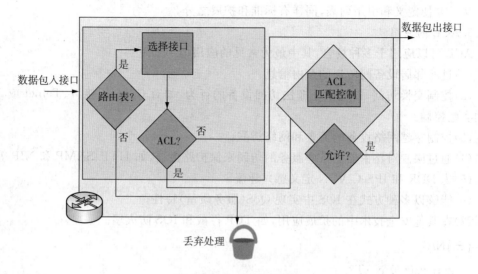

图 5-57 ACL 工作原理

包。这条最后的测试条件与这些数据包匹配,通常会隐含拒绝一切数据包的指令。此时路由器不会让这些数据进入或送出接口,而是直接丢弃。最后这条语句通常称为隐式的"deny any"语句。由于该语句的存在,所以在 ACL 中应该至少包含一条 permit 语句,否则,默认情况下,ACL 将阻止所有流量。

4. ACL 的分类

(1)标准 IP 访问列表

一个标准 IP 访问控制列表匹配 IP 包中的源地址或源地址中的一部分,可对匹配的包采取拒绝或允许两个操作。编号范围从 1 到 99 的访问控制列表是标准 IP 访问控制列表。

(2)扩展 IP 访问

扩展 IP 访问控制列表比标准 IP 访问控制列表具有更多的匹配项,包括协议类型、源地址、目的地址、源端口、目的端口、建立连接的和 IP 优先级等。编号范围从 100 到 199 的访问控制列表是扩展 IP 访问控制列表。

(3)命名的 IP 访问

所谓命名的 IP 访问控制列表是以列表名代替列表编号来定义 IP 访问控制列表,同样包括标准和扩展两种列表,定义过滤的语句与编号方式中相似。

(4)标准 IPX 访问

标准 IPX 访问控制列表的编号范围是 800~899,它检查 IPX 源网络号和目的网络号,同样可以检查源地址和目的地址的节点号部分。

(5)扩展 IPX 访问

扩展 IPX 访问控制列表在标准 IPX 访问控制列表的基础上,增加了对 IPX 报头中以下几个字段的检查,它们是协议类型、源 Socket、目标 Socket。扩展 IPX 访问控制列表的编号范围是 900~999。

(6)命名的 IPX 访问

与命名的 IP 访问控制列表一样,命名的 IPX 访问控制列表是使用列表名取代列表编号。从而方便定义和引用列表,同样有标准和扩展之分。

5. ACL 的应用

ACL 可以应用于多种场合,其中最为常见的应用情形如下:

(1)过滤邻居设备间传递的路由信息。

(2)控制交换访问,以此阻止非法访问设备的行为,如对 Console 接口、Telnet 或 SSH 访问实施控制。

(3)控制穿越网络设备的流量和网络访问。

(4)通过限制对路由器上某些服务的访问来保护路由器,如 HTP、SNMP 和 NIP 等。

(5)为 DDR 和 IPSeC VPN 定义感兴趣流。

(6)能够以多种方式在 IOS 中实现 QoS(服务质量)特性。

(7)在其他安全技术中的扩展应用,如 TCP 拦截和 IOS 防火墙。

(三)NAT

1. 为什么使用 NAT?

NAT(网络地址转换),其作用如下:

(1)有效地节约 Internet 公网地址,使得所有的内部主机使用有限的合法地址都可以连接到 Internet 网络。

(2)地址转换技术可以有效地隐藏内部局域网中的主机,因此同时是一种有效的网络安全保护技术。

(3)同时地址转换可以按照用户的需要,在局域网内部提供给外部 FTP、WWW、Telnet 服务。

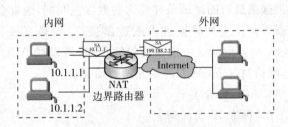

NAT-Network Address Translator 网络地址转换

图 5-58　网络地址转换

2. 使用 NAT 优缺点

(1)使用 NAT 的优点:可以显著地节省合法 IP 地址;减少和消除地址冲突发生的可能性;提供灵活的 Internet 接入方式;对外界隐藏内部网络的结构,维持局域网的私密性。

优点	缺点
节省合法地址	引入延迟
减少地址冲突的机会	丧失端到端的IP跟踪能力
灵活连接INTERNET	一些特定应用可能无法正常工作
维持局域网的私密性,因为内部IP地址是不公开的	

图 5-59　NAT 优缺点

(2)使用 NAT 的缺点:使用 NAT 必然要引入额外的延迟,丧失端到端的 IP 跟踪能力,一些特定应用可能无法正常工作,如地址转换对于报文内容中含有有用的地址信息的情况很难处理。另外,使用 NAT 不能处理 IP 报头加密的情况,并且地址转换由于隐藏了内部主机地址,有时候会使网络调试变得复杂。

3. 私有地址和公有地址

A、B、C 三类地址中大部分为可以在 Internet 上分配给主机使用的合法 IP 地址,其中:10.0.0.0—10.255.255.255; 172.16.0.0—172.31.255.255; 192.168.0.0—192.168.255.255 为私有地址空间。

私有地址可不经申请直接在内部网络中分配使用,但私有地址不能出现在公网上,当私有网络内的主机要与位于公网上的主机进行通信时必须经过地址转换,将其私有地址转换为合法公网地址才能对外访问。

4. NAT 工作原理

在连接内部网络与外部公网的路由器上,NAT 将内部网络中主机的内部局部地址转换为合法的可以出现在外部公网上的内部全局地址来响应外部世界寻址,如图 5-60 所示。其中:

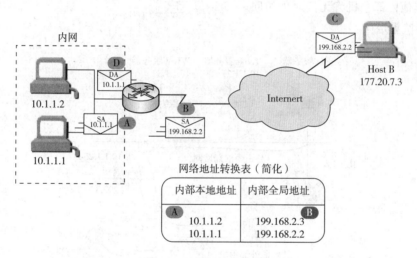

图 5-60　NAT 工作原理

(1)内部或外部,它反映了报文的来源。

内部局部地址和内部全局地址表明报文是来自于内部网络。

(2)局部或全局,它表明地址的可见范围。

局部地址是在内部网络中可见,全局地址则在外部网络上可见。因此,一个内部局部地址来自内部网络,且只在内部网络中可见,不需经过 NAT 进行转换;内部全局地址来自内部网络,但却在外部网络可见,需要经过 NAT 转换。

5. NAT 工作方式

(1)静态

① 一对一绑定内部本地地址和内部全局地址

一对一转换是对于一个内部地址主机对外访问时与一个外部合法的 IP 地址对应。保持一对一的关系,如果内部主机数量多于合法外部 IP 地址数量,当所有的外部合法地址被

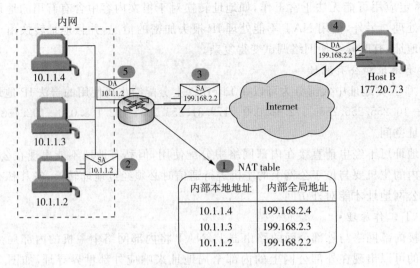

图 5-61 静态工作方式

占用后,其他内部主机将无法对外访问。

② 端口重定向

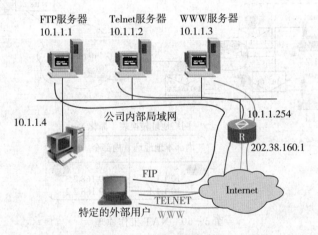

图 5-62 端口重定向

在公司内网设置服务器对外网用户提供 FTP、TELNET、HTTP 等服务,配置如下:

(zxr10-config)♯ip nat inside source static 10.1.1.1 20 202.38.160.1 20(data link)

(zxr10-config)♯ip nat inside source static 10.1.1.1 21 202.38.160.1 21(control link)

(zxr10-config)♯ip nat inside source static 10.1.1.2 23 202.38.160.1 23

(zxr10-config)♯ip nat inside source static 10.1.1.3 80 202.38.160.1 80

(2)动态

① 一对一转换内部本地地址到内部全局地址

一对一转换是对于一个内部地址主机对外访问时与一个外部合法的 IP 地址对应。保持一对一的关系,如果内部主机数量多于合法外部 IP 地址数量,当所有的外部合法地址被

内河水运通信概论

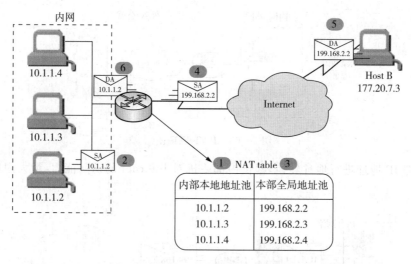

图 5 - 63　动态工作方式

占用后,其他内部主机将无法对外访问。

　　② 一对多超载(Overloading),多个内部本地地址转换成少数内部全局地址

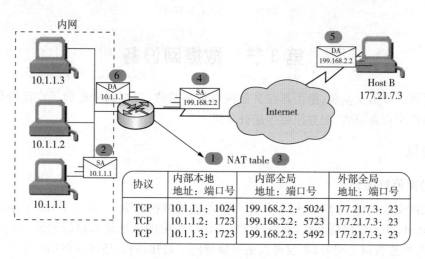

图 5 - 64　一对多转换

　　一对多转换是对于一个内部地址主机对外访问时与一个外部合法的 IP 地址及某个传输层的端口号相对应。这样多台内部主机可以使用一个外部合法地址对外访问。

　　6. PAT 概述

　　PAT(Port Address Translation,基于端口的地址转换),当一个公司或组织没有获得合法外部地址段时,可使用 PAT 将内部主机地址转换为路由器 WAN 接口上的合法外部地址,对外进行访问。其方式与一对多的 NAT 转换类似:对于一个内部地址主机对外访问时与 WAN 接口上的外部合法的 IP 地址及某个传输层的端口号相对应,提供内部多台主机对外访问的功能。

　　PAT 使没有分配合法外部地址的网络中的内部主机可以利用一个路由器外连接口上

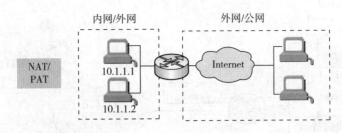

图 5-65　PAT 原理图①

的合法外部 IP 地址进行地址转换,提供内部主机对 Internet 的访问能力,最大限度节省 IP 地址资源。

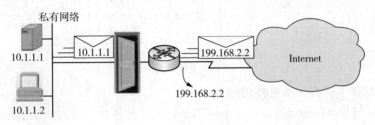

图 5-66　PAT 原理图②

第 3 节　数据网设备

数据网主要由交换机、路由器和其他网络设备组成,在组网中得到了广泛应用。本节对部分数据网设备原理、配置原则等进行介绍。

一、交换机

(一)交换机简介

以太网交换机(Lan Switch)工作在 OSI 模型的数据链路层(第 2 层)的 MAC 子层,通过转发 MAC 帧实现网络互联,利用包含在 MAC 帧中的源地址和目的地址信息做出智能转发决定,在连接以太网时,不仅可以拓展物理网络拓扑结构,还可以将端口上的子网隔离成独立的冲突域。

三层交换机是拥有第三层路由功能的数据包,除实现数据帧转发功能外,能根据收到数据包中网络层地址以及交换机内部维护的路由表决定交换机输出地址以及下一跳交换机地址或主机地址,并重写链路层数据包头,路由表必须动态维护来反映当前的网络拓扑,三层交换机通过与其他交换机/路由器交换路由信息来维护路由表。

(二)交换机分类

以太网交换机主要按照配置方式可以分为固定配置式交换机与模块化配置交换机。固定配置交换机通常配置有固定的 8/16/24/48 以太网接口以及 2/4 个可配置模块接口,设备体积小,配置简单,通常用于终端设备的接入。

模块化配置交换机则可以根据业务需求配置不同的主控板、接口板以及特殊功能模块

（多层交换、安全等），性能强大、扩展性强，可以针对不同的特定需求配置相应的板卡，主要应用于数据中心等大容量数据业务的接入与转发。

按照是否支持路由功能分为以太网交换机和三层交换机。

（三）主要性能指标

（1）包转发率（pps）：标志了交换机转发数据包能力的大小。单位一般为pps（包每秒），即交换机能同时转发的数据包的数量。包转发率以数据包为单位体现了交换机的交换能力。

（2）背板带宽：标志了交换机总的数据交换能力，单位为bit/s，也叫交换带宽，一般的交换机的背板带宽从几Gbit/s到几Tbit/s不等。一台交换机的背板带宽越高，所能处理数据的能力就越强，但同时成本也会越高。在选择交换机时，需要考察的一个重要指标就是交换机是否支持限速，即在极端情况下，所有端口总带宽也必须小于标称背板带宽，以保证不会因为交换能力不足而影响网络性能。

（3）VLAN支持能力：交换机应支持基于端口、基于MAC地址等多种VLAN配置方式，设备整机、单端口VLAN支持数量。

二、路由器

（一）路由器简介

路由器是通过转发数据包来实现网络互联的设备。路由器可以支持多种网络层协议（例如TCP/IP等），在多个网络层次上转发数据包（例如数据链路层、网络层、应用层）。

路由器需要拥有多个物理端口，连接两个或多个由子网或无编号点到点线路标识的逻辑端口。路由器根据收到的数据包中的网络层地址以及路由器内部维护的路由表，选择下一跳路由器或主机（最后一跳时）的地址和相关接口，并重写链路层数据包头。

路由表应动态维护以反映当前的网络拓扑。路由器通常通过与其他路由器交换路由信息来完成动态维护路由表。路由器可以提供数据包传输服务。为实现路由选择的灵活性和鲁棒性（Robust），路由器可使用最少状态信息以维持数据包传输服务。路由器还可以支持多种业务（L2/L3 MPLS VPN、组播等）。

（二）路由器分类

路由器根据处理能力、在网络中的定位、设备的可靠性通常分为核心路由器、边缘路由器。

核心路由器通常位于网络骨干层，用作扩大数据网的路由处理能力和传输带宽的路由器；边缘路由器位于网络的接入区，可靠性要求一般，主要负责数据网与用户网络间数据包的路由转发。

（三）主要性能指标

（1）交换容量：路由器支持双向交换能力，交换机容量由交换机背板带宽决定。

（2）丢包率（packet loss rate）：丢包率是指路由器在稳定的持续负荷下由于资源缺少在应该转发的数据包中不能转发的数据包所占比例。丢包率通常用作衡量路由器在超负荷工作时路由器的性能。

(3)吞吐量(throughput):吞吐量是路由器在不丢包情况下所能达到的最大转发速率。吞吐量与路由器端口数量、端口速率、数据包长度、数据包类型、路由计算模式(分布或集中)、测试方法有关。一般泛指处理器处理数据包的能力。

(4)转发延迟(latency):路由器延迟指需转发的数据包最后一比特进入路由器端口到该数据包第一比特出现在端口链路上的时间间隔。该时间间隔是存储转发方式工作的路由器的处理时间。对于直通转发(cut through)方式工作的设备可能会得到负的延迟(该种设备在收到部分数据包后即开始转发)。通常所测试的延迟是指测试仪表发出数据包到经过路由器转发后收到该数据包的时间间隔。上述延迟与测试数据包的长度及链路速率都相关。延迟对网络性能影响较大,特作如下规范:核心路由器、1518Byte 度及以下的 IP 包延迟均应小于 1ms;边缘路由器、64Byte IP 包时延小于 1ms、512Byte IP 包时延小于 15ms、1518Byte IP 包时延小于 350ms。

(5)路由表容量:路由表容量指路由器运行中可以容纳的路由条目数量,核心路由器应能够支持至少 25 万条路由,平均每个目的地址至少提供 2 条路径、应支持至少 500 个 BGP 对等体、应支持至少 1000 个 IGP 邻居;边缘路由器根据应用场景的不同,标准规范中没有强制性要求,仅作为重要的性能指标供比较。

(6)转发表:转发表容量指路由器运行中可以容纳的转发表条目数量。由于路由器设计使用在不同目的和应用环境,标准规范对转发表容量不作规范,只作为重要的性能指标供比较。

(7)时延抖动(Delay Variation):路由器转发数据包时,不同数据包的转发时延间的差值。标准规范对时延抖动不作规范,只作为重要的性能指标供比较。

(8)其他重要指标:标记交换路径容量(LSP)、标记转发表容量(LFIB)、背靠背帧数(back-to-back frame)。

三、其他数据网设备

(一)网卡

网卡(Network Interface Card)也称为网络适配器或网板,负责计算机与网络介质之间的电气连接、数据流的传输和网络地址确认。网卡属于 OSI 模型的物理层,它只传输信号而不进行分析,但是在某些情况下,网卡也可以对传输的数据做基本的解释。网卡的主要技术参数为带宽速度、总线方式以及电气接口方式。

(二)中继器

中继器是一种放大模拟或数字信号的网络连接设备,因为信号在传输过程中肯定有衰减,必须对其放大以便能够传输得更远。中继器工作在物理层,不能改变传输信号的质量,也不能纠正错误的信号,它的功能仅仅是转发信号。一个中继器只包含一个输入端口和一个输出端口。它只适用于采用总线拓扑结构的网络。假如两台需要连接的计算机之间的距离有 200m,但是常规以太网最大传输距离仅有 100m,这种情况下,使用一个中继器就可以完成连接任务,因为中维器增加了传输距离。

(三)集线器

集线器又叫 Hub,主要是指共享式集线器,相当于一个多口的中继器,它有一个端口与主干网相连,并有多个端口连接工作站。

集线器是基于星型拓扑的接线点,很多网络都依靠集线器来连接各段电缆并把数据分发到各个网段。集线器的基本功能是信息分发,把一个端口接收的所有信号向所有端口分发出去。一些集线器在分发之前将弱信号重新生成,一些集线器整理信号的时序以提供所有端口间的同步数据通信。

(四)防火墙

防火墙是指设置在不同网络(如可信任的组织内部网和不可信任的公共网)或网络安全域之间的一系列部件组合。主要作用是在网络入口点检查网络通信,根据用户设定的安全规则,在保护内部网络安全的前提下,提供内外网络通信。防火墙通常位于不同网络或网络安全域之间信息的唯一连接处,根据组织的业务特点、行业背景、管理制度所制定的安全策略,运用包过滤、代理网关、NAT 转换、IP+MAC 地址绑定等技术,实现对出入网络的信息流进行全面的控制(允许通过、拒绝通过、过程监测),控制类别包括 IP 地址、TCP/UDP 端口、协议、服务、连接状态等网络信息的各个方面。

设立防火墙的目的就是保护一个网络不受来自另一个网络的攻击,防火墙的主要优势包括以下方面:

(1)防火墙提供安全边界控制的基本屏障。设置它可提高内部网络安全性,降低受攻击的风险。

(2)防火墙体现网络安全策略的具体实施。它集成所有安全软件(如口令、加密、认证、审计等),比分散管理更经济。

(3)防火墙强化安全认证和监控审计。因为所有进出网络的通信流都通过防火墙,使防火墙也能提供日志记录、统计数据、报警处理、审计跟踪等服务。

(4)防火墙能阻止内部信息泄漏。它实际上也是一个隔离器,即能防外,又能防止内部未经授权用户对广域网的访问。

通过使用防火墙过滤不安全的访问,可提高网络安全性和减少子网中主机的风险,提供对系统的访问控制,阻止攻击者获得攻击网络系统的有用信息,记录和统计网络利用数据以及非法使用数据、攻击和探测策略执行。防火墙本身必须具有很强的抗攻击能力,以确保其自身的安全性。

第4节　内河水运通信数据网系统

我们以长江通信专网为例,经过交通运输部多年的投资建设,长江航运专用通信网络基本形成了长途光传输网、数据通信网、电话交换网、电视电话会议网、船岸通信网五大支撑网络以及用户接入网、应急通信系统、长江干线船舶自动识别系统(AIS)、北斗地基增强系统等网络及业务系统,为长江航运安全和信息化发展发挥了重要作用。

一、内河水运通信数据网网络结构

最初的数据通信网于 2003 年建成,网络采用三层结构,其中一级节点 1 个,二级节点 5 个,二级辅助节点 1 个,其他为三级节点,共计 30 个节点。利用数据通信网承载了各单位的数据联网,也是各支持保障系统和港航单位实现信息化管理的支撑平台。

2012年数据通信网改造工程(长江航运IP承载网)和长江航运数据通信网升级改造项目的实施,初步建立起了以原长江通信管理局各级机构为节点,在现有的长江航运光纤数字传输网基础上采用IP技术,贯通长江干线的高带宽多路迂回、双设备冗余备份、高安全通道隔离的、多业务灵活配置的承载网,为长江航运的安全通信、音视频交互、船舶动态服务、远程指挥调度等业务提供稳定高效的数据通信网络支撑。

内河水运通信网络结构是以中心机房为核心,向辖区覆盖的各个业务点按照星型结构组网,由核心路由器、核心交换机等电信级交换设备组成的相互冗余的核心承载交换网络承担着所有的业务数据吞吐及交换。该核心交换网络采用VRRP(虚拟路由冗余协议)进行组网,设备之间采用LACP(链路聚合)的手段保障数据之间的高速通信,提高设备的稳定性。由于核心网络采用电信级设备,其背板交换能力及吞吐能力均大大满足于现在的网络条件,因此,能够作为一个强劲的心脏,将足够的血液输送到各个职能器官,保证所有组织的良好运行,如图5-67所示。

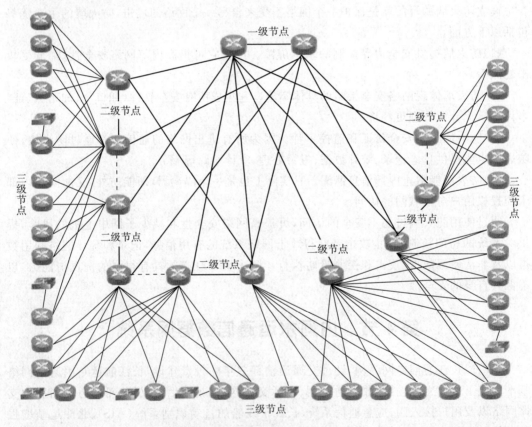

图5-67　内河水运通信数据网结构图

通过这样的网络布局,不但满足了水上现代化监管的要求,也为长江航运系统各单位甚至交通部之间的内部办公、电视电话会议、船员考试、内网办公、专网电话、宽带网络、网络电视等数据交互提供了便利。

二、内河水运通信数据网发展趋势

为了确保长江航运业务稳定、畅通、安全、体验良好及可持续发展,实现看得到、听得见、叫得通、控得了、查得详。首先要将现有的业务进行统计分类,确定业务内容及主要实现的功能,收集业务系统软件种类,了解业务系统网络架构;其次利用新技术整合资源,减少业务系统之间的重复利用,补足短板完善功能。

看:VTS、AIS、CCTV、电子巡航、船舶模型及吃水识别;

听:区播联播、调频广播、媒体终端推送;

叫:VHF 船岸基网、无线 4G 及 5G、卫星通信;

控:冗余、智能化、自动化;

查:系统整合、大数据、云计算。

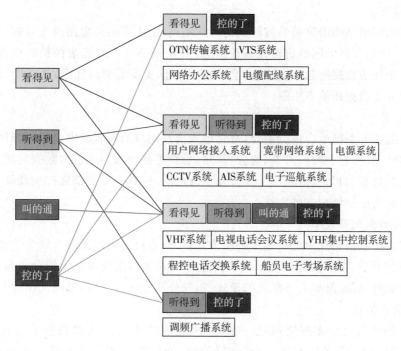

图 5-68　现有业务分类

(1)云服务器、云存储

随着数字业务的不断发展,用户对数据存储量的需求也越来越大。目前长江航运的服务器存储以 GB(Gigabyte)为单位计算,就拿为数不多的磁盘阵列为例,也不过几十 TB(Terabyte),然而单拿 CCTV 视频服务器来算,其一天一台摄像头的视频资料存储就有 9GB 左右,而像这样相同的视频摄像头资料就有 30 多处,按照 50TB 的容量计算,仅仅是摄像头的数据存储在不到半年的时间内就会存满,还不算行政执法的记录视频、单位不同时期的活动资料、应急演练资料、机房监控资料、主要会议资料、宣传资料、办公公文及文档、档案、报道等诸多电子资料需要存储空间,所以存储空间提升到 PB(Petabyte)级容量毫不为过。

为了业务系统的稳定,数据保存长久、完善,需要更换新存储服务器,建立以多台存储服务器组成的服务器集群成了主流的趋势,其主要目的是将多个高性能、大存储服务器统一部署,从而实现云服务器及云存储功能。其优点是可以在服务器集群中按照需求自定义划分适当的服务器资源给需要的业务系统;当服务器集群中的某台服务器出现故障或者需要升级扩容时,该服务器上的业务及存储数据会通过负载均衡的方式,平均分配到其他服务器上代为运行,用户在业务使用或资料查阅中无中断的感觉。

(2)分布式服务

为了更好地保障业务服务的安全稳定性,确保重要的机房节点在各种不可抗因素的影响下业务中断。可以利用其他重要干线节点增加配置服务器集群,将现有的现有业务通过镜像及快照功能转移至该机房并行使用,从而达到灾备的作用,更好地为水上安全监管服务。

(3)网络冗余

将现有的网络结构由星型结构转换为环状结构,由不同的光缆路由连接相同的网络节点;再将同一网络节点的网络传输设备改造为 $1+1$ 或 $N+1$ 的冗余保护的机制。从而实现无论哪一个环节出现问题,业务均不会中断。一旦实现了网络冗余,基本上可以保证水上安全监管业务数据传输零中断。

(4)云计算

将所有的业务系统后台进行整合,对管理人员及用户的所有权限进行详细的分类及重新分配,配合行政管理、党群、人事、财务、基建、后勤等各个部门进行大数据的融合调整,并与水上安全监管数据相结合,当一个地方发生改动时,所有的系统都能产生联动,发生相应的改变并有效的反馈给相应的人员。

(5)提高数据交互效率

将核心设备数据交互由电口逐步替换为光口,核心机房则以光纤互联为主并逐步摒弃网络双绞线的互联方式;将用户接入的各种业务互联端口改变为集中综合预布线方式,通过网络配线交换设备,摒弃人工跳线的模式,由软件调配端口互联,提高工作效率。

(6)机房智能化

将机房的所有设备详细资料统一整理,通过软件实时反映设备各个部位的工作状态,并将所有的端口都关联起来,一旦链路调整,能够直观的提示值班人员,并生成最新的链路资料;业务中断可以直观的提示值班人员,也能做出一个初步的判断,辅助值班人员处理故障,并帮助值班人员完成处理故障后的报表及上报工作;按照计划提醒值班人员进行链路测试、汇报、清洁、交班等工作;接到故障申告后,能够自动存储语音内容,并方便查询。

习　题

1. 简述 OSI 的七层结构名称。
2. 简述 MAC 地址编址方式。
3. 简述 IP 地址的分类。

4. 简述 IP 地址的划分方法。

5. 什么是子网掩码？

6. 作为私有 IP 地址的网段有哪些？

7. 路由表中包含哪些关键项？

8. 交换机工作在哪一层？交换机的作用是什么？

9. 路由器工作在哪一层？路由器的作用是什么？

图 5-48 彩图   图 5-68 彩图

第6章 船岸通信网

第1节 概 述

在通信领域中,信息一般可分为话音、数据和图像三大类型。数据是具有某种含义的数字信号的组合,如字母、数字和符号等。这些字母、数字和符号在传输时,可以用离散的数字信号逐一准确地表达出来,例如可以用不同极性的电压、电流或脉冲来代表。将这样的数据信号加到数据传输信道上进行传输,到达接收地点后再正确地恢复发送的原始数据信息。

国内船舶管理仍旧停留在常规管理手段上,一切依靠人力与手工处理,包括计划、记录、报告和申请备件物料等。船岸之间互相隔绝。随着市场竞争日趋激烈,买方市场逐渐形成,客户满意度的标准越来越高,期望值也越来越大,以至于服务和产品一样都成为商品。如何优化自身、把握消费者,成为航运业关注的焦点。基于现代通信和信息技术的船岸信息系统的应运而生,带来一种全新的服务新思想、新概念和新方式。

船岸无线电通信经历了"莫尔斯(Morse)无线电报系统""无线电话系统"及"卫星通信系统"。船岸数据同步包括两个方面,一方面是指从船岸两个系统之间进行的数据交换和同步,另一方面是指从船岸上采集到的数据进入机关相应系统的数据库。不同点在于前者是双向的,而后者是单向的。

船岸通信网就是利用现代通信和信息技术,使船岸完全运行于一个封闭而又开放的网络环境里,各种数据流、电子化文件可从公司或船舶任何一方毫无障碍地流至另一方,最终实现航运管理的数字化,实现航运电子商务,水上安全监管,为船舶所有人和客户提供便捷、周到、安全和优质的服务。

作为船岸信息系统的通信平台,目前主要通过卫星通信系统、4G/5G通信系统、集群无线电通信系统和 AIS 系统等多种形式完成船岸间通信。

第2节 数字甚高频通信系统

一、甚高频系统简介

(一)什么是甚高频

甚高频(Very High Frequency)简称 VHF,是指频带为 30～300MHz 的无线电电波。由于甚高频通信系统的工作频段高,所以在其工作的过程中也常常会受到外界不同程度的电磁干扰。甚高频通信系统主要的工作形式是以图像、数据、语音为主,在工作的过程中通过无线电信号或者通过光将信息、指令等传送给接收方。且由于甚高频通信系统的工作频率高,致使甚高频通信系统的表面波衰减迅速,无论是通信距离还是传播距离,都会受到一定的距离限制。因此,甚高频通信系统目前多以空间波传播的方式为主,以至于空间波在传播的过程中,受地形、对流层以及磁场干扰的影响很大。如图6-1所示,为甚高频设备图。

图6-1 甚高频设备图

表6-1 无线电波段的划分

名称	简写	简称	频率	波长
微波 II	SHF	超高频	3～30GHz	0.1～0.01M
微波 I	UHF	特高频	300～3000MHz	1～0.1M
超短波	VHF	甚高频	30～300MHz	10～1M
短波	SW	高频	3～30MHz	100～10M
中波	MW	中频	300～3000KHz	1000～100M
长波	LW	低频	30～300KHz	10～1KM

表6-1是无线电波段的划分,我们根据无线电波的频率及波长将其划分为六个类型:微波 II、微波 I、超短波、短波、中波、长波。其中VHF即甚高频无线通信系统,位于30～300MHz频段,水上安全通信使用156～174MHz频段,由海岸电台和船载VHF设备组成,是船舶和VTS中心的主要通信手段也是驾驶台与驾驶台之间通信的唯一手段。甚高频只能直线传播,受视距限制,理论上约100海里,实际正常范围30～50n mile。船载VHF对讲机一般发射功率是25W,传播范围正常值约25n mile。

(二)甚高频系统的构成

如图6-2所示,为VHF系统构成图。

(1)VHF系统工作方式

工作方式分为:单工、双工及半双工三种。单工:①按CCIR建议,水上VHF通信中船舶间的通信只能使用同频单工方式;②船用设备的单工操作由话筒上的PTT开关控制。发则不收,收则不发。双工:通信时双方必须分别使用两个不同频率同时进行发射和接收,使双工工作时收发机仍能使用同一天线,必须利用双工器对收、发信号进行隔离,以保证通信时接收机不受本台发射信号的干扰或损坏。半双工:①按规定,在水上VHF通信中船台与岸台间通过岸台转接到公众通信网用户的通信,只能使用双工方式;②为节能和减少不必要的电磁辐射,通信中船台仍然采用受控发射,但却一直处于接收状态,因此,此种方式也被称为半双工或准双工工作方式;③船岸间为港口工作或船舶动态业务进行的通信,可以使用同频单工方式,也可使用异频准双工方式;④岸台采用船台设备时,则只能使用同频单工方式与船台通信。

(2)控制单元

主要由CPU组成。分别与面板单元、DSC单元、双工器和收发机相连,完成对整机的

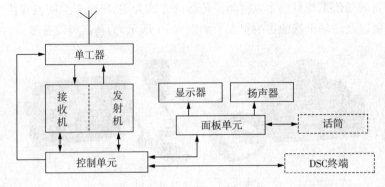

图 6-2　VHF 系统构成

操作及通信控制。

（3）发射机单元

其作用是对话音信号进行处理和调制，向天线输送大功率的调频波，实现无线电波的发射。如图 6-3 所示，为发射控制 PTT结构示意图。

（4）接收机单元

其作用是将来自天线的已调高频波进行频率变换、信号放大及解调，最终将其还原为原始音频信号，以实现信息的接收。解调后的话音信号经静噪电路和去加重处理

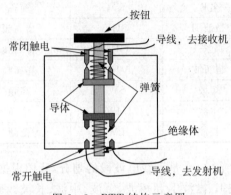

图 6-3　PTT 结构示意图

后，送入低频功率放大器进行功率放大，以推动耳机、扬声器等相关终端设备工作。

（5）面板单元

由单片机和音频处理电路组成，与显示器、扬声器以及送受话器等外设构成对整机的操作控制。

二、甚高频系统工作原理和信号流程

（一）工作原理

（1）发射机

如图 6-4 所示，调幅发射机一般由音频放大器、振荡器、混频（调制）器、前置放大器、高频功率放大器等组成。

音频放大器的功能是将音频电信号进行放大，但是要求其失真及噪音要小。

混频器是将放大后的音频信号加在高频载波信号上面，形成高频电磁波调制信号，其包络与输入调制信号呈线性关系，目的就是增强信息信号的抗噪声能力。调制原理：振荡器的主要作用是产生调制器所需的稳定的甚高频载波信号，一般都采用高性能、低噪声和高集成度的产品，如频率合成器。如图 6-5 所示，为发射机信号波形。

前置放大器和高频功率放大器的作用是把调制后的高频信号放大，经天线发射到空中。船舶常用的 VHF 设备，使用发射功率一般为 25W，所以都采用多级放大器。同时由

于放大器在放大信号的同时,内部本身也会产生噪声,所以信号在输出端比输入端的信噪比 S/N 值要小。

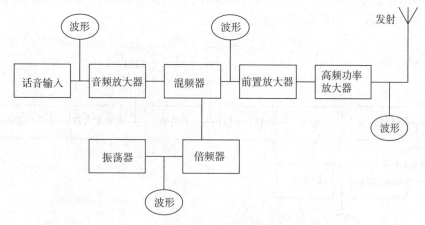

图 6-4 甚高频调幅发射机基本方框图

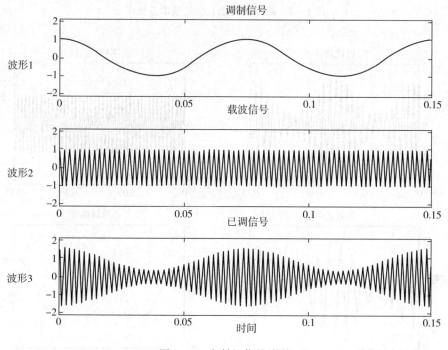

图 6-5 发射机信号波形

(2)收信机

如图 6-6 所示,收信机由高频放大电路、混频放大器、振荡器、中频放大器、检波器、音频放大器和音频输出等组成的。

高频放大电路具有将天线接收下来的电磁波进行放大、滤波以及自动增益控制等功能。

混频放大器是将收到的高频信号和本机振荡器产生的振荡信号混合生成一个中频信号,然后送入中频放大器进行放大。

检波器的作用是在放大后的中频信号中分离出声音信号,检波也叫解调,是调制的反过程。

音频预放和音频放大,经检波后的音频信号经过音频预放后取出数据信号,送至监控单元。然后将话音信号经过音频放大器和音频输出电路,将收到的信号提供给接收方使用。

如图6-7所示,为收信机信号波形。

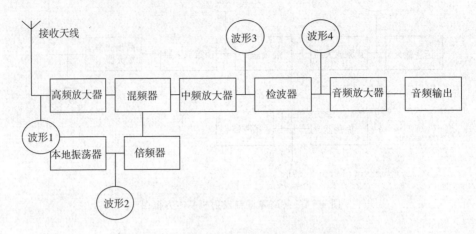

图6-6 甚高频调幅收信机基本方框图

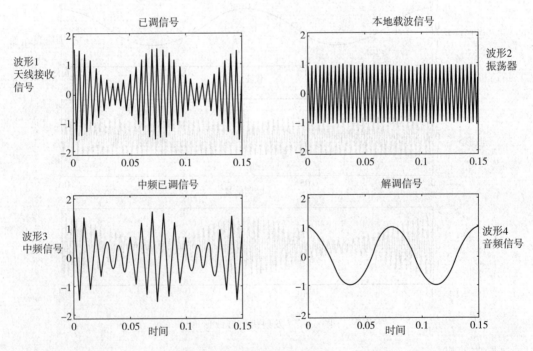

图6-7 收信机信号波形

(二)信号流程

单工工作。收发采用同频同天线,需将天线轮流接入收、发机。一般通过送受话器上的PTT按压开关控制天线继电器来实现。

(1)发射。按下PTT开关,发射机工作,同时天线连到发射机;话音信号经送话器转变为音频电信号,经面板单元、控制单元送至发射机单元,对话音信号进行调制,倍频,将频谱搬移到发射频率,再经过功率放大,通过单工器馈送到天线,由天线将已调的高频波辐射出去。

发射单元内,话音信号的调制采用调频(调相)方式。一般有三种基本的调制类型:直接调频(图 6-8)、间接调频(图 6-9)和锁相调频三个方式。

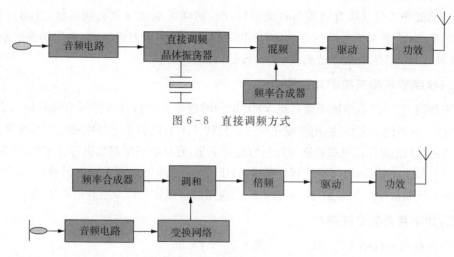

图 6-8 直接调频方式

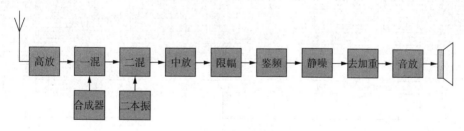

图 6-9 间接调频方式

(2)接收。需释放 PTT 开关,发射机关闭,天线转接到接收机,接收机开始工作,天线将射频电磁波转换为电信号送入接收机,经变频、放大、解调、去加重等技术处理后还原成音频信号,再经低频功率放大后送入送受话器或扬声器而变成声音。如图 6-10 所示,为接收机结构图。

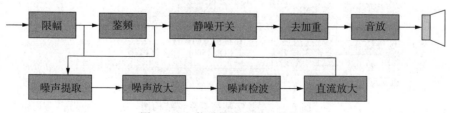

图 6-10 接收机结构

静噪模块的详细结构如图 6-11 所示:无信号或收到的电平很微弱时,因门限效应,输出 S/N 急剧下降,自动将低频放大器闭锁,从而使接收机不能在扬声器中输出"沙沙"的噪声,保持驾驶台安静。

限幅 → 鉴频 → 静噪开关 → 去加重 → 音放

噪声提取 → 噪声放大 → 噪声检波 → 直流放大

图 6-11 静噪模块的详细结构图

三、数字甚高频系统

(一)数字甚高频系统研制的意义

由于管理机构无法与船方保持实时通信,极大地削弱了监管部门水上交通安全执法监管力度。因此必须建立能有效覆盖各基层管理机构辖区的数字甚高频系统,并通过远程、多终端的操作,满足多级管理的要求,充分利用信息资源和人力资源,提高现场执法监管的效率,实现 VHF 通信的全方位覆盖、全天候运行。

(二)数字甚高频系统的功能和特点

数字甚高频系统,简单地说就是将 VHF 岸台的模拟音频信号和控制信号转换为数字信号,并通过计算机网络来传输,用智能化的计算机软件来实现船岸无线电通信。具体是,将设置在岸边的 VHF 话台音频和频道等控制信号数字化,通过数据压缩加密等技术以 IP 包的形式在网络上传输,在网络中通过计算机操作 VHF 岸台,与船舶进行无线电话通信,实现 VHF 岸台音频与控制信号的数字化、传输的网络化、应用的多媒体化以及管理的智能化。

(三)数字甚高频系统结构

数字甚高频系统结构图如图 6-12 所示。

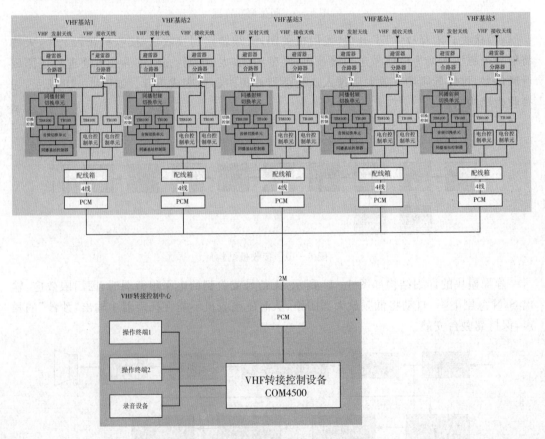

图 6-12 数字甚高频系统结构图

(四)VHF 转接控制设备

VHF 转接控制设备(图6-13)包含交换控制系统、录音设备、终端设备和传输设备。其中,交换控制系统主要由3部分组成,即:交换控制机、系统服务器、网络交换机,其中交换控制机配置系统交换模块、电台接口模块、电话接口模块、终端接口模块、电源模块、录音输出模块。

系统采用数字电路交换体制,来自基站、操作终端和电话线路的语音信息,经量化编码后,以 PCM 信号的方式,在各交换控制中心的语音交换机内实现交换驳接;各收发信机监控管理信号,经收发信机的 RS-232 接口,接入基站配置的电台控制单元,调制到语音频段后与话音信息一起经2M线路,传送到交换控制中心,并在操作终端软件上实现对其遥控、遥测和操作控制。

转接控制设备内部采用 PCM 电路交换模式,所有来自外部的语音信号,不论是4线模拟信号或者是 VOIP 信号,经过不同的接口进行转换,转换成脉冲编码调制信号(PCM)进行交换,然后再经不同的接口模块,转换成相应的信号连接到收发信机、操作终端、电话线路等。

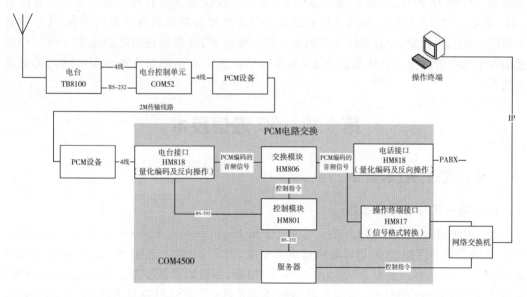

图6-13 VHF 转接控制设备

四、甚高频系统主要应用场景

(一)民航应用

1. 放行。

2. 地面滑行管制,对所有进离港航空器提供地面管制服务。

管制范围:机场活动区内跑道入口等待点、滑行道、联络道至停机桥(位)。

3. 机场管制,对所有进离港航空器提供空中管制服务。

管制范围:跑道头延长线10km左右,跑道中线两侧10km左右,高度300m(含)以下。

4. 进近管制,对所有进离港航空器提供空中管制服务。

管制范围:以机场为中心 150km 左右,高度 6000m(含)。

目前,民航地空通信的保障能力得到了显著的提高,甚高频地空通信已成为主要地空通信手段。在机场终端管制范围内,甚高频通信可提供塔台、进近、航站自动情报服务、航务管理等通信服务。在航路对空通信方面,随着在全国大中型机场及主要航路(航线)上的甚高频共用系统和航路甚高频遥控台的不断建设,实现中国东部地区 6000m 以上空域和其他地区沿国际航路 6000m 以上空域甚高频通信覆盖,在一些繁忙航路上达到了 3000m 以上的甚高频通信覆盖。

(二)海事应用

甚高频(VHF)是水上移动无线电通信中的一个重要系统,用于近距离通信。其工作频段是 156~174MHz,属于 VHF 频段。VHF 电台是 GMDSS 中 A1 海区的主要通信设备,是完成现场通信的主要手段,也是完成驾驶台与驾驶台间通信的唯一手段。

20 世纪 70 年代末,甚高频通信技术发展迅速,在港口生产中得到广泛应用。1976 年,为改进港口与外轮的通信联络,经国务院批准,对外开放港口可向外轮开放甚高频无线电话业务。1988 年 SOLAS 公约修正案要求,所有总吨位在 300 总吨以上的船舶必须配备 VHF 电台。至 2005 年底,甚高频设备已成为海上船舶普及率最高的通信设备,几乎所有的商船、渔船、公务船、游艇和救生艇都配备甚高频设备,甚高频通信是沿海 25n mile 以内船舶安全航行的最为重要的通信保证,是海区沿岸近距离船舶安全通信不可替代的通信手段。

第 3 节　5G 通信技术

一、一至五代通信技术简介

(一)第一代移动通信技术

第一代移动通信技术(The First Generation Mobile Communication Technology,简称 1G),是指最初的模拟、仅限语音的蜂窝电话标准,制定于 20 世纪 80 年代。Nordic 移动电话(NMT)就是这样一种标准,应用于 Nordic 国家、东欧以及俄罗斯。其他还包括美国的高级移动电话系统(AMPS),英国的总访问通信系统(TACS)以及日本的 JTACS,西德的 C-Netz,法国的 Radiocom 2000 和意大利的 RTMI。模拟蜂窝服务现在已基本被淘汰。

(二)第二代移动通信技术

第二代移动通信技术(The 2nd Generation Mobile Communication Technology,简称 2G),以数字语音传输技术为核心。用户体验速率为 10kbps,峰值速率为 100kbps。一般定义为无法直接传送如电子邮件、软件等信息。只具有通话和一些基础信息传送的手机通信技术规格。不过手机短信在它的某些规格中能够被执行。它在美国通常称为"个人通信服务"(PCS)。

(三)第三代移动通信技术

第三代移动通信技术(The 3rd Generation Mobile Communication Technology,简称

3G),是指支持高速数据传输的蜂窝移动通信技术。3G 服务能够同时传送声音及数据信息。3G 是将无线通信与国际互联网等多媒体通信结合的一代移动通信系统,主要是将无线通信和国际互联网等通信技术全面结合,以此形成一种全新的移动通信系统。这种移动技术可以处理图像、音乐等媒体形式,除此之外,也包含了电话会议等一些商务功能。为了支持以上所述功能,无线网络可以对不同数据传输的速度进行充分的支持,即无论是在室内外,还是在行车的环境下,都可以提供最少为 2Mbps、384kbps 与 144kbps 的数据传输速度。

3G 网络技术是该领域发展的必然。3G 对移动通信技术标准做出了定义,使用较高的频带和 CDMA 技术传输数据进行相关技术支持,工作频段高,主要特征是速度快、效率高、信号稳定、成本低廉和安全性能好等,和前两代的通信技术相比最明显的特征是 3G 网络技术全面支持更加多样化的多媒体技术。

(四)第四代移动通信技术

第四代移动通信技术(The 4th Generation Mobile Communication Technology,简称 4G),是在 3G 技术上的一次更好的改良,其相较于 3G 通信技术来说一个更大的优势,是将 WLAN 技术和 3G 通信技术进行了很好的结合,使图像的传输速度更快,看起来更加清晰。在智能通信设备中应用 4G 通信技术让用户的上网速度更加迅速,速度可以高达 100Mbps。

(五)第五代移动通信技术

第五代移动通信技术(The 5th Generation Mobile Communication Technology,简称 5G)是具有高速率、低时延和大连接特点的新一代宽带移动通信技术,是实现人、机、物互联的网络基础设施。

国际电信联盟(ITU)定义了 5G 的三大类应用场景,即增强移动宽带(eMBB)、超高可靠低时延通信(uRLLC)和海量机器类通信(mMTC)。增强移动宽带(eMBB)主要面向移动互联网流量爆炸式增长,为移动互联网用户提供更加极致的应用体验;超高可靠低时延通信(uRLLC)主要面向工业控制、远程医疗、自动驾驶等对时延和可靠性具有极高要求的垂直行业应用需求;海量机器类通信(mMTC)主要面向智慧城市、智能家居、环境监测等以传感和数据采集为目标的应用需求。

为满足 5G 多样化的应用场景需求,5G 的关键性能指标更加多元化。ITU 定义了 5G 八大关键性能指标,其中高速率、低时延、大连接成为 5G 最突出的特征,用户体验速率达 1Gbps,时延低至 1ms,用户连接能力达 100 万连接/平方公里。

二、各代移动通信技术特点

(一)第一代移动通信技术特点

第一代移动通信技术主要采用的是模拟技术和频分多址(FDMA)技术。由于受到传输带宽的限制,不能进行移动通信的长途漫游,只能是一种区域性的移动通信系统。第一代移动通信技术有多种制式,我国主要采用的是 TACS。第一代移动通信有很多不足之处,如容量有限、制式太多、互不兼容、保密性差、通话质量不高、不能提供数据业务和不能提供自动漫游等。

由于采用的是模拟技术,1G 系统的容量十分有限。此外,安全性和干扰也存在较大的问题。1G 系统的先天不足,使得它无法真正大规模普及和应用,价格更是非常昂贵,成为当时的一种奢侈品和财富的象征。与此同时,不同国家的各自为政也使得 1G 的技术标准各不相同,即只有"国家标准",没有"国际标准",国际漫游成为一个突出的问题。这些缺点都随着第二代移动通信系统的到来得到了很大的改善。

(二)第二代移动通信技术特点

第二代移动通信技术基本分为两种,一种是基于 TDMA 所发展出来的,以 GSM 为代表,另一种则是 CDMA 规格。

主要的第二代手机通信技术规格标准有:

(1)GSM:基于 TDMA 所发展,源于欧洲,已全球化。

(2)IDEN:基于 TDMA 所发展、美国独有的系统。被美国电信系统商 Nextell 使用。

(3)IS-136(也叫作 D-AMPS):基于 TDMA 所发展,是美国最简单的 TDMA 系统,用于美洲。

(4)IS-95(也叫作 CDMAOne):基于 CDMA 所发展,是美国最简单的 CDMA 系统,用于美洲和亚洲一些国家。

(5)PDC(Personal Digital Cellular):基于 TDMA 所发展,仅在日本普及。

(三)第三代移动通信技术特点

第三代移动通信技术采用码分多址技术,基本形成了三大主流技术,包括:W-CDMA、CDMA-2000 和 TD-SCDMA。这三种技术都属于宽带 CDMA 技术,都能在静止状态下提供 2Mbius 的数据传输速率。但这三种技术在工作模式、区域切换等方面又有各自不同的特点。

W-CDMA,全称为 Wideband CDMA,也称为 CDMA Direct Spread,意为宽频分码多重存取,这是基于 GSM 网发展出来的 3G 技术规范,是欧洲提出的宽带 CDMA 技术,它与日本提出的宽带 CDMA 技术基本相同。W-CDMA 的支持者主要是以 GSM 系统为主的欧洲厂商,日本公司也或多或少参与其中,包括欧美的爱立信、阿尔卡特、诺基亚、朗讯、北电,以及日本的 NTT、富士通、夏普等厂商。该标准提出了 GSM(2G)-GPRS-EDGE-WCDMA(3G)的演进策略。这套系统能够架设在现有的 GSM 网络上,系统提供商可以较轻易地过渡。在 GSM 系统相当普及的亚洲,对这套技术的接受度相当高。因此 W-CDMA 具有先天的市场优势。W-CDMA 已是世界上采用的国家及地区最广泛的,终端种类最丰富的一种 3G 标准,占据全球 80% 以上市场份额。

CDMA-2000 是由窄带 CDMA(CDMA IS95)技术发展而来的宽带 CDMA 技术,也称为 CDMA Multi-Carrier,它是由美国高通公司为主导提出,摩托罗拉、Lucent 和后来加入的韩国三星都有参与,韩国成为该标准的主导者。这套系统是从窄频 CDMAOne 数字标准衍生出来的,可以从原有的 CDMAOne 结构直接升级到 3G,建设成本低廉。但使用 CDMA 的地区只有日、韩和北美,所以 CDMA-2000 的支持者不如 W-CDMA 多。该标准提出了 CDMAIS95(2G)-CDMA20001x-CDMA20003x(3G)的演进策略。CDMA20001x 被称为 2.5 代移动通信技术。CDMA20003x 与 CDMA20001x 的主要区别在于 CDMA2003x 应用了多路载波技术,通过采用三载波使带宽提高。

TD-SCDMA 全称为 Time Division-Synchronous CDMA（时分同步 CDMA），TD-SCDMA 中的 TD 指时分复用，也就是指在 TD-SCDMA 系统中单用户在同一时刻双向通信（收发）的方式是 TDD（时分双工），在相同的频带内在时域上划分不同的时段（时隙）给上、下行进行双工通信，可以方便地实现上、下行链路间的灵活切换。例如根据不同的业务对上、下行资源需求的不同来确定上、下行链路间的时隙分配转换点，进而实现高效率地承载所有 3G 对称和非对称业务。与 FDD 模式相比，TDD 可以在不成对的射频频谱上运行，因此在当前复杂的频谱分配情况下它具有非常大的优势。TD-SCDMA 通过最佳自适应资源的分配和最佳频谱效率，可支持速率从 8kb/s 到 2Mb/s 以及更高速率的语音、视频电话、互联网等各种 3G 业务。

（四）第四代移动通信技术特点

OFDM 技术：将信道分成若干正交子信道，将高速数据信号转换成并行的低速子数据流，调制到在每个子信道上进行传输。正交信号可以在接收端采用相关技术来分开，这样可以减少子信道之间的相互干扰（ISI）。每个子信道上的信号带宽小于信道的相关带宽，因此每个子信道可以看成平坦性衰落，从而可以消除码间串扰，而且由于每个子信道的带宽仅仅是原信道带宽的一小部分，信道均衡变得相对容易。

MIMO 技术：多进多出（MIMO）技术是为了极大地提高信道容量，在发送端和接收端都使用多根天线，在收发之间构成多个信道的天线系统。MIMO 系统的一个明显特点就是具有极高的频谱利用效率，在对现有频谱资源充分利用的基础上通过利用空间资源来获取可靠性与有效性两方面增益，其代价是增加了发送端与接收端的处理复杂度。大规模 MIMO 技术采用大量天线来服务数量相对较少的用户，可以有效提高频谱效率。

智能天线技术：智能天线技术是将时分复用与波分复用技术有效融合起来的技术，在 4G 通信技术中，智能天线可以对传输的信号实现全方位覆盖，每个天线的覆盖角度是 120°，为了保证全面覆盖，发送基站都会至少安装三根天线。另外，智能天线技术可以对发射信号实施调节，获得增益效果，增大信号的发射功率，需要注意的是，这里的增益调控与天线的辐射角度没有关联，只是在原来的基础上增大了传输功率而已。

SDR 技术：软件无线电技术是无线电通信技术常用技术之一。其技术思想是将宽带模拟数字变换器或数字模拟变换器充分靠近射频天线，编写特定的程序代码完成频段选择，抽样传送信息后进行量化分析，可实现信道调制方式的差异化选择，并完成不同的保密结构、控制终端的选择。

（五）第五代移动通信技术特点

（1）5G 无线关键技术：5G 国际技术标准重点满足灵活多样的物联网需要。在 OFDMA 和 MIMO 基础技术上，5G 为支持三大应用场景，采用了灵活的全新系统设计。在频段方面，与 4G 支持中低频不同，考虑到中低频资源有限，5G 同时支持中低频和高频频段，其中中低频满足覆盖和容量需求，高频满足在热点区域提升容量的需求，5G 针对中低频和高频设计了统一的技术方案，并支持百兆赫兹的基础带宽。为了支持高速率传输和更优覆盖，5G 采用 LDPC、Polar 新型信道编码方案、性能更强的大规模天线技术等。为了支持低时延、高可靠，5G 采用短帧、快速反馈、多层/多站数据重传等技术。

（2）5G 网络关键技术：5G 采用全新的服务化架构，支持灵活部署和差异化业务场景。

5G采用全服务化设计,模块化网络功能,支持按需调用,实现功能重构;采用服务化描述,易于实现能力开放,有利于引入 IT 开发实力,发挥网络潜力。5G 支持灵活部署,基于NFV/SDN,实现硬件和软件解耦,实现控制和转发分离;采用通用数据中心的云化组网,网络功能部署灵活,资源调度高效;支持边缘计算,云计算平台下沉到网络边缘,支持基于应用的网关灵活选择和边缘分流。通过网络切片满足 5G 差异化需求,网络切片是指从一个网络中选取特定的特性和功能,定制出的一个逻辑上独立的网络,它使得运营商可以部署功能、特性服务各不相同的多个逻辑网络,分别为各自的目标用户服务。目前定义了 3 种网络切片类型,即增强移动宽带、低时延高可靠、大连接物联网。

三、内河 5G 应用关键技术分析

由于内河航运特点,要实现 5G 在内河航运智能化中的应用,需要重点解决以下 4 个关键问题:自适应选择应用级切片、江面传播模型校正、自适应寻优天线最佳下倾角、空口带宽自适应寻优。

(一)自适应选择应用级切片(图 6-14)

网络切片为基于公共网络的专网服务提供了可能,能够为不同垂直行业提供差异化、相互隔离、功能和容量可定制的网络服务,其功能场景和设计方案可独立裁剪。同时,网络切片能够保证业务的端到端服务等级协议(SLA-Service Level Agreement),性能具备保障性。

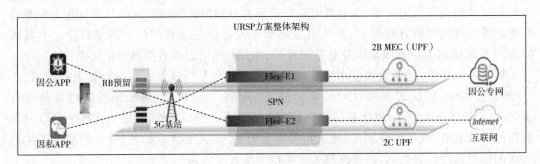

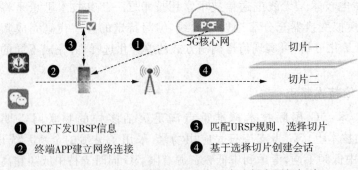

① PCF下发URSP信息   ③ 匹配URSP规则,选择切片

② 终端APP建立网络连接   ④ 基于选择切片创建会话

图 6-14 自适应选择应用级切片

FlexE 技术基于物理层的转发,并提供严格的管道隔离及灵活分配带宽。FlexE 既是硬隔离技术,又是差异化技术。FlexE 基于 Client/Group 架构,可支持任意多个不同子接口速率在任意一组 PHY 上映射和传输。

支持存储并识别网络下发的 UE 路由选择策略(URSP),在网络侧控制不同业务流激活到不同的网络切片,最终实现业务分流。通过梳理不同航运应用场景的个性化需求,根据需求对网络资源进行逻辑分割,实现应用级自适应切片选择,空口切片精准识别,2C、2B访问及 App 级精细化业务,保障公专网切换。

岸上陆地场景,所有用户驻留在公网,专网员工因公 App 在岸上公网走 2C 网络,需支持通过专网 VPN 访问专网。江面场景,基站自适应感知用户专网切片 ID,完成专网员工公专网切换:社会大众和专网员工(因私 App)驻留在公网,专网员工(因公 App)和专网终端驻留到专网。

切片 1:2B 业务切片(远程控制+视频监控+江面因公 App)。

切片 2:2C 业务切片(2C+2C&2B 控制信令+岸上因公 App)。

(二)江面传播模型校正

传统无线传播模型 Okumura-Hata 和 COST231-Hata 模型主要应用在 2GHz 以下低频段,而 5G 通信系统主要采用 6GHz 以下的中低频段和 24GHz 以上的高频段组网,其部署方式也有别于传统室外宏站和室内分布系统方式,主要使用室外宏微站以及室内微微站相结合的方式。因此传统无线传播模型,从频率选择和部署方式上都难以适用于 5G 通信系统基站的覆盖预测。

3GPP TR 38.901 基于多个场景定义了适用于 5G NR 0.5~100GHz 的传播模型,包含 Uma、UMi、RMa 和 InH 四类场景。Uma 模型适用于建筑物分布比较密集的区域。该类场景基站天线挂高高于周围建筑物楼顶高度(如 25~30m),用户在地平面高度(约1.5m),站间距不超过 500m。

考虑到江面相比陆地,通常开阔无遮挡,天气变化大,穿透损耗小,反射系数高,干扰严重,且江面雾日较多,影响信号传播,因此需要基于内河航道场景进行传播模型校正,使用2.6GHz 频段及修正系数的 Uma 传播模型来准确仿真水域覆盖。江面传播模型校正步骤及实测与仿真对比如图 6-15 所示。

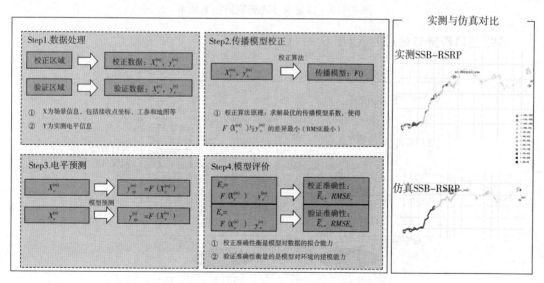

图 6-15　江面传播模型校正步骤及实测与仿真对比

(三)自适应寻优天线最佳下倾角(图 6-16)

大规模天线阵列(Massive MIMO)将数十上百个天线和芯片集成到一块"平板"上,5G 的高频信号就可以稳定、安全地发送到用户终端,能够带来更高的天线阵列增益,大幅提升系统容量;能够将波束控制在很窄的范围内,从而带来高波速增益,有效补偿高频段传输的大路损。M-MIMO 解决方案可采用 64TRx AAU 保障航道场景广覆盖/大容量,5G 高规格 BBU 能满足未来扩容演进需求,最大支持 UL+DL=50Gbps 回传带宽。

根据江水高度和江面宽度,Massive MIMO 可自适应寻优天线最佳下倾角。图 6-16 以长江水域为例,芜湖、汉口、三峡三地洪水期和枯水期水位高度及江面宽度变化。根据枯水期、正常水位、洪水期江水高度,从垂直维度寻找最优下倾角。根据江宽差的高低,从水平维度寻找最优下倾角。

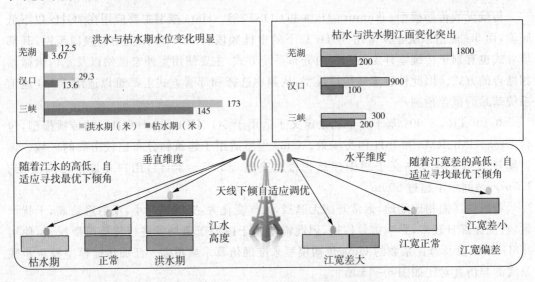

图 6-16　自适应寻优天线最佳下倾角

(四)空口带宽自适应寻优(图 6-17)

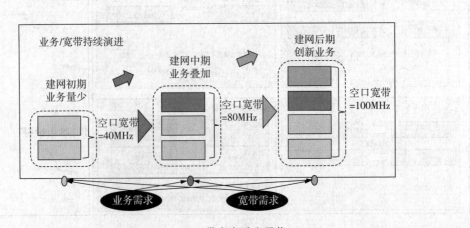

图 6-17　空口带宽自适应寻优

5G Sub-6G 新空口将采用全新的空口设计,有效满足广覆盖、局部热点、大连接及高速等场景下体验速率、时延、连接数以及能效等指标要求。实现按需自适应统一、灵活、可配置,满足 5G 典型场景差异化的性能需求。5G 空口自适应带宽,可基于业务/带宽需求不断进行迭代,并可自适应寻优。例如,建网初期业务量少,空口带宽可配置 40MHz,建网中期业务量叠加,空口带宽可配置 80MHz,建网后期创新业务增加,空口带宽可配置 100MHz,进行最优空口带宽一键式适配。

第4节　其他船岸通信系统

一、AIS 系统

(一)什么是 AIS

船舶自动识别系统(Automatic Identification System,简称 AIS),是指一种应用于船和岸、船和船之间的海事安全与通信的新型助航系统。常由 VHF 通信机、GPS 定位仪和与船载显示器及传感器等相连接的通信控制器组成,能自动交换船位、航速、航向、船名、呼号等重要信息。装在船上的 AIS 在向外发送这些信息的同时,同样接收 VHF 覆盖范围内其他船舶的信息,从而实现自动应答。此外,作为一种开放式数据传输系统,它可与雷达、ARPA、ECDIS、VTS 等终端设备和因特网实现连接,构成海上交管和监视网络,是不用雷达探测也能获得交通信息的有效手段,可以有效减少船舶碰撞事故。

AIS 基本功能是:将本船和他船的精确船位、航向、航速(矢量线)、转向速度和最近船舶会遇距离等动态信息和船名、呼号、船型、船长与船宽等静态信息通过 VHF 自动、定时播发,在 VHF 覆盖范围内(20n mile)装备 AIS 设备的船舶,可自动接收到这些信息。

两段信息之间的时间间隔,将随着船速的增加而自动减少,如果船舶正在做机动航行,信息间隔则进一步减少。例如,当船舶停港或抛锚时信息间隔为数分钟,船舶在高速行驶时,信息间隔为两秒。

由于这种特性,AIS 将为船舶提供一种有效的避碰措施,并极大地增强雷达功能。而且,由于安装 AIS 的船舶的航行信息都在“空中”传播,因此当地 VTS 站也可以收到。为处理 AIS 信息,VTS 只需配有 AIS 基站,操作员无须逐个查询船舶,利用 AIS 就可以获得所有装有 AIS 船舶的完整的交通动态。由于 AIS 完全独立于雷达,也就是说,基于 AIS 的 VTS 无须安装雷达,因此,AIS 技术对 VTS 操作的长期作用,其效果不可估量。

AIS 使用移动 VHF 波段交换数据,所以 AIS 设备的成本相对于雷达设备要低,然而它的“可视”范围却几乎等于雷达。

(二)船用 AIS 系统基本组成

船用 AIS 系统基本组成:内置的卫星定位传感器、VHF 数据通信机、通信控制器、船舶运动参数传感器接口和显示接口,如图 6-18 所示。

目前我国内河通用船载自动识别系统所使用的卫星定位设备大多是北斗导航系统,它的定位精度一般在 10m。利用北斗地基增强站后,该方式的定位精度更高,可以满足狭水道和进港的航行需要。其实,只要能够全天候 24 小时提供连续的较准确的船位和定时信

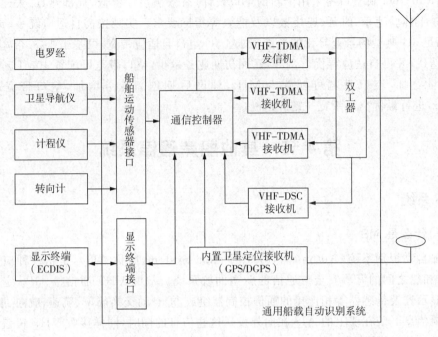

图 6 - 18 AIS 结构图

息的定位系统都可作为通用船载自动识别系统的船舶定位信息传感器。船舶航行时,船首向是一个非常重要的信息,它通常是由船载电罗经或磁罗径提供的。通用船载自动识别系统的广播信息中也包括船首向数据以及其他船舶运动信息。因此,通用船载自动识别系统包括一个船舶运动参数传感器接口。该接口可以与船桥上安装的 GPS 接收机、电罗经、计程仪和船舶转向计相连,收集它们提供的各种船舶运动信息,供系统广播和显示使用。该接口通常情况下应具有较强的兼容性,以便适应各种不同的设备类型。

按照国际标准的要求,通用船载自动识别系统应当能够在两个 VHF 工作信道上发射信息,并能同时在这两个信道上接收信息。因此,通用船载自动识别系统必须包含两个 VHF-TDMA 接收通道和一个 VHF-TDMA 发射通道。这些收发机在缺省状态下应当工作在国际电信联盟规定的全球统一的 AIS 工作信道:海上 VHF 移动通信频段的 87 信道和 88 信道。除此之外,这些收发信机也能在当地主管机关的控制下,工作于指定的海上 VHF 移动通信频段(156.025~162.025MHz)的任何一个信道上。

通用船载自动识别系统通常是通过一个显示终端接口与电子海图显示与信息系统相连。该接口不仅能够输出本船的运动参数和接收到的周围船舶的信息,也能够接收到来自显示终端的控制指令和发送报文。

通信控制器是通用船载自动识别系统的核心,它通常是一个嵌入式微处理器系统,根据 AIS 系统的网络协议控制 VHF 数据通信链路上的信息传输和各接口的数据交换。

如上所述,通用船载自动识别系统应能根据当地主管机关的指令,通过通信控制器控制 VHF 收发信机的工作信道。这种指令有三种方式:手工输入方式、AIS 报文、DSC 报文。因此,通用船载自动识别系统必须包含一个 DSC 接收机,用于自动接收机 DSC 控制指令。

(三)AIS 系统工作原理

船舶配备了 AIS 设备以后,设备需要向外发送本船的相关信息,同时也要接收在 VHF 有效作用距离之内其他船舶的信息。接收到的信息一方面用文字的方式表示出来,另一方面可以形象地用雷达图表示,AIS 船舶全部用三角符号"△"表示,直观地显示船舶的相对位置和运动方向,在电子海图上,可以用矢量线表示船舶的速度,必要时利用尾迹线表示船舶航行的痕迹,船位数据取自北斗/GPS 乃至差分北斗/GPS,其精度很高。如果在 AIS 设备上选择一个目标或者在电子海图中船舶标志处用鼠标点击一下,便可瞬时显示对应的船名、呼号、MMSI 注册号以及航向、航速、CPA、TCPA 等重要的航行信息,驾驶员了解了这些信息后,就可以非常方便地判断周围其他船舶的运动情况,确保航行安全,同时在进行相互通信时可以直呼其船名,信息交流非常方便。

AIS 工作在 VHF 航海频段,国际电信联盟 1997 年无线电大会指定了 161.975MHz (87B 频道)和 162.025MHz(88B)频道两个 VHF 频率作为 AIS 工作频道。就完成通信而言,一个无线电频道已经足够了,但是为了防止干扰和转换频道时造成通信损失,每个 AIS 站均使用两个频道进行收发。

除人工干预外,AIS 应答器都工作在自主连续模式,发射方式是 9.6kbps 高斯最小位移键控(GMSK),频率调制带宽为 25KHz 或者 12.5KHz,数据采用 HDL 包协议。

根据船—船通信这样的实际条件,AIS 使用了自组织时分多址技术(SOTDMA)这一核心技术。根据 IMO 的 AIS 性能标准对要求船舶报告的容量的要求,系统每分钟应有 2000 个时隙,但实际上,系统的设计是每分钟 4500 时隙,每一帧 60s,即每 60s 建立 2250 个时隙,每个时隙约 26.67ms,可传输 256bits 的信息,每个 AIS 站的船舶报告根据信息的容量自动选择一到三个时隙,分一帧和数帧发射或接收 AIS 信息。系统实时动态地调整信道分配,如图 6 - 19 所示。

图 6 - 19　AIS 帧结构图

具体工作中,在一个 AIS 站开始发送之前先要对当时信道的使用状态观察一段时间,搞清时隙使用情况,然后可以选择未占用的时隙,标明需占用的帧数,再发送数据,各 AIS 站持续地保持同步,可避免发送时间重叠,新加入 AIS 站也不会发生冲突。在数据链负荷超过理论值的 90% 时,新加入的站可以占用距离最远的站所用的时隙,从而保证系统有很强的过载能力,如图 6 - 20 所示。

自组织时分多址技术可以自动解决本台与其他台的竞争问题,即使系统过载,通信仍能保持完好;系统每分钟可以处理 2000 个以上报告,本船接收到的数据间隔 2s 可以更新一次。

AIS 对 DSC 向下兼容,因此岸基的 GMDSS 系统可以对装备 AIS 的船舶进行识别、跟踪和控制。

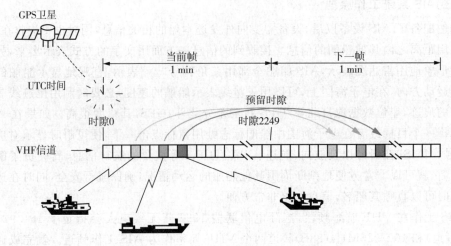

图 6-20 AIS 自组织通信原理示意图

AIS 采用 VHF 频段,它的覆盖距离与其他 VHF 设备一样,电波直线传播。距离取决于天线的高度,在海上通常为 20n mile 左右。由于其波长较雷达长,波的绕射以及衍射作用较强,所以"可视距离"较雷达要好,在地面上的障碍物不太高的情况下,能"看到"障碍物或岛屿背面的 AIS 站。借助于中继站,可以显著扩大船台和 VTS 站的覆盖范围。

(四)岸基 AIS 系统

如图 6-21 所示是一个典型的 AIS 系统组成图,它由两大子系统组成,一个是岸基 AIS系统,另一个是船用 AIS 设备。岸基 AIS 系统比较复杂,典型的 AIS 岸基系统是由一定数量的 AIS 基站和 AIS 中心组成,系统通过各种方式与 VTS 中心,船舶报告系统、港口信息网、海事系统以及船舶调度等网络相连接,同时也可以与相关航运公司联系,提供相应的信息服务,使上述主管部门及时得到所有船舶的动态,使航运公司了解到本公司船舶的位置。

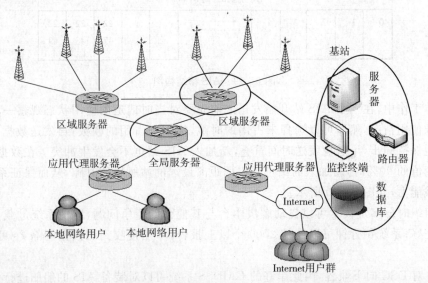

图 6-21 典型 AIS 系统组成图

AIS 中心也可以与互联网相连,使用户范围进一步扩大,通过设置一定的权限范围,各用户可以在自己的权限范围内查看相应的船舶信息,得到相应的服务。

AIS 中心之间可以相互连接,进行信息交换,各 AIS 中心连接成网,在一个国家和地区范围内,就可以实时了解沿岸所有船舶的动态,这对船舶航行管理、船舶追踪以及防止海洋污染具有非常重要的意义。如图 6-22 所示,为典型现代监管 AIS 系统图。

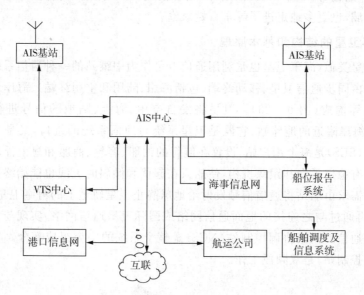

图 6-22   典型现代监管 AIS 系统图

二、海事卫星通信

(一)什么是海事卫星

海事卫星通信系统(System of Maritime Satellite Communications),是用于海上和陆地间无线电联络的通信卫星,是集全球海上常规通信、遇险与安全通信、特殊与战备通信于一体的实用性高科技产物。海事卫星通信系统由海事卫星、地面站、终端组成,4 个覆盖区为太平洋、印度洋、大西洋东和大西洋西区,可提供南北纬 75° 以内的遇险安全通信业务,可以提供海、陆、空全方位的移动卫星通信服务。海事卫星系统的推出,极大地改善了海事、航空领域通信的状况,在陆地上对于满足灾害救助、应急通信、探险等特殊通信需求起到了巨大的支持保障作用,因而发展迅速。

(二)海事卫星的发展历程

海事卫星最早是美国为满足海军通信的需要,于 1976 年先后向大西洋、太平洋和印度洋上空发射了三颗海事通信卫星,建立了世界上第一个海事卫星通信系统。随着国际商船、航空、探险等民用领域对海事卫星通信需求的日益增多,1979 年由联合国隶属机构国际海事组织牵头成立了国际海事卫星组织(Inmarsat),总部设在伦敦,后更名为国际移动卫星组织,是一个按商业化运作的政府间合作组织,提供陆地移动通信(Land mobile)、海上岸船及船对船通信(Maritime)、航空通信(Aeronautical)三大业务领域,于 1982 年开始运营。经过技术的更新换代,如今已发展为 Inmarsat - 4 第四代卫星及终端产品。第四代卫星系统由美洲卫星、中印度洋卫星和大西洋卫星三颗星组成,实现了全球覆盖和卫星网络完善。

中国是国际海事卫星组织的成员国之一,总部在上海交通通信中心。到目前为止,海事卫星系统和设备在我国已经被广泛地应用于政府部门、国防军队、新闻媒体、海关、外交、战备通信、远洋运输、渔业船队、石油勘探、应急救灾、登山探险、民航客运、水利监测、野外作业等诸多领域,也更多地走进了寻常百姓家庭。

(三)海事卫星的结构和基本原理

与宽带卫星类似,海事卫星也是利用通信卫星作为中继站的一种通信系统。海事卫星通信系统主要由同步通信卫星、移动终端(包括海用、陆用和空用终端)、海岸地球站以及网络协调控制站等构成(图 6 - 23)。卫星将发自空中、海上、陆地的信号进行转发。岸站(CES)是设在海岸附近的地球站,它既是卫星系统与地面系统的接口,又是一个控制和接入中心。船站(SES)是海上用户站,设置在航行的油船、客轮、商船和海上浮动平台上。船站的天线均装有稳定平台和跟踪机构,使船只在起伏和倾斜时天线也能始终指向卫星。海上船舶可根据需求由船站将通信信号发射给地球静止卫星轨道上的海事卫星,经卫星转发给岸站,岸站再通过与之连接的地面通信网络或国际卫星通信网络,实现与世界各地陆地上用户的相互通信。网路协调控制站(NCS)是整个系统的一个组成部分。每一个海域设一个网路协调控制站,是双频段工作。

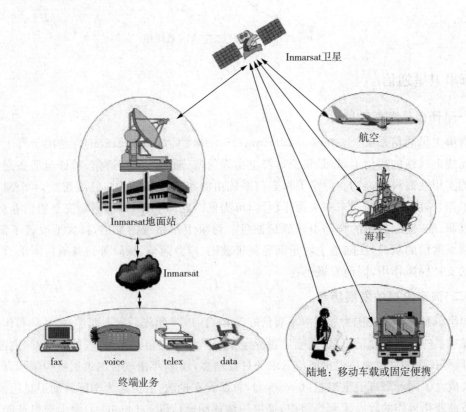

图 6 - 23　海事卫星通信系统典型组网图

内河水运通信概论

海事卫星通信系统中基本信道类型可分为:电话、电报、呼叫申请(船至岸)和呼叫分配(岸至船)。传统海事通信采用短波频率,受电离层起伏和大气干扰的严重影响,通信质量和可靠性不高。在海事卫星通信系统中,卫星和船站间的上、下行线路采用传播损耗和雨致衰减相当小的 L 波段(上、下行为 1.6/1.5GHz),对通信十分有利。岸站和卫星之间采用双重频段,数字信道采用 L 频段,FM 信道采用 C 频段,因此对于 C 频段来说,船站至卫星的 L 频段信号必须在卫星上变频为 C 频段信号再转发至岸站,反之亦然。从而便于与国际卫星通信系统连接,实现全球范围通信。

由于船只遍布在辽阔的海域里,通信业务零星分散,因此海事卫星系统采用 DAMA(Demand Assignment Multiple Access,需分多址连接方式)技术。DAMA 可以根据用户需要动态分配通信卫星转发器频率资源。该系统的信道资源由中心控制站管理,某一通信信道只有在用户通信时才被占用,一旦通信结束,就可以由其他用户使用,所有这些过程都由中心控制站自动完成,不需人工参与,所以系统的频率利用率非常高,一个 8MHz 带宽的转发器可以带动上万个 4.8kbps 话音中断,或者数千个 64kbps 数据/视频中断。因此,海事卫星利用了有限的 34MHz 带宽频率资源,为全世界数万个通信终端提供服务业务。

(四)海事卫星的特点

海事卫星通信系统具有全球覆盖、全天候、便携、移动、宽带通信的独特优势,可以提供低速率(4.8k 或 3.1kHz)语音和数据服务,也提供高速率(共享可达 492kbps,流 IP 最高可达 256kbps)数据服务,并且可以和公共电话网相联通。海事卫星通信系统还可以提供真正的运动中通信,一个车载的终端可以在 110km/h(最新产品的设计时速可达 400km/h)速度下通过卫星传输视频图像、数据、话音。根据不同用户的不同需要,单台车载终端可以提供 256kbps 的流 IP 数据和 432kbps 的标准 IP 数据及 64kbps 的 ISDN 服务。

最新的第四代海事卫星终端产品 BGAN(Broadband Global Area Network)主要特点是:

语音和宽带数据服务可同时进行,即在进行数据应用的同时可以通过蓝牙手持机或标准的桌面电话机打电话;

Internet 接入速度达到 492kbps,支持有效速率 256kbps 的流媒体 IP 服务和速度达 64kbps 的 ISDN 服务;

灵活性高,设计为两个单独的单元,以便室内工作时可将天线置于室外;

支持多用户,使整个小组可共用一个单元,实现即时宽带局域网(LAN);

支持电路交换和经由 USB、两个以太网端口、蓝牙、两个 ISDN 端口和无线局域网(WLAN)接口的 IP 分组数据;

平板天线,手动调节,方便实用;

采用 L 波段黄金频段作为工作频率(上行频率 1626.5～1660.5MHz,下行频率 1525.0～1559.0MHz),稳定可靠。

三、无线网桥

无线网桥顾名思义就是无线网络的桥接,它利用无线传输方式实现在两个或多个网络之间搭起通信的桥梁。

(一)无线网桥的工作原理

无线网桥的工作原理,其实就是网桥把空气作为介质来传播信号,简单来说就是一端网桥把网线中的信号转化为无线电磁波信号并定向发射到空气中,另外一端的网桥作用刚好相反,它接收空气中的无线电磁波信号并转化为有线信号。

无线电磁波信号能以空气为传输介质进行传播,这就能解决很多有线部署施工困难的问题:如高速公路、河流、山涧阻隔,或者道路硬化,有线部署施工困难等。

无线网桥组网具有明显的优势,可以在长达 50km 的距离上实现点对点或者点对多点网络连接,有效解决区间的网络联通问题。只要在无线信号覆盖区域内,客户端可以方便地接入网络,融合系统,不需要任何布线,无线终端可以实现零配置接入,因此非常容易进行网络维护和扩展。

(二)典型无线网桥工作模式

1. 点对点无线组网

点对点型(PTP),即"直接传输"。无线网桥设备可用来连接分别位于不同建筑物中两个固定的网络。它们一般由一对桥接器和一对天线组成。两个天线必须相对定向放置,室外的天线与室内的桥接器之间用电缆相连,而桥接器与网络之间则是物理连接。

2. 中继无线组网

即"间接传输"。B、C 两点之间不可视,但两者之间可以通过一座 A 楼间接可视。并且 A、C 两点,B、A 两点之间满足网桥设备通讯的要求。可采用中继方式,A 楼作为中继点。

B、C 各放置网桥,定向天线。A 点可选方式有:Ⅰ放置一台网桥和一面全向天线,这种方式适合对传输带宽要求不高,距离较近的情况;Ⅱ如果 A 点采用的是单点对多点型无线网桥,可在中心点 A 的无线网桥上插两块无线网卡,两块无线网卡分别通过馈线接两部天线,两部天线分别指向 B 网和 C 网;Ⅲ放置两台网桥和两面定向天线。

3. 点对多点传输

由于无线网桥往往由于构建网络时的特殊要求,很难就近找到供电。因此,具有 PoE(以太网供电)能力就非常重要,如可以支持 802.3af 国际标准的以太网供电,可以通过 5 类线为网桥提供 12V 的直流电源。一般网桥都可以通过 Web 方式来进行管理,或者通过 SNMP 方式管理。

它还具有先进的链路完整性检测能力,当其作为 AP 使用的时候,可以自动检测上联的以太网连接是否工作正常,一旦发现上联线路断线,就会自动断开与其连接的无线工作站,这样被断开的工作站可以及时被发现,并搜寻其他可用的 AP,明显地提高了网络连接的可靠性,并且也为及时锁定并排除问题提供了方便。

(三)2.4G 和 5.8G 无线网桥的特点

2.4G 网桥:2.4G 网桥的优点是频率低,波长大,绕射能力强。简单说就是传播性能好,传播路径有轻微遮挡也无大碍;另外成本相对较低。缺点是使用 2.4G 频段的设备多,网桥发射的电磁波信号容易受其他设备发射的信号干扰,造成传输质量下降;另外受限于 2.4GHz 频段本身的传输带宽,一般不超过 300Mbps。

5.8G 网桥:5.8G 网桥的优点是频率高,信道相对纯净,传输带宽大。传输带宽433Mbps 起步,可轻松达到 1Gbps 以上。适合对数据传输要求较高的场景使用。缺点是频率高,信号波长短,穿透性差,传播途中不能有遮挡。5.8G 设备成本比 2.4G 高,目前仍在普及阶段。

习　题

1. 船岸无线电通信发展经历了哪几个时期?
2. 无线电按频率划分为哪 6 个类型?
3. VHF 工作方式有哪几种?
4. 第三代移动通信技术主要分为哪几种?
5. 5G 的三大特点是什么?
6. 简述内河 5G 应用关键技术?
7. AIS 系统基本功能是什么?

图 6-15 彩图

第7章 内河水运通信业务系统

第1节 视频会议系统

视频会议技术发展日新月异,以 Web 为基础的数据通信业务,电子商务,IP-VPN,实时音频、视频业务等已成为主流。作为多媒体会话型通信业务的一种典型,视频会议业务已在信息交流中发挥了巨大的作用。利用视频会议系统不仅节约了有限的资源,同时也是绿色环保的有效手段。

视频会议系统作为多媒体会话型通信业务的一种典型,目前已在社会性的信息交流中发挥了巨大的沟通作用。会议系统通过通信网络把两个或多个地点的多媒体会议终端连接起来,在其间传送各种图像、话音和数据信号,为用户提供直接、全面的沟通交流,从而满足各方面的远程培训和会议需要,为单位带来巨大的直接回报和间接回报。

一、视频会议系统的硬件组成

目前视频会议已经被广泛应用于长江航运系统各级单位中,有依托于软件平台的视频会议(以下简称"软件视频会议"),也有基于硬件系统的视频会议(以下简称"硬件视频会议")。在际应用中,硬件视频会议更具备专业和稳定性,在低带宽下的传输也比软件视频会议效果更好,另外基于硬件系统的视频会议系统都是嵌入式架构,专机专用。而软件视频会议主要是非 XP 或者 XPE 的系统改造。图 7-1 所示为目前内河水运的主流视频会议

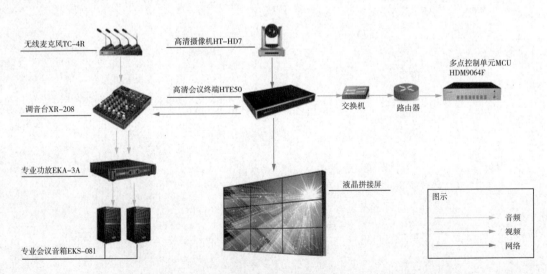

图 7-1 内河水运的主流视频会议系统硬件连接示意图

系统硬件连接示意图,主要的硬件设备有视频会议多点控制单元 MCU、视频会议终端、会议辅助设备和网络设备四大类。

(一)视频会议多点控制单元 MCU

MCU 是视频会议系统的核心部分,只有采用 MCU 才能扩大视频会议系统的规模,使视频会议系统的效益发挥到最大。MCU 的功能分为三个部分:会议管理、MCU 级联、会议终端连接。

1. 会议管理

MCU 可以同时进行多个会议活动,每个会议活动在逻辑上完全独立。MCU 中的会议管理功能负责对 MCU 上正在进行的全部会议活动进行监视和管理。MCU 中每一个会议活动均包含一个会议控制部分和一个通信处理部分。会议控制部分进行整个会议的通信控制、多点连接控制、级联控制和主席控制等。通信处理部分进行多点通信的数据处理,即按照会议控制的指令处理多个会议终端的通信数据。

2. MCU 级联

MCU 级联是指 MCU 间的相互连接,具体来讲就是会议集团与会议集团之间的连接,一般用于大规模视频会议,不同的单位之间的视频会议,且各单位之间还连接了不同的下属机构组织。这时就需要 MCU 级联。

3. 会议终端连接

MCU 同每一个会议终端的连接共享使用同一条物理线路,但使用不同的逻辑信道,从而完成通信。逻辑信道对应 TCP/IP 协议中的 TCP 连接和 UDP 连接。MCU 中每一个会议终端均采用点到点的模式进行通信,会议终端认为 MCU 是同它一致的对等点。具体的多点处理是在 MCU 内部完成的,对会议终端透明。

由于多个会议终端共享使用同一条物理线路同 MCU 连接,因此 MCU 的接入带宽必然为多个终端带宽之和,因此在视频会议中要求 MCU 有较高的接入带宽。

(二)视频会议终端

视频会议终端属于用户数字通信设备,在视频会议系统中处在用户的视听、数据输入/输出设备和网络之间。它的主要作用就是将 A 处会议点的实况图像信号、语音信号及用户的数据信号进行采集、压缩编码、多路复用后送到传输信道上去。同时把从信道接收到的电视会议信号进行多路分解、视音频解码,还原成对方会场的图像、语音及数据信号输出给用户的视听播放设备。与此同时,视频会议终端还将本点的会议控制信号(如建立通信、申请发言、申请主席控权等)送到 MCU,同时接收 MCU 送来的控制信号,执行 MCU 对本点的控制指令。

视频会议终端主要由编解码器、摄像机、麦克风、遥控器等组成,其中编解码器是系统的主要控制单元,其外观及背面板接口如图 7-2 所示,目前使用较多的是视频输入接口、麦克风接口、视频输出接口、音频输出口

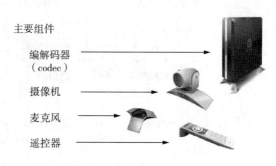

主要组件

编解码器
(codec)

摄像机

麦克风

遥控器

图 7-2 视频会议终端组成图

及网络接口,具体连接如下:

> 摄像机→视频输入
> 麦克风→麦克风接口
> 视频输出 1→电视机 1(显示设备)
> 视频输出 2→电视机 2(显示设备)
> 音频输出→电视机/调音台的音频接口
> 笔记本/PC→笔记本的 VGA 输出口
> LAN 口→接入视频会议系统网络

视频会议终端是视频会议系统的基础,主要完成四个部分功能:MCU 连接、通信数据处理、用户界面、辅助设备连接。

1. MCU 连接

会议终端采用点到点的通信模式同 MCU 连接。会议终端与 MCU 的连接在物理上并不占用一条独立的线路,而是与其他会议一起共享 MCU 的接入线路。每个会议终端同 MCU 通过几条逻辑信道进行连接,逻辑信道对应 TCP/IP 协议中的 TCP 连接和 UDP 连接。

2. 通信数据处理

会议终端完成视频、音频、数据等通信信息的处理,包括编解码、打包、传输、显示等。

3. 用户界面

提供用户操作视频会议系统的界面。主要的界面包括:视频显示界面、音频控制界面、数据功能界面等。

4. 辅助设备连接

提供会场各种音频、视频设备的连接接口,实现音频、视频的采集输入和处理输出。

(三)会议辅助设备和网络设备

视频会议系统要正常运行,还需要一些辅助设备和网络设备。会场辅助设备除了如图7-1 中所示的话筒、显示器、音响、功放等必须配置的设备外,还可以选配调音台、视频矩阵等设备。图 7-3 是目前内河水运视频会议系统使用的主流会议终端设备的后面板接口示意图。

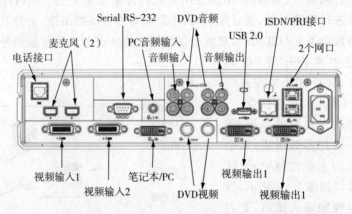

图 7-3 会议终端设备的后面板接口示意图

二、视频会议系统的网络结构及会场设备配置

(一)视频会议系统网络结构

视频会议网络系统的控制中心独立于会场,实现各会场的接入和与下属高清会议平台MCU相级联,并提供各会场语音混合、转发,图像的拼接、转发,甚至各种视、音频的编码转换以及各种会议功能。控制中心一般设置在网络汇接的核心点,通常为核心网络机房,为整个高清视频会议系统提供管理、服务,例如网管系统,也应当配置在控制中心。

整个系统采用以 MCU 为中心的星型结构,包括主会场、下属分会场以及为高清视频会议系统提供接入、控制和服务的控制中心。视频会议的所有终端都要和被划分的多点控制单元 MCU 建立连接,通过 MCU 进行高清视频图像的交换,高清语音的混合播放。

多点控制器应当放置在网络核心机房,以保证 MCU 到所有的终端都有足够的带宽,使通信质量得到保障,确保画面分辨率达到 720p 高清质量。这样该视频网络系统的 MCU 应当放置在网络信息中心,形成以 MCU 为中心的星型网络结构。

录播服务器应当安装在网络核心机房,以保证有足够的带宽,使通信质量得到保障。可以对视频会议进行录制、点播、直播等,以便日后的查阅及存档。

图 7-4 所示的为内河水运各单位视频会议系统的基本网络结构简图,视频会议多点控制单元(MCU)部署于该局网络核心层,从核心路由器上开通视频会议专属网段,能减小网络安全设备可能对视频会议产生的影响。图 7-5 为目前内河水运视频会议系统网络接入方式图,视频会议业务通过 PTN 和接入交换机的网络接入会议活动,基层单位会议主机只需连接机房接入交换机即可入网使用。

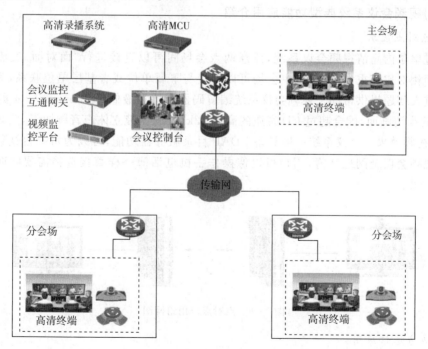

图 7-4　视频会议系统网络结构简图

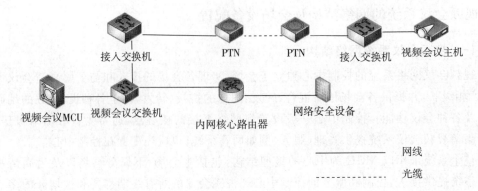

图 7-5 视频会议系统接入方式图

(二)视频会议系统会场配置

核心机房配备的视频会议 MCU,是实现多点高清视频会议的核心汇接设备,用以连接所有下属高清会议平台 MCU 或视频会议终端,具有管理会议和控制会场设备的功能。

会场是各地会议室,需要实现会议显示功能,同时需要提供各种音、视频接口,以便和各种会议室设备对接。在主会场配置视频会议终端,视频显示设备,要支持双流显示,会场则必须配备两个显示设备。另外,为了方便分会场进行会议的管理和操控,主会场还需配置会议管理员操作电脑、调音台及相关视频控制设备。

三、视频会议系统典型应用及会议操作

(一)视频会议系统典型功能应用介绍

1. 点对点应用

通过单位内高清视频会议系统,任意两点会场间可以直接进行"面对面"交流(图 7-6)。对于相对比较重大的会议,主会场可以直接与下属单位或者基层单位联系,为及时准确处理重大问题提供帮助。视频会议系统编解码器支持在最低 512kbps 就可以实现 720P@30 帧的高清画面,配合超过 CD 音质的高达 22kHz 的宽带立体声音频协议,实现了剧场级的音、视频效果。会议系统一般具备 LDAP 目录服务器功能,可以为每一台视频系统下发一个视频会议全网地址簿,用户可以像操作手机电话簿一样直接选择需要呼叫的视频系统。

图 7-6 点对点应用组网图

2. 多方通信应用

多点会议是视频会议的主要应用形式之一,通过部署于核心机房的 MCU,可以召开多

方的视频会议应用,满足多个会场间沟通的需求。实现包括行政办公会、项目研讨会、案例分析会、领导决策会等会议(图7-7)。

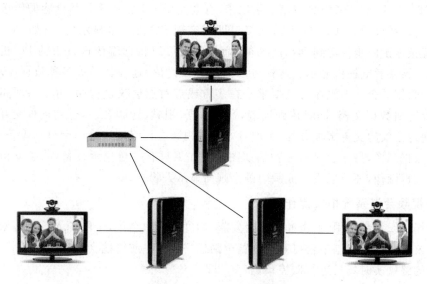

图7-7 多方通信应用组网图

在这种会议模式中,领导位于核心指挥室或中心指挥会场,可以通过 MCU 轮询各个分会场的画面。例如,会议系统支持定制轮询功能,可以设置所有分会场的轮询顺序。也可以使用演讲者模式,领导所在的主会场可以看到所有分会场的全景,而各个分会场可以收看主会场画面、听取领导发言。

多数视频会议 MCU 支持动态多分屏,可在会议进行中任意选择和更改分屏显示模式,分屏中每个窗口的图像可以是指定的,也可以是自动语音激励切换。

3. 多种会议召开方式

在相应软件的配合下可以实现如下功能:严格定义与会者的会议,会议中确定与会者,非定义的与会者不允许加入会议;可以呼入或呼出连接与会者,立即召开会议;可建立会议模板,从会议模板启动会议;可预约会议,到预约时间该预约会议可自动启动;预约会议可设置成例会方式,即每周或每月同一时间启动该会议。

(1)按会议名召开会议

会议中可以确定与会者,也可以不确定与会者,只要定义会议呼入的号码或别名和会议名。会议启动后,与会者呼入该会议的号码或别名和会议名,即可加入该会议。

(2)按会议室召开会议

会议中可以确定与会者,也可以不确定与会者,只要定义会议呼入的号码或别名和会议室名。当有一个与会者呼入该会议室,会议才真正启动。任何与会者呼入该会议室的号码或别名和会议室名,即可加入该会议室,直至用尽 MCU 的全部资源。

(3)其他

可同时采用呼入方式、呼出方式(邀请方式)或自动连接方式将与会者连接到会议中。

4. 会议双流功能模式

双流技术是视频厂商针对视频会议中数据应用的要求,而专门开发的先进技术。它通过一个呼叫带宽实现视频、音频和数据的同步传送。让与会者在观看发言人图像、听到发言人声音的同时观看到发言人计算机的活动图像。而且，可以通过视频系统的 DVI 输出端口以 1024×768 的高清晰分辨率显示出来，有效实现了会议中多媒体内容的传送。

视频会议系统设备通过 DVI 输入接口即可实现 PC 机屏幕显示内容（如 PowerPoint 文档）及音频输出同步传送到远端的功能，而接收端可以将远端传送过来的 PC 机显示内容通过显示器或者电视机显示。这样可以满足会议讨论、远程教学等多种数据需求，达到视（音）频、数据混合的多媒体会议要求。在多方或点对点会议过程中，可以将两路信息流（图像和计算机数据文档）同时传到远端，实现数据、视频、音频合一，达到远程交互的更好的境界，使得会议的交流更加方便，更加有效。当视频会议终端连接两台显示设备时，其中一台显示数据图像，另一台显示人物活动图像。如果只有一台显示设备，除了支持传统的全屏显示数据图像，还可以设置成画中画小画面显示人物活动。

（二）视频会议系统相关操作介绍

主会场组织视频应用时，由操作平台发起、调度或结束会议，全网各 MCU、终端自动响应加入会议。主会场控制平台可监控预览全网任一 MCU 或终端会场实时场景状态，可对正在参会的终端实时场景进行监控预览。

主会场平台操作人员发起会议、点名、邀请或删除终端、会议进行过程中要求某分会场双流发言、结束会议等操作，全部在面向操作人员的操作平台（非技术维护支持人员或系统管理员平台）上采用"一键式操作"实现。

视频系统独具日历和时间服务器，因此可以设定呼叫调度功能。在视频系统中预约会议时间和与会者，到会议时间，视频系统自动发起呼叫，自动结束会议，会议还可以设置为例会的方式。此功能无须任何外置设备的支持，可以方便使用。MCU 具备独特的多组会议功能。首先，MCU 的多组会议没有任何数量的限制，可以召开任意数量会议；其次，MCU 具备会议室功能，各参会人员可以自己根据会议号码选择自己的会议室入会。

第 2 节 CCTV 监控系统

一、内河水运 CCTV 监控系统功能概述

CCTV 监控系统（数字电视监控系统）是为内河水上交通管理提供的一个监管手段，可以直观有效地监控重点水域的水上交通态势和现场船舶动态，进一步提高水上交通信息收集、整合、监控能力和水上搜救辅助决策、指挥协调能力，为管理机构切实履行好水上交通秩序管理和事故应急处理工作提供有力技术支撑。

根据内河水运监管的实际需求，CCTV 监控点集中传输至各管理机构监控中心，再通过已建的传输专线连接至各基层单位。日常情况下，水运各管理机构监控中心对 CCTV 视频图像进行监视和控制，基层单位配合指挥中心开展相关安全检查工作。内河水运CCTV 系统示意图如图 7-8 所示，以长江海事局为例，各分支海事局监控中心负责系统 24 小时值班运行，对全局范围 CCTV 视频图像监视和控制，并负责水上突发事件的应急处置。

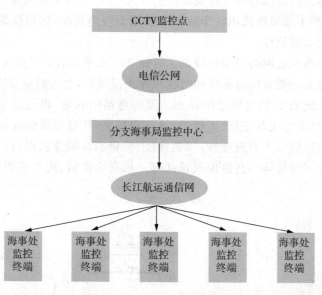

图 7 - 8　内河水运 CCTV 系统示意图

二、CCTV 监控系统的组成及网络结构

（一）CCTV 监控系统的基本组成

CCTV 监控系统一般由摄像头前端硬件、网络传输、监控显示记录存储等部分组成。经过十余年的建设发展,内河水运 CCTV 系统已由早期的模拟标清向当前的数字高清升级。CCTV 监控系统分别在沿江完成固定监控点的部署,在公务船上完成移动监控点的部署,在监控中心完成监控平台部署,对弯曲河段、桥区和船舶密集区域实施视频监控。系统构架如图 7 - 9 所示。

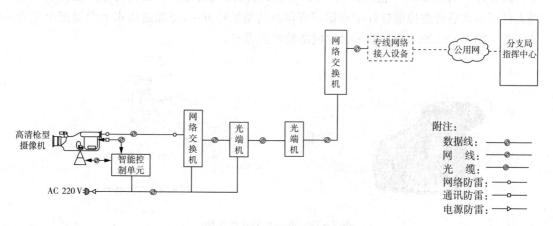

图 7 - 9　CCTV 系统架构图

（二）CCTV 监控点摄像头硬件部分

摄像前端硬件部分是安装在现场的,它包括摄像机、镜头、防护罩、支架和电动云台,它

的任务是对被摄体进行摄像并将其转换成电信号,CCTV 监控系统摄像头一般分为球型摄像机、枪型摄像机和半球型摄像机。半球机一般用于室内监控,球型摄像机和枪型摄像机主要用于内河水上交通监控。

图 7-10 为海康威视网络球型摄像机。可做 360°水平旋转,90°垂直旋转,预置旋转位置。摄像机预留接线主要对应电源线和网线两种预留接口,电源线接 24V 直流电,接线方式一般使用摄像机配套 24V 电源适配器在交流配电箱中取电,再通过延长电缆线连接摄像机电源线,摄像机电源线有正极、负极、地线三根接头,注意在接线前先使用万用表确定延长电缆线正、负极,然后再对应接线,以免接反、接错损坏摄像机设备。地线一般连接电箱接地体或监控立杆接地体。在摄像机顶部有一根安全绳索,用于摄像机的安全固定,防止坠落。

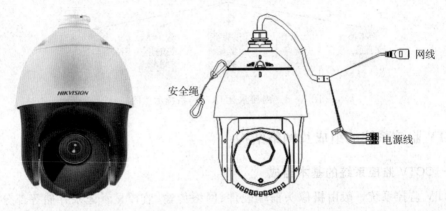

图 7-10　网络球型摄像机图

图 7-11 所示为海康威视网络枪型摄像机。和球型摄像机一样,有两种预留接口线,网络端口和电源插口。网络枪型机身不带云台,因此不能够调整方位和角度,被广泛应用于安防监控。内河 CCTV 监控系统一般使用球型摄像机或加装有云台的枪型摄像机。管理人员可以在后台监控端软件中根据需要调整其角度和方位,更加适用水上交通安全监管的需要。图 7-12 所示为加装云台的网络枪型摄像机。

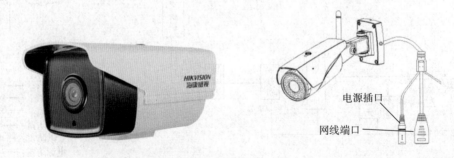

图 7-11　网络枪型摄像机图

图 7-13 为云台枪型摄像机预留接口图。网络接口直接接入网线即可。电源接法一般有两种,根据安装条件选择。第一种是电源适配器接头直接连接摄像机电源线,然后通过电源延长线缆在电箱取电。这种接电方法简单明了,直接将适配器接头插入摄像头电源

图 7 - 12　加装云台的网络枪型摄像机

线插口即可。第二种是电源适配器安装在配电箱处取电,然后通过电源延长线缆接到摄像机电源接口,按照对应正极、负极和地进行接线。接线前要用万用表确定好正、负极,以免接错损坏设备。

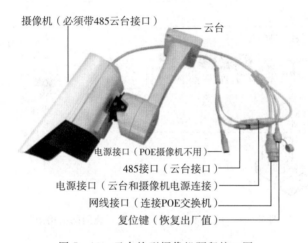

图 7 - 13　云台枪型摄像机预留接口图

长江内河水运 CCTV 监控系统主要应用在如下重点区:

VTS 雷达站;长江重点水域航道;重要的码头(如客货滚装码头、化工码头等);港口锚地;VTS 雷达盲区及多发事故地带(如湾道、渡口等);复杂航道或水域;重要的车、客渡口,船舶过驳区和调头区水域;桥梁、船闸等重要水上设施;移动执法船舶等。

监控点应具备基本的安装建设条件(如 AC220V 电源、接地等),靠近实际监控区域具备良好的监控视野,通信网络能够到达。

(三)通信网络部分

内河水运沿线的部分重点水域、航道和港口都已经安装了 CCTV,那么是怎么实现 CCTV 监控点数据信号传到监控中心的呢? 这就需要通信网络来实现。下面就以三个不同 CCTV 监控点的网络结构简图来进行说明。

内河水运 CCTV 监控点囊括了水域辖区的雷达站、重点码头、锚地渡口、桥梁等,站点分布多而且分散,这就对 CCTV 网络传输提出了很高的要求。下面介绍一下几个重点监控区域的 CCTV 网络结构。

图 7-14 为内河水运 CCTV 监控系统网络结构图。分支通信机房距离 CCTV 站点较近,因此可以通过单纤光猫的传输方式,将 A 站点摄像机前端采集的视频信号传送到分支通信机房。分支通信机房距离核心通信机房较远,属于长距离传输,所以使用 PTN 传输设备进行网络数据传输。从图 7-14 我们可以看到在核心通信机房内,有三层核心交换机和站点接入交换机以及 CCTV 汇聚交换机。部署在核心机房的 CCTV 监控系统服务器通过三层核心交换机获取 CCTV 接入站点数据。管理人员通过登录系统服务器应用实现 CCTV 画面的读取,管理控制 CCTV 监控系统。

CCTV监控 A站点结构网络示意图

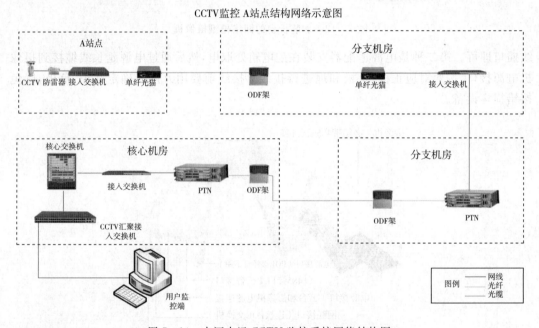

图 7-14　内河水运 CCTV 监控系统网络结构图

(四)监控记录存储

前面章节已经提到 CCTV 监控系统服务器部署在核心机房中,通过 CCTV 汇聚接入交换机连入内网。因此,管理人员可以通过内网直接访问。监控端系统采用 Browser/Server 模式,整个系统结构由 Web 服务器和网络安全组件构成。Web 服务器负责接收浏览器用户请求、负载平衡和服务管理,再传回到浏览器。管理人员可通过浏览器浏览、查询和获取实时视频信息。图 7-15 为核心机房的服务器与监控端的连接网络示意图,CCTV 服务器与各监控点客户端通过核心三层进行数据互通。监控点用户需要管理员所分配的用户名和密码方可登录,同一级监控系统内可以通过分控软件对不同用户进行分控授权,通过分控授权规定某基层单位只能监控所属辖区的监控图像。

系统监控显示体系采用"IP 全交换"的组网形式,系统架构如图 7-16 所示。对于实时视频的转发处理由交换机通过组播协议承载,由实时视频访问授权单位所在的交换机来负责高清视频的复制分发。同时针对视频网络存储需求,采用端到端的 IP-SAN 技术,前端设备直接对视频流进行 ISCSI 协议封存,直接采用数据块的方式将视频数据写入 IP-SAN 存储设备中。

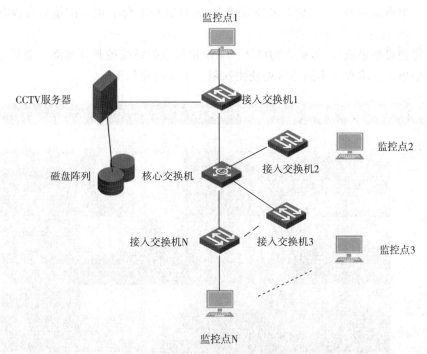

图 7 - 15　服务器与监控端的连接网络示意图

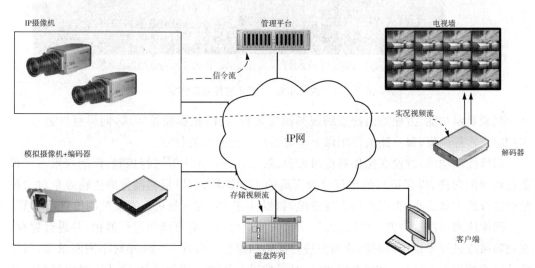

图 7 - 16　系统监控显示组网示意图

　　系统采用实时视频流、存储视频流、信令流分开传输的模式,只有信令流经过服务器处理,实时和历史图像采用端到端转发模式。

　　实时视频信号显示:CCTV 监控站点的信息经传输链路传输至分支局的交换机,由交换机的组播协议分配至各客户端或大屏幕进行实时显示。

　　视频信号存储:前端监控站点的信息经传输链路传输至分支局指挥中心,直接以数据块的方式存入 IP-SAN 存储设备中。

　　视频回放:客户端发出历史视频回放请求,通过数据管理服务器,获取历史视频信息。

前端采集设备控制:客户端发出控制请求,通过管理平台实现对前端采集设备的控制功能。

系统管理员登录成功后,进入如图 7-17 所示的监控系统的整体界面。监控系统根据不同的基层单位需求提供不同等级的使用权限。主要功能如下。

图 7-17　内河水运 CCTV 监控系统界面

视频显示功能:方便对监控点的视频图像进行选择;根据监控需求,同屏可以显示一/四/九/十六等画面;每一路监控图像上可显示该监控点位置标示。

图像控制功能:方便在操作界面对云台、景深、聚焦、光圈等进行控制;控制权限可以设置自动释放时间,以保证其他单位管理人员的正常使用;可以根据图像的传输效果对监控画面进行放大和缩小;根据现场天气情况,如烈日、夜晚、雾天等可以对监控图像进行调节。

图像快照和回放功能:在实时监控图像画面上可以对监控画面进行抓拍,并进行保存;在视频回放过程中也可以对回放画面进行抓拍和保存。实现 7×24 小时不间断录像;对于已选的监控方案,可以保存和方便调取;对录像进行回放。内河水运 CCTV 视频保存时间要求不小于 15d。

为使硬盘存储容量满足相关要求,保证硬盘录像质量,内河水运 CCTV 监控站点传输码流按照 4096kbps(高清),2048kbps(标清)设计。

单路每小时录像文件大小计算公式:

$$d \div 8 \div 1024\text{kb} \times 60\text{s} \times 60\text{min} = q(\text{MB/h}) \tag{7-1}$$

式中,d 是码流,单位 kbps;q 是容量,单位 Mbyte(或 MB);

视频图像实际需求硬盘容量计算公式:

内河水运通信概论

$$q \times h \times L \times D \div 1024MB = m(GB/d) \qquad (7-2)$$

式中,q 是每小时文件大小;h 是每天录像时间;L 是所需录像路数;D 是需保存录像的天数;m 是所需硬盘容量,单位 Gbyte(或 GB)。

例:高清摄像机,每路每天录像 24h,以高清画质图像可存储 15d,容量需求计算为 $(4096kbps \div 8 \div 1024kb \times 60s \times 60min) \times 24h \times 1L \times 15d \div 1024MB = 633GB$。

三、新型 CCTV 监控技术在内河水运监管中的典型应用

(一)夜视技术

目前的夜视技术已经十分成熟,将其引入到内河时运 CCTV 监控系统中,可以实际有效地解决对夜间相关监控区域的监管,真正地实现 24h 全天候 CCTV 监控。当前比较可行的技术方案有三种。一是采用双摄像机的架构,通过彩色/黑白双转换摄像采集设备进行夜间监视的方案;二是采用增加红外光源、具有红外感光功能的摄像系统,采用热红外成像系统,实现利用热成像摄像采集设备进行夜间监视的方案;三是采用低照度摄像机,采用激光夜视设备进行夜间监视的方案。

(二)动静结合监视系统

此类系统通常由固定摄像机和云台摄像机共同组成动静结合的 CCTV 监视系统,其中固定摄像机实现大角度的宏观监视,而云台摄像机则用于实现对微观目标物体的监视。实际建设中将同址的多台固定摄像机监控画面进行拼接,并联动同址或异址云台摄像机进行接力跟踪监视。

(三)船舶联动追踪系统

在具有 AIS/VTS 信息的水域,建设船舶联动 CCTV 视频监控系统。设备选型应能够满足基于电子江图平台的显示和控制,实现 CCTV 摄像机与 AIS/VTS 的联动控制和锁定船舶后的自动跟踪。通过对 AIS/VTS 电子江图上的船舶进行跟踪,实现对监控船舶的视频监控,船舶联动追踪系统结构图如图 7-18 所示。

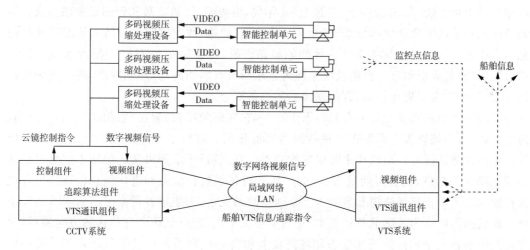

图 7-18　船舶联动追踪系统结构图

(四)移动视频监控系统

内河水运移动视频传输系统是一种新兴的图像监控管理方式,与雷达监视相比,视频监控具有直观、清晰、信息量大、通用性强、投资少、维护简单等优点。但由于在水上,无线传输信号受天气、距离等方面的影响,其覆盖范围和作用发挥还受其系统自身条件和自然条件的限制。作为一种先进的 CCTV 监控手段,移动视频监控系统已成为 CCTV 监控系统的重要组成部分,与公务船巡航、执法车巡视等手段有机融合,实现对重点水域的全方位、全天候的立体监控,形成以沿江固定监控点为主体、以移动监控点为补充的全域联网的视频监控系统。因此,内河水运移动视频监控系统的建设采用专用船(车)载一体化摄像采集设备,主要解决公务船(车)500m 范围内的监控需要。

第3节　船舶自动识别系统

一、船舶自动识别系统(Automatic Identification System,AIS)

船舶自动识别系统,是指一种应用于船和岸、船和船之间的水上交通安全与通信的新型助航系统。它常由 VHF 通信机、GPS 定位仪和与船载显示器及传感器等相连接的通信控制器组成,能自动交换船位、航速、航向、船名、呼号等重要信息。安装在船上的船舶自动识别系统终端在向外发送这些信息的同时,同样接收 VHF 覆盖范围内其他船舶的信息,从而实现了自动应答。此外,作为一种开放式数据传输系统,它可与雷达、ARPA、ECDIS、VTS 等终端设备和 INTERNET 实现连接,构成水上交管和监视网络,是不用雷达探测也能获得交通信息的有效手段,可以有效减少船舶碰撞事故。

二、船舶自动识别系统的历史发展

船舶自动识别系统(AIS),由岸基(基站)设施和船载设备共同组成,是一种新型的集网络技术、现代通信技术、计算机技术、电子信息显示技术为一体的数字助航系统和设备。船舶自动识别系统(AIS)诞生于 20 世纪 90 年代,由舰船、飞机之敌我识别器发展而成。船舶自动识别系统配合全球定位系统(北斗),将船位、船速、改变航向率及航向等船舶动态信息结合船名、呼号、吃水及危险货物等船舶静态资料,由甚高频(VHF)向附近水域船舶及岸台广播,使邻近船舶及岸台能及时掌握附近水面所有船舶的动、静态资讯,得以立刻互相通话协调,采取必要避让行动,有效保障船舶航行安全。

船舶自动识别系统受外界自然因素干扰少,它在船舶导航、避碰、船舶通信、船岸通信、海上搜救、海事调查等方面发挥了独特而重要的作用。航行于开阔水域的船舶不用 VHF 无线电话的通话便可自动获得来往船舶的各类信息;航行于限制水域的船舶不但可自动获得其他船舶的信息,而且可通过 VTS 的广播获得各类航行信息和港口信息。这样可在最大程度上人为防止船舶碰撞和各类水上交通事故的发生,为航运界带来了前所未有的安全感。现代国际航运为了降低营运成本,正朝船舶大型化、高速化和全自动化的方向发展,为保证船舶航行安全和保护长江生态环境需要船舶自动识别系统。船舶自动识别系统还可以改变航运企业的经营和管理方法,在船舶自动识别系统应用方面已经把船队管理、船舶定位与追踪和航次管理集成到一个平台上,把航运企业推向电子商务时代,大大提高航运企业的管理效率和服务水平。

三、船舶自动识别系统的功能

目前,船舶自动识别系统功能如下。

(一)船舶服务基本功能软件

电子航道图显示与控制包括:显示背景控制,航道图放大、缩小,按设定比例尺显示航道图,按 S52 标准分层显示信息,按照 S52 标准切换江图符号,能够实现高斯坐标与 WGS84 坐标转换显示;导入并显示符合国际标准的 S57 格式的航道图;查询航道图物标信息,内容包括用国家语言表示的信息、水深值、物标类名、灯质、颜色等;显示标绘两点之间的距离、方位以及多点的总距离。

显示 AIS 信息包括:静态信息,如 MMSI、呼号和船名(中文船名)、船长和船宽、船舶类型、船上使用的定位天线的位置;动态信息,如带有精度指示和完整性状态的以 WGS84 坐标系为参考的船位、UTC 时间、对地航向、对地速度、艏向、航行状态、转向率(如可用);与航行有关的信息,如船舶吃水、危险货物、目的港和预计抵达的时间。

船舶信息查询是按组合条件查询,并列表显示当前监控的船舶,可查询其静态信息,以该船舶符号为中心显示在电子航道图上,还可向其发送指令信息。

对重点监控船舶的航行时间、路线以及从事的工作进行自动记录,有航次记录和月表。

(二)航行警告及助航信息播发软件

船舶安全信息发送包括:利用 AIS 基站进行航标、航行警告、水文气象、航道情况等航行警告信息的播发,向船舶自动/半自动播发安全报警和提示信息。

(三)历史信息记录与回放软件

船舶航迹分析包括:对选定区域及时间段(年、季、月、周、日)的 AIS 船舶航行轨迹,进行快速综合统计分析。

船舶历史动态回放包括:根据船舶动态历史数据,回放某一或某些船舶在选定时间范围的运动状态与轨迹。

(四)船舶动态显示软件

船舶动态标绘包括:在电子航道图上标绘船舶运动矢量符号(位置、航向、船首、航速及尾迹)与船舶状态信息。

软件报警设置包括:设置报警参数,对船舶超速进行报警;对进入禁航区域报警;船舶超过一定时间未上报船位报警;碰撞危险报警;船舶碰撞报警;区域(禁航区、浅滩、重要水上设施等)报警;船舶航行超速报警;走锚报警;定线制违章报警。

(五)船舶流量统计分析软件

船舶流量统计分析包括:对选定区域及时间段(年、季、月、周、日)的 AIS 船舶流量(可以按一定条件"如某些船种、船长、船宽、吃水等"分类)进行快速统计分析。

(六)船舶浏览服务软件

航行相关信息查询包括:能够访问支撑平台网站相关页面进行信息查询,包括港口信息、气象信息、航路指南、航行警告等;为监控人员提供 AIS 船舶航行动态查询、AIS 船舶信息查询服务。

(七)用户管理软件

用户管理:系统的使用者必须要具有相关用户身份才能进入系统。

权限管理:用户对其所隶属单位的所有或部分船舶进行操作和监控的权限设置。

系统日志管理:对每个用户在系统中对船舶发送的指令以及对数据信息的修改的记录管理。

船舶档案管理:对船舶的基本资料信息,如船舶型号、船主、尺寸、载重量等基本信息进行管理等。

四、船舶自动识别系统对航标的影响

航槽的开挖是一项大投入的工程。航槽的设计,一般是在满足安全要求的前提下,开挖得越窄越经济。为了让船舶看清航槽的位置,航槽两侧需要设置航标。由于航标设在流动的水中,受水流的影响漂移半径在 10～30m。为了达到同样的安全系数,航槽只好相应加宽。在船舶自动识别系统情况下就不同了,电子航标的位置是不受水流的影响而移动的,在同样的安全系数的情况下,可以降低对航槽开挖宽度的要求,从而降低航槽建设成本。

灯浮是容易漂移的航标,一旦漂移,容易造成船舶的搁浅,在船舶自动识别系统下可完全改变这一状况。由于船舶自动识别系统状态下的电子航标是不会移位的,因灯浮漂移而造成船舶搁浅的因素也就不存在,部分搁浅事故也就可以避免。如果在船舶自动识别系统情况下仍需要现行的实物航标,只要在现行灯标体上安置一台船舶自动识别系统设备就能解决。当灯标发生移位时,移位了的灯标上的船舶自动识别系统设备就能把移动了的位置报告出来并报警,这对航行安全是非常有好处的。

五、船舶自动识别系统对航行警告、航行通告的影响

现行的部分航行警告、航行通告的内容,如超大型船舶的长距离拖带、沉船等碍航物的提醒将会被全新的船舶自动识别系统信息推送告知方法所取代。目前超大型船舶的长距离拖带,除了需要航行许可的审批外,还须对超大型船舶长距离拖带的特殊性和何时出发、何时到达(经过)某地等可能需要他船进行协助避让的事项发布航行警告,以便接收到该航行警告的船舶可估计相遇时间从而主动协助避让。船舶自动识别系统将超大型船舶的长距离拖带的航行警告信息进行特殊标识,根据需要,这种超大型船舶特殊信号接近到一定的距离时可被设置为报警,提醒操纵者重视,其效果要比现行发布航行警告好许多。此外,随着船舶自动识别系统的普及,如大风警报、抢险救助等方面的航行警告,将会较现行的做法有很大的改进,将会大大提高航运安全和船舶航行工作效率。

六、船舶自动识别系统对船舶和船舶有关单位的影响

在船舶航行过程中,很多部门需要了解船舶的动态。从船舶航运的角度来讲,船舶进港需要与港口当局、引航、拖轮、码头等单位交互动态信息,这些单位都需要了解准确的船舶动态预报以便配合;从船舶自身管理的角度来讲,船员的调动、船公司人员上船工作等,

都需要了解船舶的动态。船舶自动识别系统不仅能准确预报船舶的动态时间,在需要的情况下,还可自行观察实况,推算船舶的靠码头、系浮筒的时间。如拖轮可以等待到最佳时间开航迎上去,协助靠码头,使工作顺利并节约费用。船舶自动识别系统能够做到准确预报并为该类工作节省时间。从船舶装载运输的货物运的角度来讲,船舶自动识别系统对及时提货,及时送达交付运输的货物都有很现实的意义。

七、长江干线船舶自动识别系统

长江干线水域水富至浏河口(见图7-19)东西横跨约 2838km,建设了一套船舶自动识别系统岸基系统,由 1 个水系数据中心(一级管理)、5 个辖区中心(二级管理)、81 座船舶自动识别系统基站组成(见图7-20)。基站均沿江部署,实现了长江干线水域 AIS 信号全覆盖。

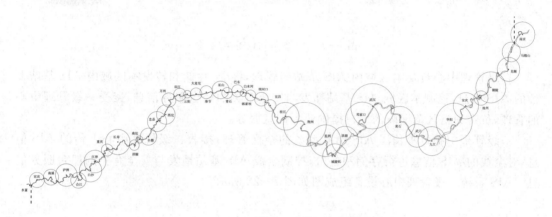

图 7-19　长江干线 AIS 岸基系统布局图

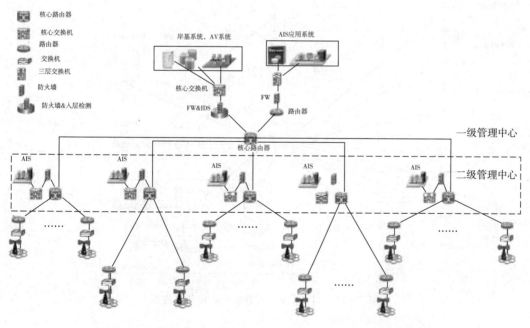

图 7-20　长江干线船舶自动识别系统系统网络拓扑图

沿江 AIS 系统主要由 AIS 基站、二级管理中心和一级管理中心组成。基站用于接收覆盖区内船舶报告信息，并向二级管理中心转发，接受管理中心的控制，向覆盖区内船舶播发安全、管理和服务类信息。AIS 基站设备组成图如图 7-21 所示。

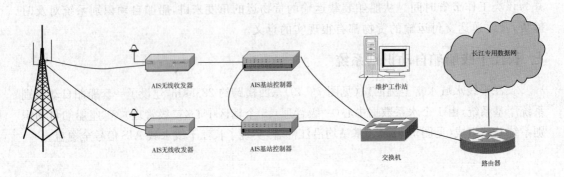

图 7-21　AIS 基站设备组成图

二级管理中心负责本区域内 AIS 基站的管理，接受、存储和转发本区域内 AIS 基站上传的 AIS 信息，控制本区域 AIS 基站播发与安全有关的船台服务信息，接受一级管理中心的管理，负责为辖区范围内的用户提供业务信息服务。

一级管理中心负责长江 AIS 岸基系统的全面管理，接收二级管理中心上传的 AIS 信息，对全线的 AIS 信息进行存储和备份，控制全线 AIS 基站播发与安全有关的船台服务信息。AIS 系统一级管理中心设备组成图如图 7-22 所示。

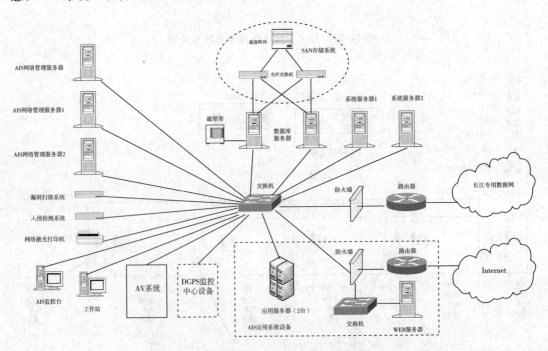

图 7-22　AIS 系统一级管理中心设备组成图

第4节　北斗地基增强系统

一、北斗卫星导航系统

北斗卫星导航系统是中国着眼于国家安全和经济社会发展需要，自主建设、独立运行的卫星导航系统，是为全球用户提供全天候、全天时、高精度的定位、导航和授时服务的国家重要空间基础设施。这是继美国全球定位系统（GPS）和俄罗斯格洛纳斯（GLONASS）之后的第三个成熟的卫星导航系统，与 GPS、GLONASS 和 GALILEO 成为目前联合国卫星导航委员会认定的核心供应商。

北斗系统实施"三步走"发展战略。

第一步，建设北斗一号系统（也称北斗卫星导航试验系统）。1994 年，启动北斗一号系统工程建设；2000 年，发射 2 颗地球静止轨道卫星，建成系统并投入使用，采用有源定位体制，为中国用户提供定位、授时、广域差分和短报文通信服务；2003 年，发射第三颗地球静止轨道卫星，进一步增强系统性能。

第二步，建设北斗二号系统。2004 年，启动北斗二号系统工程建设；2012 年年底，完成 14 颗卫星（5 颗地球静止轨道卫星、5 颗倾斜地球同步轨道卫星和 4 颗中圆地球轨道卫星）发射组网。北斗二号系统在兼容北斗一号技术体制基础上，增加无源定位体制，为亚太地区用户提供定位、测速、授时、广域差分和短报文通信服务。

第三步，建设北斗全球系统（北斗三号系统）。2009 年，启动北斗全球系统建设，继承北斗有源服务和无源服务两种技术体制；2018 年，面向"一带一路"沿线及周边国家提供基本服务；2020 年前后，完成 35 颗卫星发射组网，为全球用户提供服务。其中，2020 年 6 月 23 日上午，在西昌卫星发射中心采用长征三号乙运载火箭发射了北斗三号系统"收官之星"，完成北斗组网运行。进一步提升北斗全球系统在我国及周边地区的服务性能。

未来，2035 年"北斗四号"将正式发射，性能将远超 GPS。

（一）北斗系统组成

北斗系统由空间段、地面段和用户段三部分组成。

（1）空间段：北斗系统空间段由若干地球静止轨道卫星、倾斜地球同步轨道卫星和中圆地球轨道卫星三种轨道卫星组成混合导航星座。

（2）地面段：北斗系统地面段包括主控站、时间同步/注入站和监测站等若干地面站。

（3）用户段：北斗系统用户段包括北斗兼容其他卫星导航系统的芯片、模块、天线等基础产品，以及终端产品、应用系统与应用服务等。

主控站用于系统运行管理与控制等；注入站用于向卫星发送信号，对卫星进行控制管理，在接受主控站的调度后，将卫星导航电文和差分完好性信息向卫星发送；监测站用于接收卫星的信号，并发送给主控站，可实现对卫星的监测，以确定卫星轨道，并为时间同步提供观测资料。用户段即用户的终端，既可以是专用于北斗卫星导航系统的信号接收机，也可以是同时兼容其他卫星导航系统的接收机。接收机需要捕获并跟踪卫星的信号，根据数据按一定的方式进行定位计算，最终得到用户的经纬度、高度、速度、时间等信息。

(二)北斗系统特色及应用

北斗系统具有以下特点:一是北斗系统空间段采用三种轨道卫星组成的混合星座,与其他卫星导航系统相比高轨卫星更多,抗遮挡能力强,尤其低纬度地区性能特点更为明显;二是北斗系统提供多个频点的导航信号,能够通过多频信号组合使用等方式提高服务精度;三是北斗系统创新融合了导航与通信能力,具有实时导航、快速定位、精确授时、位置报告和短报文通信服务五大功能。

随着北斗系统建设和服务能力的发展,相关产品已被广泛应用于交通运输、海洋渔业、水文监测、气象预报、测绘地理信息、森林防火、通信时统、电力调度、救灾减灾、应急搜救等领域。全国北斗卫星导航标准化技术委员会于2014年成立,15项北斗应用基础标准正在制定中,北斗系统将完成北斗产业链中标准规范关键环节的布局,北斗应用也将进入标准化、规范化以及通用化的快车道。国际方面,在交通运输部、工业和信息化部等部门指导下,各相关机构先后启动了北斗系统进入国际民航、海事、移动通信、接收机通用数据标准等国际标准工作。经过各方协作和配合,国际民航组织(ICAO)同意北斗系统逐步进入ICAO标准框架;国际海事组织(IMO)批准发布了《船载北斗接收机设备性能标准》,实现了北斗国际标准的零突破,完成了北斗系统作为全球无线电导航系统(WWRNS)重要组成部分的技术认可工作;2014年11月国际海事组织海上安全委员会正式将中国的北斗系统纳入全球无线电导航系统,北斗导航系统成为第三个被联合国认可的WWRNS;第三代移动通信标准化伙伴项目(3GPP)支持北斗定位业务的技术标准已获得通过。北斗已经开启了走向国际民航、国际海事、国际移动通信等高端应用领域的破冰之旅。

北斗卫星导航系统已在2020年完成对全球的覆盖。与发展较为成熟的美国GPS系统相比,我国的北斗系统除了具备其他卫星导航系统的共同特点,如导航定位、测速和授时外,还具备短报文功能,并且可以实现无盲区覆盖。这使得卫星用户与卫星系统之间形成了一种信息交互关系,极大丰富了卫星信号的功能。届时,北斗导航系统将在更广阔的范围内提供更加多样化、个性化的服务,渗透到人类社会生产和人们生活的方方面面,为全球经济和社会发展注入新的活力。

二、北斗地基增强系统

2014年9月,国务院发布了《关于依托黄金水道推动长江经济带发展的指导意见》和《长江经济带综合立体交通走廊规划(2014—2020年)》,将长江经济带建设与"一带一路""京津冀协同发展"作为我国政府重点实施的三大战略。随着长江经济带建设的逐步开展,长江航运将迎来新一轮的发展高潮。针对长江航道条件复杂、船舶密度巨大的现状,北斗系统所提供的10m定位精度无法完全满足船舶避免搁浅、触礁等高精度定位导航需求,也无法满足航道测量、航标定位等业务需求,同时航运管理精细化程度也受到制约。

北斗地基增强系统是北斗卫星导航系统应用的重要组成部分,构建长江干线水域北斗地基增强系统,能够向社会船舶或行业用户提供厘米级至米级精密导航定位和终端辅助增强服务,加大北斗导航系统在内河航运及更大范围的应用推广,提升对内河船舶、引航、港口等机构的服务质量,为长江航运转型升级发展提供技术支撑。

北斗地基增强系统是中国卫星导航系统管理办公室,联合交通运输部、国土资源部、国

内河水运通信概论

家测绘地理信息局、中国气象局、中国地震局、中国科学院、教育部有关部门，以及地方有关单位共同实施的跨部门、跨地区重大项目，将按照"统一规划、统一标准、共建共享"的原则，构建全国一张网，实现部门间、地区间和用户间资源统筹、数据共享。分两个阶段实施，2015年建成框架网（图 7-23）和部分区域加密网基准站网络，并投入运行，提供米级精度的定位服务；2018年建成全国范围区域加密网基准站网络，提供米级、分米级、厘米级和后处理毫米级的高精度位置服务。

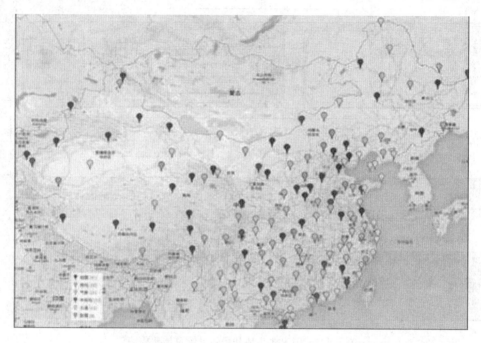

图 7-23　国家北斗地基增强系统框架网示意图

国家北斗地基增强系统如图 7-24 所示，由基准站和网络系统、数据综合处理系统、运营服务平台、数据播发系统、用户终端、信息安全防护体系和备份系统七部分组成。基准站接收卫星导航信号后，通过数据处理系统解算形成导航卫星精密轨道和钟差等差分增强信息，经卫星、广播、移动通信等手段实时播发给应用终端，为各类用户导航增强服务提供支撑，同时通过数据共享，为信号监测与评估、科学研究等提供基础数据，为地区、行业和大众共享应用提供支撑服务，解决重点区域和特定场所导航定位授时服务覆盖等问题，提升城市、峡谷和室内外无缝导航服务能力。

精度、连续性、可用性、完好性是评价全球卫星导航系统（GNSS）及用户接收机设备性能的四项基本指标。其中，精度是指 GNSS 的定位和授时精度，完好性是指 GNSS 定位和授时输出结果的可信度。没有完好性保证的 GNSS 定位和授时技术无法成为众多应用领域的主导航手段，尤其是那些与经济、财产、生命相关的应用领域（包括航空导航、航海导航、交通执法、精确授时等），对 GNSS 的精度和完好性提出了较高要求，这些要求超出了GNSS 基本系统的服务能力，因此需要在 GNSS 基本系统的基础上，建设专门的增强系统，以提高用户设备的精度和完好性，从而满足特定用户的使用需求。

定位精度是卫星导航系统的重要性能指标之一，是大多数卫星导航用户最关心的问

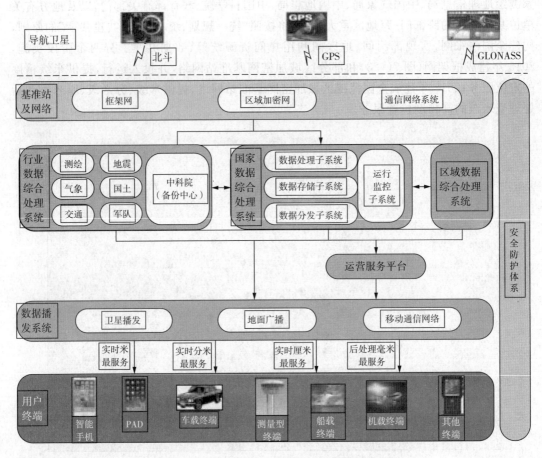

图7-24　国家北斗地基增强系统总体架构图

题。精度增强主要采用差分定位技术,目的是计算和消除卫星轨道误差、卫星钟差和大气延迟等公共误差,以提高卫星导航定位精度。公共误差具有时空相关性,利用已知精确位置的基准站获得误差,并通过一定的通信手段播发给其他用户以修正误差。差分定位技术从最初简单的位置差分和伪距差分,到载波相位差分,再发展到目前基于多基准站的载波相位实时差分(RTK),定位精度已实现厘米级到米级的覆盖,基本可满足包括交通运输行业在内的不同领域对定位精度的差异化需求。

完好性是指卫星导航系统发现定位精度不能满足应用需求时及时发出告警的能力。在与生命安全有关的导航应用中,单靠卫星导航系统本身无法及时发出告警,完好性增强技术是保障卫星导航服务性能的重要手段。完好性增强技术主要包括广域完好性监测技术和局域完好性监测技术。广域完好性监测技术通过广泛分布的监测站完成卫星和电离层异常的监测,并通过卫星广播链路及时将告警信息播发给用户,但广域完好性监测技术无法完成用户周边环境变化引起的性能恶化,而局域完好性监测技术通过用户附近监测站对周边环境异常进行监测,然后通过地面通信链路广播给用户,除这两种依靠外部辅助设施的完好性监测技术外,还可以在卫星端和用户端进行卫星自主完好性监测和接收机自主完好性监测。连续性和可用性增强技术主要通过增加导航信号源,或者采用其他辅助手段,保证卫星导航系统在复杂环境下连续可用。目前,可通过地球同步卫星播发与导航信号类似的信号来提高卫星导航系统可用性,或者利用地面通信链路播发增强信号,弥补地球同步卫星播发增强信号易受遮挡的不足。此外,提高卫星导航可用性和连续性,还可以通过组合导航技术和 A-GNSS 技术来实现。

(一)定位技术

近几年,卫星导航定位技术新的发展主要体现在精密单点定位技术(PPP)和网络RTK 技术。在 PPP 方面,研究重点已从过去的非差模糊度的实数解转向非差模糊度的整数固定解。利用若干基准站网的观测资料,通过引入基准钟,重新估计"整数卫星钟",发布给用户,使用其改进后的卫星钟差到固定非差整数模糊度的定位解;在网络 RTK 技术方面,基于双差模式的网络 RTK 已经较为成熟,国内外已经建立许多工程化应用的网络RTK 系统。当前不少学者正在开展基于非差模式的网络 RTK 技术的研究,并已取得阶段性成果。今后可通过建立全国覆盖的连续运行基准站网,形成以导航数据接收管理、数据处理等,各类导航数据整合到导航信息的播发体系。

(二)GNSS-R 技术

GNSS-R 技术是利用 GNSS 反射信号获取目标信息的一种方法。GNSS-R 技术作为一种全新的遥感手段,受到广泛的关注。已有学者利用 GNSS-R 技术测量海拔高度、土壤湿度、积雪厚度等。美国和欧洲等主要国家都投入了大量的人力、物力和财力进行研究,开展了地基、机载和星载的观测实验,为将来进一步开展研究和应用奠定了基础。GNSS-R在理论、技术和数据反演等方面将趋于完善,基准站数量将越来越多,获取的数据将越来越密,将有益于 GNSS-R 技术的分析。

(三)多频多系统联合定位技术

在复杂观测条件下,传统单系统双频导航定位往往面临可见卫星数不足,定位精度和可靠性差等问题。多频观测值的应用以及多系统联合定位的实施将为用户提供更多的备选组合观测值,增加可见卫星数,增加卫星几何强度,减少或消除单系统导航定位产生的系统误差,从而提高定位精度及可靠性。随着 GPS、GLONASS 现代化进程的推进及GALILEO 和我国北斗卫星导航系统的发展,多频多系统联合定位的方式将逐渐成为主流的导航定位方式。各国卫星导航系统的发展将越来越重视系统间的兼容性与互操作性。多系统间时空基准的统一、多系统数据的融合以及多系统的完好性监测等问题成为需要研究解决的关键技术,多频多系统联合定位将为用户提供更加稳定可靠的定位结果。

三、长江干线北斗地基增强系统的应用

长江干线北斗地基增强系统在水富至长江口共建设 106 个基准站、69 个监测站、1 个数据处理中心、1 个用户服务终端、13 个监控终端,利用 56 个 AIS 基站进行播发。数据处理中心位于武汉,负责整个系统的运行控制,接收并处理所有站点数据,控制播发站数据广播,为用户提供多种方式的服务;服务终端设在职能单位,接收数据处理中心数据推送,具备数据解算功能,用以支撑职能单位内部业务;监控终端设在沿江各地通信机房,负责本辖区内站点设备的运维管理。系统数据上传至国家北斗资源中心和数据中心。系统服务同

时面向长江内河水运用户以及社会用户。对于导航用户,现阶段服务以 AIS 报文播发、4G 公网播发并行方式;对于高精度用户,以 4G 公网播发为主,同时数据及服务推送至长江水运专网和互联网,用户通过注册获取数据服务。系统功能框图如图 7-25 所示。

长江干线北斗地基增强系统是长江航运信息化、智慧航运发展的基础性设施,本着立足系统、面向行业、服务社会理念,以提供高精度卫星导航和基本数据服务为主,向行业、社会提供公益性、开放的普遍性服务。

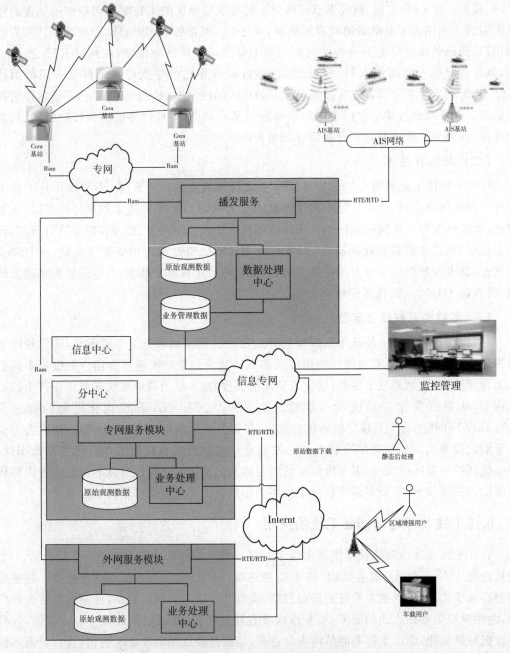

图 7-25　系统功能实现总体框架图

内河水运通信概论

长江干线北斗地基增强服务系统,可以提供全天候、连续、高精度、实时的导航、定位、授时和通信服务,增加主要航道要素动态监测及航道测绘能力,提高航道综合信息服务和保障能力,增强长江干线航运能力。同时促进北斗民用产业的推广,推进国家战略规划的实施。从各方面看,都具有不可估量的社会效益。

(一)支撑和推进国家长江经济带建设战略

在长江经济带建设过程中将开展一批航道系统整治工程,浚疏工程,码头建设工程,沿江高速铁路、国家高速公路、沿江油气管道建设工程等,这些建设工程都需要大量的测绘地理信息服务作为基础支撑。长江干线北斗地基增强服务系统的建立将为长江沿线的大规模建设和信息化发展提供统一的、高精度的、无缝衔接的现代化测绘定位综合服务功能,同时避免了经济建设过程中大量低水平的定位导航设施的重复建设和维护。

(二)推动建立综合交通管理体系

长江干线北斗地基增强服务系统可为构建干支直达、江海联运综合交通体系提供支撑,为各船舶提供终端导航定位服务,为船舶进港及其调度、船舶管理、海事执法等提供服务,为沿江各类车辆提供车道级别的导航定位服务,为集信息化、智能化、社会化的新型现代交通管理系统提供服务,改善车辆堵塞、交通拥挤等问题,提升道路交通安全和交通信息服务水平。

(三)加快北斗导航定位系统推广应用

长江干线北斗地基增强服务系统要满足加快推进北斗导航应用市场化、产业化、规模化发展的需要,提升北斗卫星导航定位系统技术水平,提高北斗导航定位系统市场竞争力。

(四)成为我国现代测绘基准的重要组成部分

作为国家测绘体系的重要组成部分,长江干线北斗地基增强服务系统是贯穿我国东、中、西部的高精度、连续运行系统,除提供全天时的高精度导航定位服务外,还能维持和强化我国永久性连续的动态参考框架。

(五)推动沿江其他产业的发展

长江干线北斗地基增强服务系统的建立将进一步增强长江经济带的 GNSS 监测的分辨率;可以为沿江水利枢纽、水利设施的建设与运营提供高精度位置服务;为水利行业的水情测报、水质监测等搭建起可靠的应用平台;可以提高农业生产效率,建成现代化的农业管理系统。

第5节　应急通信系统

由于内河水域跨越范围广,覆盖地区(山地)交错,部分地区气候恶劣,各个通信站点所在地分散,给突发事件的处理带来了很大的困难。当有突发性事故或者自然灾害发生时,内河水运通信网络的安全如果不能得到及时有效的保证,一旦发生危险,将会极大地影响船舶用户的安全并给抢险带来极大的困难。

应急通信系统具备完善的视频、数据和话音通信等功能,可在管辖范围内同外界保持畅通的通信联系,能够给内河通信网络安全带来很大的保障和补充。

一、应急通信的特点

应急通信事件的特点主要为：时间的突发性、信息的多样性、环境的复杂性、事件现场的不确定性、通信的临时性。

应急通信系统的特点主要为：系统自备电源、自成系统、独立运行，快速组网、使用方便，装备便携、功耗低，信息多样化，能同时支持音频、视频和数据的实时传输，系统具有动态的拓扑结构，一些节点可以随意移动。

二、应急通信系统的组成

应急通信系统主要由应急通信车车载系统和指挥部主站系统两部分组成，通过 4G/5G/卫星网络，转换成内河水运通信专网，实现应急通信车和指挥部主站之间视频、音频、数据等通信。

（一）应急通信车车载系统

应急通信车车载系统主要包括装配在车上的摄像系统、视频会议系统、视频监视系统、集群通信系统、无线摄像系统、硬盘录像系统、网络电话系统、远程办公系统等系统及配套设备，实现相应的功能。其系统结构图如图 7 - 26 所示。

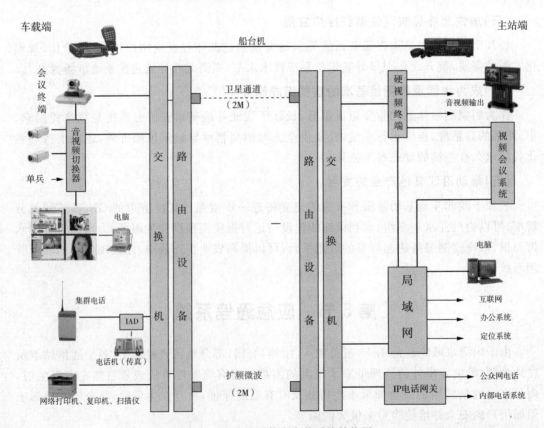

图 7 - 26　应急通信车车载系统结构图

摄像系统实现对现场视频的采集,包括车内摄像头、车外摄像头和无线摄像等,其中车内摄像头负责采集应急通信车内的视频信号,车外摄像头用于采集应急通信车附近的视频信号,移动摄像 DV 用于无线摄像系统中的音、视频信号采集。各摄像机获取的视频信号汇集到视、音频矩阵,以作为其他系统的视频来源。

视频会议系统是应急通信车的重要组成部分,主要用于与指挥部主站之间召开视频会议。配备在通信车上的视频会议终端通过卫星系统等建立通信通道,与总部的 MCU 或视频会议终端进行通信,并通过视、音频矩阵,将现场送来的音、视频信号进行切换,根据需要送回总部,实现总部对现场情况的及时了解和双向交流,以便做出指示。

视频监控系统主要通过视、音频编解码器实现现场视、音频的单向回传,回传到总部后可以通过大屏幕进行显示,还可以通过网络进行发布,用户可以通过网络访问以了解前方现场情况。

集群通信系统主要由集群车载台、手持机两部分组成,实现在 5km 范围内的集群对讲通话,手持机通过与车内网络电话系统相连接,可以通过手持机拨打市话、长途等。

无线摄像系统主要通过无线形式为移动通信车提供高清晰的现场图像和声音。通过移动通信车中配备的无线摄像系统车载端构建出以车为中心 1~3 公里范围内的无线覆盖区,工作人员携带背负式无线摄像终端赶赴具体现场,然后通过数码摄像机将现场采集到的音、视频信号通过无线的方式传回到移动通信车上。

硬盘录像系统主要通过应急通信车上配备的硬盘录像设备进行现场视、音频的录像存储、回放等。各视音、频信号经视、音频分配设备向硬盘录像机提供视、音频信号以进行存储,为将来的研究保留资料。

网络电话系统通过构建的传输通道,连接到主站的软交换平台上,然后通过语音网关与 PSTN 进行连接,实现拨打总部电话、普通市话、长途电话功能。

远程办公主要是通过网络结构设计,实现用户在应急通信车上远程访问办公网及相关服务器功能。此外可在现场构建局域网,实现以通信车为中心在一定范围内通过无线形式进行远程办公。

(二)指挥部主站系统

指挥部主站系统包括与卫星通信系统和车载系统相对应的后台系统和设备,如视频会议 MCU、电话交换平台、视频监视终端设备及服务器等。

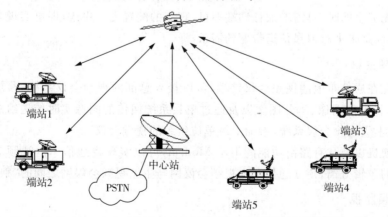

图 7-27 卫星系统组网图

主站系统除与车载系统实现通信外,还是与其他应用系统的连接点,实现 PSTN 网、办公网、视频会议网等之间的互通连接。

三、应急通信系统的功能

应急通信系统主要由主站端和车载端两部分组成,通过该系统,可实现如下功能。

(一)卫星通信

通过总部卫星固定站、车载卫星移动站以及卫星主站构成卫星通信网络,可以实现移动通信车与总部之间 2Mbps 以上速率双向单跳通信。此通信信道分别为移动通信车与卫星地面站的 2Mbps 互联,总部与卫星地面站的 2Mbps 互联,应用管理界面如图 7 - 28 所示。

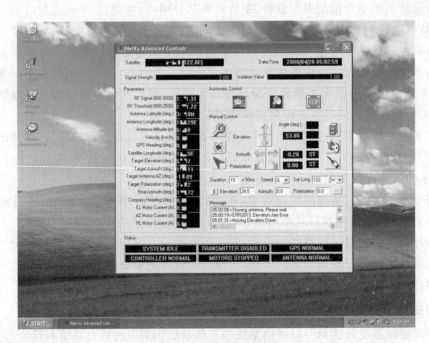

图 7 - 28 卫星通信管理界面

需要扩充卫星网时,只需增加移动端即可,现有的配置无须更改,即可实现多点间全网状单跳通信,满足未来对卫星信道带宽的需求。

(二)视频会议

通过装配在通信车上的视频会议终端,可以接入总部的视频会议系统,参加总部组织的视频会议;将车内图像、车外图像以及通过单兵系统回传的图像实时传送给总部视频会议系统;接入上级视频会议系统,参加上级单位组织的视频会议。

通过交换机以及具有路由功能的卫星 Modem,可以实现将通信车内视频会议网与其他数据网络的逻辑分离,建立通信车内视频会议网与主站视频会议网之间的"独立通信"。

(三)视频监视

通过装配在通信车上的摄像头,音、视频编解码器以及主站的视频服务器、监视终端等设备,可以将车内图像、车外图像以及通过单兵系统回传的图像实时传送至总部,并可在大屏幕上显示;总部相关人员在授权的情况下,可通过网络访问网络视频监视服务器以获取前方现场实时图像;将现场监控图像接入总部视频会议系统中;将现场监控图像传送至总部监视终端,供监视系统录像使用。

(四)录像存储

通过装配在通信车上的硬盘录像机(DVR)以及主站的视频监视终端,可以实现:对现场图像以 D1(720×576)解析度进行高清晰录像存储,对现场多路音频进行录制存储,现场图像的多画面显示,主站的视频监视终端对视频会议系统以及视频监视系统回传到主站的图像进行录像存储。

(五)单兵系统(无线视频)

通过车载背负式单兵系统,可以实现:移动摄像并实时回传动态图像与声音;进行现场环境的勘察,实时回传现场图像;应急抢险中关键点的监视;各现场声音的高质量实时回传。

(六)网络电话

通过车载 VOIP 系统经卫星链路接入总部的电话网络,可以实现现场与总部之间的电话联系,现场人员可拨打市话和长途电话。

(七)甚高频通信

通过车载甚高频电台与主站台通信,可以实现:通信车与总部语音通信;应急现场与总部远距离语音通信;应急现场与总部双向数据通信,并可传送静态高清晰图片;传送 GPS 定位信息;在卫星通道出现故障的情况下,与总部间保持语音和数据的通信联络。

以上功能在通信车行驶或停止情况下均可使用实现。

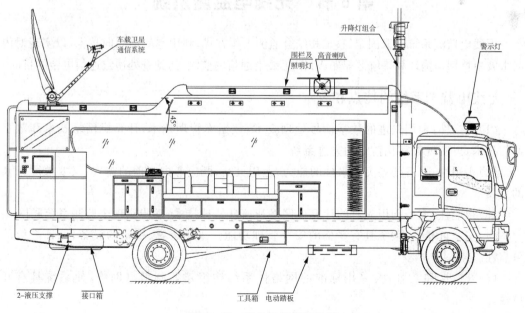

图 7-29　应急通信车结构图

(八)集群通信

通过车载集群通信系统,现场工作人员携带手持机可以实现:以通信车为中心半径5km范围内的通话,现场人员的分组通话,与总部、PSTN等之间进行通话。

(九)远程办公

通过车载无线路由器以及笔记本电脑,可以建立以车为中心的无线局域网覆盖;通过车内网络及无线局域网访问总部主站服务器、办公网;通过交换机以及具有路由功能的卫星 Modem,可以建立通信车远程办公网与主站办公网之间的"独立通信"。

(十)GPS 定位

通过 GPS 定位系统,可以实现通信车自身位置定位和总部对通信车的位置定位。

(十一)供电系统

通过车载电源系统,可以为车载各种设备提供电能,确保其正常工作;也可外接市电引入,对通信车系统进行供电;配备 UPS 电源,对通信车系统进行供电;配备便携式发电机,对通信车系统进行供电;对设备供电进行开关控制。

(十二)车体性能

应急通信车具备较强的安全性和越野性。

(十三)外接面板

应急通信车设计配备车外接面板,可以实现:输入音、视频信号;输出音、视频信号;220V市电引入;通信车向其他用电设备提供供电;通信车向其他系统提供网络接入接口;通信车向外界提供可拨打市话、长途的电话口;通信车向传输设备提供 2M In 和 2M Out 接口。

第 6 节　无线电监测系统

无线电监测系统采取固定、移动相结合监测工作方式,利用空间谱测向技术,以实现对内河水域中特别是锚地和待航区船舶 VHF 无线电通信的监测,达到查处违纪通信电台的目的。

一、无线电监测系统的特点和要求

(1)先进性:利用先进的数字信号处理技术、数据库管理技术、计算机网络技术和数字通信技术,以实现数字化监测的先进系统。

(2)实用性:具备处理突发事件的能力;运用灵活,既应考虑当前的需要,又要兼顾未来的发展。

(3)智能性:充分利用先进的计算机网络和信息处理技术,逐步实现全监测系统联网。

(4)安全可靠性:系统具有严格的安全管理功能。采用成熟、稳定的设备,保证系统的可靠性。

(5)开放性和兼容性:采用标准的网络体系结构组建监测信息网络,使系统具有开放性。

(6)可扩充性:系统建设预留将来升级和扩展的位置与接口。

二、无线电监测系统的组成

无线电监测系统由无线电监测管理中心、无线电监测控制中心和无线电监测站三级组成,其组成示意图如图 7-30 所示。

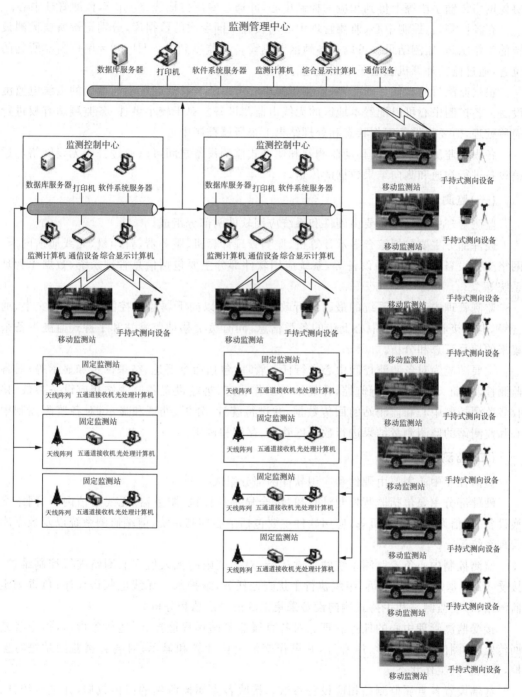

图 7-30   无线电监测系统组成示意图

监测管理中心具有系统的最高级控制指挥权力,可以下达指令到所有控制中心、固定监测站和移动监测站;控制中心具有二级控制权限,可以对所属固定及移动监测站下达监测指令。

各监测站的监测结果及当前工作状态和工作参数,可以通过公用无线网络、TCP/IP协议网络传输手段等上传到相应的控制中心,并通过专用传输线路上传至监测管理中心。

在各监测站、控制中心、监测管理中心均设置不同层次的数据库,分别记录所属监测设备的工作状态、监测结果。可以对各地区监测设备和监测到的 VHF 电台用户当前所处的位置,通过监控计算机在电子地图上进行显示。

根据监测目的和任务的需要,监测指挥中心可以随时灵活配置不同地区的无线电监测设备。各控制中心可以配置本地区的无线电监测设备。对于较小事件,各监测站有权进行简单处理,但要将设备工作状态和处理结果上报所属控制中心。

各固定监测站、车载式移动监测站和便携式监测设备之间可以通过公用无线网络等通信设备进行沟通和测向结果数据的传送。

(一)监测管理中心

监测管理中心设备主要由硬件和系统应用软件两部分组成。

硬件部分主要包括综合显示计算机、监测管理计算机、服务器、打印机、无线通信网卡、网络交换设备和通信传输设备等,系统应用软件部分主要包括信息管理系统、数据库管理系统等。

监测管理中心具有系统的最高级行政管理权,可以向下属监测控制中心下达文书、通告等,也可接收监测控制中心上传的各类信息,同时负责移动监测站和手持式监测设备采集来的信号汇总和分析。

主要功能为对各监测控制中心进行任务管理,包括命令下达、结果回传和显示等;对各监测控制中心、监测站进行监控,并显示其工作状态;远端设置各监测站相应设备参数;接收各监测控制中心和监测站的回传数据,并进行统计、分析、处理和显示;对各监测控制中心和监测站的监测测量结果进行数据库管理、存储和调用。

(二)监测控制中心

监测控制中心主要由硬件和应用软件两部分组成。

硬件部分主要包括监测控制计算机、综合显示计算机、服务器、无线通信网卡、网络交换设备、通信设备和打印机等,应用软件主要包括中心控制系统、前端监测系统以及数据库管理系统等。

监测控制中心负责监测系统的日常运行,对系统内的无人值守监测站进行控制维护,接受 VHF 基站的干扰申诉,组织执行干扰查处任务,维护水上无线电频谱秩序;负责固定监测站、移动监测站和手持式测向设备采集来的信号汇总和分析。

接受监测管理中心的任务管理。对各直属监测站远程遥控、下达任务指示,指令各站回传监测、测向数据、图形、声音等,并可作交汇定位计算和显示;对各直属监测站进行监控,并显示其工作状态。

远端设置各直属监测站相应设备参数。接收各直属监测站的回传数据,并进行统计、分析、处理和显示;对直属监测站的监测测量结果进行数据库管理、存储和调用。

(三)无线电监测站

无线电监测站分为固定监测站、移动监测站和手持式测向设备三类,主要完成监测、测向功能。

第一类固定监测站,采用无人值守方式,在硬件配置上主要由监测测向设备和附属设备组成。监测测向设备包括监测测向天线阵和监测测向接收机等,实现对指定频段无线电信号的监测测向。附属设备主要包括网络通信设备、GPS 时钟定位设备、电子罗盘、AC-DC 电源变换器和天线杆等。

第二类移动监测站,由监测设备和载车组成。监测设备包括监测测向设备、监测测向天线阵、主控终端、附属设备等。监测测向设备及天线主要实现指定频段的频谱监测及信号测向。主控终端硬件采用笔记本电脑,通过内置的监测控制软件实现对监测测向设备的指令控制、数据采集、监测测向数据分析及存储,以及与态势显示系统的信息交互等功能。

第三类手持式测向设备,主要用于单人背负条件下,对指令频段内的信号实时测向和分析,为干扰源的现场查处提供辅助手段。手持式测向设备使用定向天线,通过对指定频率和分析带宽内的信号进行场强、解调质量测量分析,判断信号的来波方向,并可对信号监听、录音,录音数据可与存储语音数据进行语音比对。手持式测向设备主要组成包括天线、接收机、控制终端、电池等。

根据配属关系,无线电监测站接受监测管理中心和监测控制中心的指挥,完成各项业务作业,并实时发回监测测向结果,包括设备的工作状态、工作方式、设备连接状态、环境状态等信息。监测作业有全景探索功能(频段连续搜索和信道表搜索)、测量分析(ITU 参数测量、干扰分析、属性判决等)、监听、录音和回放、测向定位(可对目标信号进行单站测向、多站联网测向、单车多点移动测向和交会定位)、遥控、自检、记录、存储、日志管理、系统间互联互通。

三、无线电监测系统网络构成

无线电监测系统网络构成主要包括监测管理中心、监测控制中心以及监测站设备。无线电监测系统网络拓扑图如图 7-31 所示。

四、无线电监测系统功能

(一)监测功能

对一定区域内的 VHF 通信信号的频率、幅度等参数进行监视和测量,测量数据可以在接收机的操控面板上以图形和列表的方式实时显示,并能通过网络接口送到监控计算机上,显示的图形能够进行放大、缩小等操作。

系统具备对设定的某一频道信号进行同步解调监听功能,并实时将监听数据保存到数据库中。

可以对存储记录在数据库中的高保真语音信号进行事后回放、查询,通过人工与违规用户的语音指纹比对。

(二)信号测向功能

各台站或中心控制站可以通过网络对下属的固定站、移动站或便携式监测设备操作人

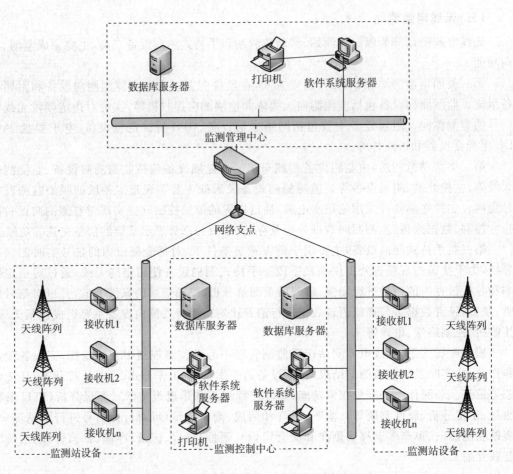

图 7-31 无线电监测系统网络拓扑图

员下达实时测向控制指令。下属站根据 VHF 通信信号的来波方向,实时判断并显示被测信号的辐射方位。

测向结果以及其他相关参数可以通过网络上传到各台站或中心控制站上实时显示出来,并可将一定数量的测向角度分布在时间电平图上。

测向角度可在电子地图上显示出来。当多个站点同时测向时可在电子地图上进行交叉定位。

各台站可以通过公用无线通信网络指挥移动测向设备进行测向,移动测向设备的测向数据可以反向传递回中心站显示。

可实现多个无线电监测站联合测向,进行联合测向的监测站可以是固定站、移动站和便携测向设备。对每个监测站点可以单独设置参数,但电台频率可以统一设置。

各台站或中心控制站在专业部门提供的电子地图上可实时显示移动监测设备的移动轨迹、测向线。移动监测设备可以参与多站交叉定位。其测量数据及位置可以保存到数据库以备分析。

(三)交会定位功能

将两个或三个分布在适当地点的固定站、移动站或便携式监测设备的方位测量结果进行汇集,通过手工交会定位确定干扰源的存在区域,在接收机的操控面板上自动显示定位结果。并能通过网络传输,送到各台站或控制中心的监控计算机电子地图界面上标绘出干扰源的经纬度。

(四)目标导航功能

根据监测站实时位置、目标测向定位位置,在电子地图上显示相互位置关系,以找到目标。

(五)操控显示功能

能够通过监控计算机或监视测向接收机前面板的键盘和显示终端实现对接收机工作参数的设置,并显示监测和测向结果,人工输入其他站点测向数据,进行目标定位。

(六)自定位功能

各监测设备配备 GPS 定位系统,可以实时进行自身所在位置的定位和标准时授时,并显示。

(七)电子地图操作功能

可以根据地理范围和行政区范围选择不同的二维电子地图显示,并显示与其相对应的固定监测站和移动站或便携站的位置。

可在电子地图上按地名查询或经纬度快速定位,可定制 5 个快捷定位点。

(八)统计分析功能

对监测数据进行分析,通过综合分析,得出信道或频段资源利用情况,并给出分析报表。

能够利用实时测量所保存的数据进行统计分析。

可以统计信道占用度,可按照站点、频率或一个时间段等分别进行平均占用度、最大占用度以及忙时占用度的计算。可以合并多次测量的数据,统一进行数据的处理分析。

可以显示一定范围内的频谱占用度,而且频谱占用度可按给定的时间段来进行统计。可以合并多次测量的数据,统一进行数据的处理分析。

可以对保存下来的测向数据进行统计分析,可以分站点和频率对测量数据进行分析,可给出分析结果。

提供三阶互调干扰排除-相关性分析功能,通过计算和实际监测对受干扰频点进行分析,寻找可能的干扰源。

可以将录制下的监听声音重新播放,可以按照站点、时间、频率检索音频数据。

提供日志功能,记录各站点的使用情况,按照使用人、功能、时间分类进行统计打印。

(九)系统内及系统间互联互通功能

本项目所建设的无线电监测系统包含多个固定监测站和移动监测站,组成无线电监测网,实现联网操作和资源共享,有效完成常规监测和联合监测任务。

固定监测站可根据要求预留与其他系统的接口[如船舶自动识别系统(AIS)的接口]。

预留与其他地理信息系统的接口,实现与其他地理信息系统的互联和数据共享,可以按要求数据格式提供本系统获得的监测、测向及定位结果。

（十）自检功能

监测设备能够进行自身故障检查,并显示故障模块。

五、无线电监测系统工作流程

当 VHF 无线基站受到一般干扰(在专用频道上唱歌、聊天等)时,监管工作人员向所属监测控制中心报告。监测控制中心对所属各监测站(固定、移动)下达指令,同时向监测管理中心汇报。各相关监测站对干扰源联合测向,进而进行交叉定位,确定违规用户的使用区域,并将定位结果上报所属监测控制中心。监测控制中心通知船载手持式快速逼近,通过边逼近边测向、并参考 VHF 信号幅度变化趋势的方式,锁定目标区域抓获违规用户。监测数据将通过内河水运专用通信网络传输至监测控制中心和监测管理中心。

当 VHF 无线基站受到大功率违规无线电台干扰时,监测控制中心将向管理中心报告,由管理中心负责指挥监测捕捉,并协调周边力量,直到干扰排除。

通过固定监测站对通信频道的频率、信号幅度的测量,分析判断工作频段内大功率违规无线电台,将通过网络向监测控制中心报告,监测控制中心再向指挥中心报告,由管理中心负责指挥监测捕捉,并协调周边力量,直到干扰排除。

习　题

1. 什么是船舶自动识别系统?
2. 船舶自动识别系统的功能有哪些?
3. 北斗系统由几部分组成?
4. 国家北斗地基增强系统由哪几部分组成?
5. 评价全球卫星导航系统(GNSS)及用户接收机设备性能基本指标有哪些?
6. 应急通信系统的功能有哪些?
7. 无线电监测系统的功能有哪些?

图 7-1 彩图　　　　　　图 7-9 彩图　　　　　　图 7-14 彩图

第8章 网络安全

我们常说的网络安全实际上不仅指网络安全（Network Security），更是指网络空间安全（Cyber Security）。网络空间安全内涵更广，网络安全属于网络空间安全的一部分。需要结合特定语境去理解网络安全的含义。

网络空间是现在与未来所有信息系统的集合，是人类生存的信息环境。当前人与网络环境之间的相互作用、相互影响愈发紧密。因此，在网络空间存在着更加突出的安全问题。一方面是信息技术与产业的空前繁荣，另一方面是危害信息安全的事件不断发生。敌对势力的破坏、黑客攻击、恶意软件侵扰、利用计算机犯罪、隐私泄露等，都对网络空间的安全性造成了极大的威胁。同时，计算机科学技术的进步也给网络空间带来了新的安全挑战，例如量子计算机的发展可能会使 RSA 等传统密码算法不再适用。

网络空间安全是为维护网络空间正常秩序，避免信息、言论被滥用，对个人隐私、社会稳定、经济发展、国家安全造成恶劣影响而需要采取的措施；是为确保网络和信息系统的安全性所建立和采取的一切技术层面和管理层面的安全防护举措，包括避免联网硬件、网络传输、软件和数据不因偶然和恶意的原因而遭到破坏、更改和泄露，使系统能够连续、正常运行而采取的技术手段或管理监督的办法，以及对网络空间中一切可能危害他人和国家利益的行为进行约束、监管以及预防和阻止的措施。

网络空间安全的形势是严峻的。习近平主席在 2014 年就指出："没有网络安全就没有国家安全，没有信息化就没有现代化""网络安全和信息化是一体之两翼、驱动之双轮，必须统一谋划、统一部署、统一推进、统一实施。"网络空间安全的重要性已经上升到了国家安全的战略新高度。

网络空间安全涉及的领域众多，内涵丰富，而作为本书的特定章节"网络安全"，我们无法将所有内容完整展现。考虑篇幅限制和目标读者的知识需求，我们将以点带面，把讨论重心放在介绍网络安全（Network Security）上，并在本章最后一节对我国网络空间安全的相关法规做简单介绍。

第1节　网络安全概述

一、开放的网络环境及安全问题

（一）开放系统的基本概念

开放系统是计算机软硬件及网络技术发展的必然产物，是人们在当前软硬件环境下对计算环境的扩充和延伸。其产生的主要原因是计算环境的发展和协同计算的要求。计算环境的发展为它的产生提供了可能性，而协同计算的要求则说明了其产生的必要性和迫切性。

所谓开放系统,是指计算机和计算机通信环境根据行业标准的接口所建立起来的计算机系统。在这样一个开放性系统中,不同厂商的计算机系统和软件都能相互交换使用,并能结合在一个集成式的操作环境里。要达到这样的目标,唯有依赖于标准的接口,使计算机系统具有可移植性、互操作性和可伸展性,从而可将操作系统或应用软件放在不同厂商的各种型号的计算机上使用,并且可以相互交换信息。

(二)开放系统的特征

开放系统是以被广泛采用的各类标准(事实上的标准、工业标准、国家标准、国际标准)、可以共享的技术标准以及有完整定义的开放标准为基础的。目前,虽然还没有被人们一致公认的确切定义,但可以肯定地说,相对于封闭的专用系统,它具备以下特征:

(1)符合各类标准(事实上的标准、工业标准、国家标准及国际标准)。根据标准化的程度确定其开放的程度。

(2)技术公开。根据技术公开的程度,可将系统分成私有的、集团控制的和完全公开的。提供源代码是技术公开的重要方式。

(3)可移植性(Portability)。同一软件可以在不同计算机上运行,并且同一软件在不同计算机上进行移植时不需要做任何修改。可移植性要求不同计算机环境提供软件运行的界面是相同的,相同的界面能把硬件平台及操作系统的不同之处屏蔽起来。

(4)兼容性(Compatibility)。应用程序不加改动就可以在任何类型的计算机上运行,包括源代码和目标代码级兼容。

(5)互操作性(Interoperability)。互操作性是指不同系统间可以方便地相互连接,或者指不同计算机以及不同应用程序能在一个网络中交换信息、协同工作。每个用户作为网络的一个节点,都能够存取网络上的数据、调用应用程序,从而充分共享系统的资源。

(6)可伸展性(Extendability)。可在不同规模、不同配置的硬件环境下运行,在不同档次的计算机上运行应用程序,其性能与硬件平台的性能成正比。若在现有的计算机系统中多加几个处理器,或把同一程序移到功能更强的计算机上运行时,应用程序的性能呈线性增长。这意味着应用程序能充分地调动硬件平台的所有处理器资源及其系统功能,从而便于扩充系统规模和运行环境。

(三)OSI 参考模型

OSI 参考模型基于了国际标准化组织(ISO)的建议,是在每层使用的协议逐步标准化的基础上发展起来的(Day and Zimmermann,1983)。这一模型被称作 ISO 的 OSI 开放系统互联参考模型(Open Systems Interconnection Reference Model),因为它是关于如何把开放式系统(即为了与其他系统通信而相互开放的系统)连接起来的,所以常简称为 OSI 模型。

OSI 模型有 7 层,其分层原则如下:

(1)根据不同层次的抽象分层。

(2)每层应当实现一个定义明确的功能。

(3)每层功能的选择应该有助于制定网络协议的国际标准。

(4)各层边界的选择应尽量减少跨过接口的通信量。

（5）层数应足够多，以避免不同的功能混杂在同一层中，但也不能太多，否则体系结构会过于庞大。

表 8-1　OSI 的 7 层模型及其主要功能

物理层	为数据端设备提供原始比特流传输的通路。例如，网络通信的传输介质 常见应用设备：网线、中继器、光纤等
数据链路层	在通信的实体间建立逻辑链路通信。例如，将数据分帧，并处理流控制、物理地址寻址等 常见应用设备：网卡、网桥、二层交换机等
网络层	为数据在节点之间的传输创建逻辑链路，并分组转发数据。例如，对子网间的数据包进行路由选择 常见应用：路由器、多层交换机、防火墙、IP、IPX 等
传输层	提供应用进程之间的逻辑通信
会话层	建立端连接并提供访问验证和会话管理
表示层	提供数据格式转换服务，如加密与解密、图片解码和编码、数据的压缩和解压缩 常见应用：URL 加密、口令加密、图片编解码
应用层	访问网络服务的接口，例如为操作系统或网络应用程序提供访问网络服务的接口。 常见的应用层协议有 Telnet、FTP、HTTP、SNMP、DNS 等

二、TCP/IP

TCP/IP 是网际互联的一个协议簇，形式上是 Transmission Control Protocol/Internet Protocol（传输控制协议/网际协议）的缩写，但 TCP/IP 并不意味着只是两个协议，而是强调一个与网际互联有关的协议系列。

TCP/IP 协议簇包括诸如网际协议（IP）、地址解析协议（ARP）、互联网控制信息协议（ICMP）、用户数据报协议（UDP）、传输控制协议（TCP）、路由信息协议（RIP）、Telnet、简单邮件传输协议（SMTP）、域名系统（DNS）等协议。

（一）TCP/IP 参考模型

TCP/IP 参考模型是因特网使用的参考模型。从因特网的发展来看，它的雏形是由美国国防部（U. S. Department of Defense）赞助研究的 ARPANET 网络，它通过租用的电话线连接了数百所大学和政府部门。当卫星和无线网络出现以后，已有的协议在和它们互联时出现了问题，所以需要一种新的参考体系结构。能无缝隙地连接多个网络的能力是其一开始就确定的主要设计目标，ARPANET 网络的另一个目标是只要源端和目的端机器都在工作，连接就能保持住，即使某些中间机器或传输线路突然失去控制。而且，整个体系结构必须相当灵活，因此对各种各样的信息传输，包括从文件传输到实时声音传输的需求均能被满足。这个体系结构在它的两个主要协议出现以后，被称为 TCP/IP 参考模型（TCP/IP reference model）。

TCP/IP 参考模型分为以下四层。

1. 物理链路层

物理链路层通常包括操作系统中设备驱动程序和计算机中对应的网络接口卡,它们一起处理与电缆(或其他传输媒体)的物理接口细节。

2. 互联网层

互联网层提供无连接服务的数据传送机制,它不能保证传输的可靠性,只负责把分组发往任何网络并使分组独立地传向目标(可能经不同的网络)。这些分组到达的顺序和发送的顺序可能不同,因此如果需要按顺序发送及接收时,高层必须对分组排序。

互联网层定义正式的分组格式和协议,即 IP(Internet Protocol)协议。互联网层的功能就是把 IP 分组发送到应该去的地方。

3. 传输层

在 TCP/IP 模型中,位于互联网层之上的那一层,现在通常被称为传输层(Transport Layer)。它的功能是使源端和目标端主机上的对等实体可以进行会话,这一点和 OSI 的传输层相同。

这里定义了两个端到端的协议。第一个是传输控制协议 TCP(Transmission Control Protocol)。它是一个面向连接的协议,允许从一台机器发出的字节流无差错地发往互联网上的其他机器。它把输入的字节流分成报文段并传给互联网层。在接收端,TCP 接收进程把收到的报文再组装成输出流。

第二个协议是用户数据报协议 UDP(User Datagram Protocol)。它是一个不可靠的、无连接协议,用于不需要 TCP 的排序和流量控制能力、可自主完成这些功能的应用程序。它也被广泛地应用于只有一次的、客户-服务器模式的请求-应答查询,以及快速递交比准确递交更重要的应用程序,如传输语音或影像。

4. 应用层

TCP/IP 模型没有会话层和表示层。来自 OSI 模型的经验已经证明,它们对大多数应用程序都没有用处。

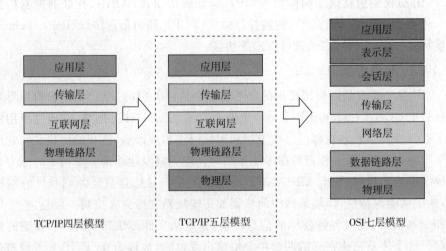

图 8-1 TCP/IP 协议和 OSI 七层模型的关系

内河水运通信概论

传输层上面是应用层(Application Layer),它包含所有的高层协议。最早引入的是虚拟终端协议(Telnet)、文件传输协议(FTP)和简单邮件传输协议(SMTP)。虚拟终端协议允许一台机器上的用户登录到远程机器上并且进行工作;文件传输协议提供了有效地把数据从一台机器转移到另一台机器的方法;简单邮件传输协议最初仅是一种文件传输,但是后来为它提出了专门的协议。这些年来又增加了不少的协议,例如域名服务 DNS(Domain Name Server),用于把主机名映射到网络地址;NNTP 协议,用于传递新闻文章;HTTP 协议,用于在万维网(WWW)上获取主页等。

(二)TCP/IP 的安全问题

基于 TCP/IP 的因特网是在可信任网络环境中开发出来的成果,体现在 TCP/IP 协议上的总体构想和设计本身基本未考虑安全问题。在一个无网络边界的互不信任的网络环境中认为是安全脆弱性或安全漏洞的问题,在可信任的环境中并不存在,原因是 TCP/IP 协议最初设计的应用环境是美国国防系统的内部网络,这一网络环境是互相信任的,当其推广到全社会的应用环境之后,信任问题就产生了。因此,Internet 充满了安全隐患就不难理解了。概括起来,Internet 网络体系存在着如下几种致命的安全隐患。

1. 缺乏对用户身份的鉴别

TCP/IP 协议的机制性安全隐患之一是缺乏对通信双方真实身份的认证机制。由于 TCP/IP 协议使用 IP 地址作为网络节点的唯一标识,而 IP 地址的使用和管理存在很多问题,因而可导致下列安全隐患:

(1)IP 地址是由 InterNIC(因特网网络信息中心)分发的,其数据包的源地址很容易被发现,且 IP 地址隐含了所使用的子网掩码,攻击者据此可以画出目标网络的轮廓。因此网络拓扑是暴露的。

(2)IP 地址很容易伪造和更改,且 TCP/IP 协议没有针对 IP 包中源地址真实性的认证机制和保密机制。因此网上任一主机都可以产生一个带有任意源 IP 地址的 IP 包,从而假冒另一个主机进行地址欺骗。

2. 缺乏对路由协议的安全认证

TCP/IP 在 IP 层上缺乏对路由协议的安全认证机制,因此对路由信息缺乏认证与保护。

3. TCP/UDP 的缺陷

TCP/IP 协议规定 TCP、UDP 是基于 IP 协议上的传输协议,TCP 分段和 UDP 数据包是封装在 IP 包中在网上传的,除可能面临 IP 层所遇到的安全威胁外,还存在 TCP、UDP 实现中的安全隐患。

(1)建立一个完整的 TCP 连接需要经历"三次握手"过程。在客户-服务器模式的"三次握手"过程中,假如客户的 IP 地址是假的、不可达的,那么 TCP 永远不能完成该次连接所需的"三次握手",使 TCP 连接处于"半开"状态。攻击者利用这一弱点可实施如 TCP SYN flooding 攻击的"拒绝服务"攻击。

(2)TCP 提供可靠连接是通过初始序列号和认证机制来实现的。一个合法的 TCP 连接都有一个客户-服务器双方共享的唯一序列号作为标识和认证。初始序列号一般由随机数发生器产生,但问题在于,很多操作系统(如 UNIX)在实施 TCP 连接初始序列号的方法中,所产生的序列号并不是真正随机的,而是一个具有一定规律可猜测或计算的数字。对攻击者来说,猜出了初始序列号并掌握了目标 IP 地址之后,就可以对目标实施 IP spoofing 攻击,而 IP spoofing 攻击很难检测,因此此类攻击危害极大。

(3)由于 UDP 是一个无连接控制协议,极易受 IP 源路由和拒绝服务型攻击。在 TCP/IP 协议层结构中,应用层位于最顶部,因此下层的安全缺陷必然会导致应用层的安全出现漏洞甚至崩溃。而各种应用层服务协议(如 Finger、FTP、Telnet、E-mail、DNS、SNMP 等)本身也存在许多安全隐患,这些隐患涉及认证、访问控制、完整性和保密性等多个方面,极易受到针对基于 TCP/IP 应用服务协议和程序方面安全缺陷的攻击并造成损害。

三、网络信息安全

随着计算机及网络技术的不断发展,信息网络以其方便、快捷、灵活的特性给我们的工作、学习和生活带来了很大的方便,因此人们越来越依赖网络。但是,科学家最初研究并发展信息网络时,考虑更多的是如何来实现它的功能以及如何来提高它的性能,而很少考虑它的安全性因素。正如人们最初制造并生产汽车的时候,考虑更多的是如何让汽车跑起来,而并未考虑怎样避免出车祸以及出了车祸之后如何更有效地减少人员伤亡和财产损失一样。今天的信息网络赖以存在的各种协议(如 TCP/IP 协议)、操作系统(如 UNIX、Windows 等)等都存在着这样或那样的安全漏洞。

(一)网络信息安全保护的对象

在信息技术中,网络安全是人们急需解决的最重要的问题之一。安全问题的解决涉及很宽广的技术领域,而这些技术的广泛应用直到今天才成为可能。因为在现实中存在着各种各样的网络入侵、攻击,人们不得不考虑采用复杂的防护措施。由于通信技术的发展有下面三种主要趋势,人们必须综合考虑安全与成本的平衡关系,而将通信安全方面的考虑提高到适当的位置上。

(1)系统互联与网络互联数量的日益增长,使任何系统都潜在地存在着已知或未知用户对网络进行非法访问的可能性。

(2)人们越来越多地使用计算机网络来传送安全敏感的信息。例如,人们用计算机网络进行电子资金传递(EFT)、商业数据交换、政府秘密信息传递以及产权信息的交流等。

(3)对攻击者来说,可以得到的技术越来越先进,并且这些技术的成本在不断地下降,从而使密码分析技术的工程实现变得越来越容易。

网络安全的根本在于保护网络中的信息免受各种攻击。网络信息安全保护的对象主要有:信息业务及其价值、机密信息、产权及敏感信息。

(二)信息安全的基本目标

确保信息系统在获取、存储、处理、集散和传输过程中保持信息完整、真实、可用、不可否认和不被泄漏的特性是信息安全的最终目标。为此,需要在信息系统规划设计、实施、管理和操作使用的各个环节中,根据安全风险的分布和程度,分别在 OSI 七层模型或 TCP/IP 四层模型的某一层或某几层上采用相应的互为补充的安全机制和安全服务措施,实现信息安全。

为表征信息系统的信息安全,一般采用机密性、完整性、可用性、可控制性和可审查性五项指标。其中机密性、完整性和可用性是针对信息内容的三项安全指标,可控制性和可审查性则是针对信息使用者的安全指标。

机密性（Confidentiality）——信息内容对非授权使用者不可理解。

完整性（Integrity）——信息内容在存储、处理、集散和传输过程中不被修改、删除、破坏或丢失。

可用性（Availability）——合法用户能够访问并按权限使用信息资源。

可控性（Controllability）——对信息获取者的权限分割（授权）管理与信息交换双方对已发生操作进行确认的控制能力。

可审查性（Accountability）——对系统内所发生的与安全有关的事件和操作进行记录和必要响应。

（三）信息安全的基本内容

信息安全的基本内容如图 8-2 所示。

1. 实体安全

实体安全是指参与网络信息系统构成的计算机、存储体、网络设备、通信设备、安全设备、物理保障和环境以及应用软件的物理安全、逻辑安全和系统安全。

2. 连接安全

连接安全是指需要保护的本地和远程子网及其资源在与互联网络或其他网络处于 Internet 连接和 Intranet/Extranet 连接状态时的安全。这种安全体现为成功的 TCP 连接以及不因安全事故而中断连接或不与假冒站点发生连接。

3. 传输安全

传输安全是指信息在存取、转存、集散和通过

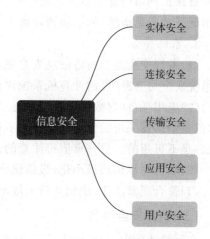

图 8-2　信息安全的基本内容

本地网、公共网进行传输过程中的安全，主要体现为信息在传输中保持完整、真实和不被泄漏。

4. 应用安全

应用安全是指通过网络信息系统处理文档、作业、交易过程的安全，其中包括人机交互的鉴别、认证及操作确认的管理安全。

5. 用户安全

用户安全指对使用计算机和网络资源完成本职工作所需的系统准入和使用权限的授权与管理。

（四）信息安全的基础保障

为确保网络信息系统的安全，必须保证网络基础设施、安全设备、物理保障、运行环境、操作系统、应用平台等基础性安全符合和达到相应的标准要求，这对于规划、设计、实施安全方案以及设备的选型、采购都具有重要的现实意义。

1. 物理安全

(1)网络信息基础设施(含安全设备)的机械与电气安全。

（2）信息系统场地、物理保障和环境安全。

（3）网络信息设备（含安全设备）的 EMPI 和 EMI 的辐射控制和防护符合与本系统保密等级相应的安全要求。

2．逻辑安全

（1）网络信息系统的安全规划（含子网划分、信息分类和用户群分类等）与安全设备的配置满足安全需求，具有防范大多数攻击和适应安全风险变化的抵御能力。

（2）网络信息安全系统具有对恶意攻击和高技术犯罪的监视、跟踪和响应能力。其中的响应能力可理解为在监视、跟踪的同时发出警报，并及时调整安全策略直至在认为紧急情况下采取紧急安全措施（例如中断某些连接和暂时关闭网络信息系统）。

（3）网络信息系统的安全策略应是完整、系统的，具有动态自适应能力。

（4）网络信息安全设备（例如加密机、防火墙、鉴别服务器等）具有完善的自我保护措施和对被保护网络的保护能力。其中的自我保护措施应包括自我系统的不可进入以及在紧急情况下的紧急措施（例如加密设备中密钥的销毁机制）。

3．系统安全

（1）系统安全是指网络信息安全系统中各个安全元素运行的操作系统（OS）安全。操作系统安全可参照"可信计算机系统评估准则"的安全等级来加以评估。

（2）应用平台（含数据库管理系统）安全。一般的应用平台软件都有相当程度的安全措施，但各个厂商采用的方法和措施并不相同，其中某些安全措施（例如未经国家批准的密码算法）是不可用的。另一点值得注意的是，安全措施的选择和配置是否得当十分重要。

（3）软件功能模块最小化、最简化原则。

（4）符合国家法律、法规并最大限度体现安全管理意志的安全策略。

（五）网络安全服务

在网络通信中，主要的安全防护措施称作网络安全服务。有五种通用的网络安全服务，即鉴别服务、访问控制服务、机密性服务、数据完整性服务和不可否认服务。

为其一安全区域所制定的安全策略决定着在该区域或者在与其他区城进行通信时，应采用哪些安全服务。它也决定着在什么条件下可以使用某种安全服务，以及对此服务的任意一个变量参数施加了什么限制。

以下对五种安全服务进行详细分析。

1．鉴别服务

鉴别服务提供了关于某个人或某个事物身份的保证。这意味着当某人（或某事）声称其具有一个特别的身份（如某个特定的用户名称）时，鉴别服务将提供某种方法来证实这一声明是正确的。口令是一种提供鉴别的熟知方法。

鉴别是一种最重要的安全服务，因为在某种程度上所有其他安全服务均依赖于它。鉴别是对付假冒攻击的有效方法，此攻击能够直接破坏任一基本安全目标。

鉴别用于一个特殊的通信过程，即在此过程中需要提交人或物的身份。鉴别又可分为以下两种情况：

（1）身份是由参与某次通信连接或会话的远端的一方提交的。这种情况下的鉴别服务被称作实体鉴别。

（2）身份是由声称它是某个数据项的发送者的人或物所提交的。此身份连同数据项一起被发送给接收者。这种情况下的鉴别服务被称作数据源鉴别。

2. 访问控制服务

访问控制服务的目标是防止对任何资源（如计算资源、通信资源或信息资源）进行非授权的访问。所谓非授权访问包括未给授权的使用、泄露、修改、销毁以及颁发指令等。访问控制直接或间接支持保密性、完整性、可用性以及合法使用的安全目标，它对保密性、完整性和合法使用所起的作用是十分明显的。它对可用性所起的作用取决于对以下几个方面进行有效的控制：

（1）谁能够颁发会影响网络可用性的网络管理指令。

（2）谁能够滥用资源以达到占用资源的目的。

（3）谁能够获得可以用于服务拒绝攻击的信息。

访问控制是实施授权的一种方法。它既是通信安全的问题，又是计算机（操作系统）安全的问题。然而，由于必须在系统之间传输访问控制信息，因此它对通信协议具有很高的要求。

3. 机密性服务

机密性服务就是保护信息不泄露或不暴露给那些未授权掌握这一信息的实体（例如人或组织）。

要达到保密的目标，必须防止信息经过信息通道被泄露出去。在计算机通信安全中，要区分两种类型的机密性服务：数据机密性服务使得攻击者想要从某个数据项中推出敏感信息是十分困难的，而业务流机密性服务使得攻击者想要通过观察网络的业务流来获得敏感信息也是十分困难的。

4. 数据完整性服务

数据完整性服务（或简称为完整性服务），是对下面的安全威胁所采取的一类防护措施，这种威胁就是以某种违反安全策略的方式，改变数据的价值和存在。改变数据的价值是指对数据进行修改和重新排序，而改变数据的存在则意味着新增或删除它。

依赖于应用环境，以上任何一种威胁都有可能导致严重的后果。

数据完整性服务的一个重要特性是它的具体分类，即对什么样的数据采用什么样的完整性服务。有三种重要的类型：第一，连接完整性服务，它是对某个连接上传输的所有数据进行完整性检验；第二，无连接完整性服务，它是对构成一个无连接数据项的所有数据继续完整性检验；第三，区域完整性服务，它仅对某个数据单元中所指定的区域进行完整性检验。

5. 不可否认服务

不可否认服务与其他安全服务有着本质上的区别。它的主要目的为保护通信用户免遭来自系统其他合法用户的威胁，而不是来自未知攻击者的威胁。"否认"最早被定义成一种威胁，它是指参与某次通信交换的一方事后虚伪地否认曾经发生过本次交换和/或交换过的内容。不可否认是用来对付此种威胁的。

术语"不可否认"本身不十分贴切。事实上，这种服务不能消除服务否认。也就是说，它并不能防止一方否认另一方对某件已发生的事情所作出的声明。它所能够做的只是提供无可辩驳的证据，以支持快速解决这种纠纷。

不可否认服务的出发点并不是仅仅因为在通信各方之间存在着相互欺骗的可能性。

它也反映了一个现实,即没有任何一个系统是完备的。

原则上讲,不可否认服务适用于任何一种能够影响两方或更多方的事件。通常,这些纠纷涉及某一特定的事件是否发生了,是什么时候发生的,有哪几方参与了这一事件,以及与此事件有关的信息是什么。如果只考虑数据网络环境,服务否认分为两种不同的情况。

(1)源点否认。这是一种关于"某特定的一方是否产生了某一特定的数据项"的纠纷和/或关于产生时间的纠纷。

(2)递送否认。这是一种关于"某一特定的数据项是否被递送给某特定一方"的纠纷和/或关于递送时间的纠纷。

这两种服务否认情况导致产生了两种不同的不可否认服务。

四、安全威胁

所谓安全威胁,是指某个人、物、事件或概念对某一资源的机密性、完整性、可用性或合法使用所造成的危险。某种攻击就是某种威胁的具体实现。

安全威胁有时可以被分为故意的(如黑客渗透)和偶然的(如信息被发往错误的地址)。故意的威胁又可以进一步分为被动的和主动的。被动威胁包括只对信息进行监听(如搭线窃听),而不对其进行修改。主动威胁包括对信息进行故意地修改(如改动某次金融会话过程中货币的数量)。总的来说,被动攻击比主动攻击更容易以更少的花费付诸工程实现。

目前还没有统一的方法来对各种威胁加以区别和分类,也难以搞清各种威胁之间的相互联系。不同威胁的存在及其重要性是随环境的变化而变化的。下面对主要的可实现的威胁进行分类。

(一)黑客及恶意攻击者的攻击

利用 TCP/IP 协议的安全脆弱性,网络黑客以及恶意攻击者可从多方面对网络信息系统实施入侵、攻击。

(1)伪造和更改源 IP 地址,从外部假冒内部某一主机非法访问内部网络信息资源或与之进行交易。

(2)利用 IP 协议的源路由选项旁通访问控制机制实现违反安全策略的通信与访问。

(3)利用 TCP 连接必须经"三次握手"机制才能完成的特点,向目标主机发送伪造的来自不可达主机的 TCP SYN 连接请求包,以此淹没目标主机。

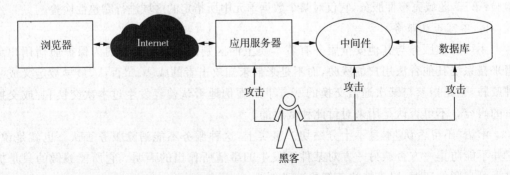

图 8-3 黑客可从多个环节攻击网络信息系统

(4)利用 TCP/IP 协议使用可猜测或可计算伪随机初始序列号的弱点,实现对攻击目标的连接,如这种攻击与路由攻击结合起来可导致整个信息系统的运行混乱和安全崩溃。

(5)利用 TCP/IP 协议在动态更新路由消息时缺乏对路由消息进行鉴别的弱点,将伪造的路由消息发布给攻击目标,引起路由混乱导致路由机制被破坏。

(6)利用 TCP/IP 协议的安全脆弱性实施如 E-mail bombing、TCP SYN flooding 和 ICMP echo floods 等类攻击,导致不能实施正常的网络服务直至信息系统瘫痪。

(7)利用 IP 隧道技术将恶意代码和病毒软件等埋藏在隧道中加以传输并实施特洛伊木马攻击。

(8)利用 ICMP 的 ping 命令获得关于网络配置和可达性信息,为进一步的攻击收集情报。

(9)利用 ICMP 目的不可达消息实现点对点应用的拒绝服务攻击。

(10)利用一些操作系统不能处理相同源、目的 IP 地址的 IP 数据包的缺陷,伪造具有相同源、目的地址的 IP 包攻击目标主机,导致目标主机锁定其 TCP/IP 协议栈直至系统崩溃。

(11)使用 IP spoofing 方法向 UDP 的 chain 和 echo 服务端口发送大量伪造的源 IP 地址数据包,导致端口淹没,拒绝正常网络服务。

(二)对网络系统的攻击

利用网络协议数据流在网上进行明文传输的弱点,攻击者可使用 sniffer、snoop 等网络监控程序或网络分析仪,截获在网上传输的含有会话内容、用户口令和用户账号等数据包,为日后的攻击准备详细、准确的资料。而 TCP/IP 协议本身恰恰不能阻止网上客户利用这一方法来捕获数据包。

(三)利用扫播工具发现安全弱点并制定攻击策略

一些网络(安全)扫描工具软件,如 NSS、Strobe、SATAN、Jakal 等,能够快速地对 TCP 端口、应用程序、主机、子网、服务器(群)等进行扫描,并发现其中的安全缺陷。这些工具软件的正面应用是安全管理员用于检测系统的安全脆弱性和漏洞,其负面应用在于黑客甚至是恶意犯罪人为对信息系统进行攻击而搜集网络信息系统情报。

(四)利用明文传输和电磁泄漏直接获取所需信息资源

这类攻击采用搭线窃听和辐射侦听等物理方法,并使用了相应的分析仪器,这种犯罪行为往往可在被侵害者并不知情的情况下实现攻击。很显然,这对于在网上明文传输敏感和机密信息来说是非常危险的事情。

(五)来自内部的恶意攻击以及内外勾结进行的网络攻击

这一类攻击的特点是与内部工作人员和管理不严密有关,而且攻击的成功率高,破坏力强。这类攻击除利用了上述安全弱点和漏洞外,攻击者通常已掌握了网络信息系统的某些资源使用权、支配权并具有某种程度的可信任度。因而这种攻击同时利用了技术和管理上的弱点和漏洞。

(六)恶意代码

人们通常所说的计算机病毒,其实是指一段执行的恶意程序代码。病毒通过对其他程序进行修改,可以"感染"这些程序使它们成为含有该病毒程序的一个拷贝。

病毒是软件、计算机和网络系统的最大威胁。网络化特别是 Internet 的发展,大大地加速了病毒的传播,而且几乎每天都有新的计算机病毒出现。这些病毒的潜在破坏力极大,不仅已成为一种新的恐怖手段,而且正在演变成为军事电子战中的一种新式进攻性武器。

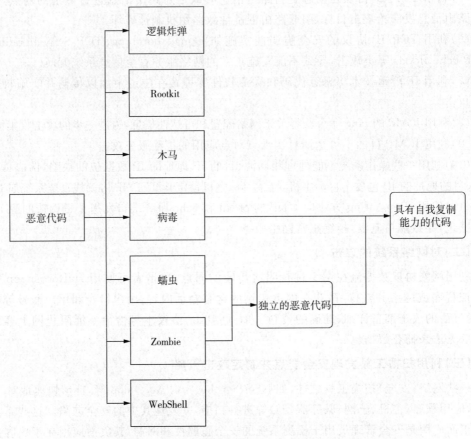

图 8 - 4　恶意代码的种类

目前,恶意代码问题已成为信息安全需要解决的、迫在眉睫的、刻不容缓的安全问题。伴随着用户对网络安全问题的日益关注,黑客、病毒木马制作者的"生存方式"也在发生变化,病毒的"发展"已经呈现多元化的趋势。

在网络环境下,如何联防和共享抗病毒资源的技术研究也是一个重要的研究课题。

第 2 节　网络安全标准

一、安全标准

网络安全已引起越来越多的国家、政府及特殊部门的重视,它们都纷纷根据本国的国情或行业的特点制定了相关的安全标准。以下简要介绍国外和国内的一些安全标准。

(一)可信任计算机标准评估准则

根据美国国防部开发的计算机安全标准,即可信任计算机标准评估准则(Trusted

Computer Standards Evaluation Criteria)——橘皮书(Orange Book)的内容,一些级别被用于保护硬件、软件和存储的信息免受攻击。这些级别均描述了不同类型的物理安全、用户身份验证、操作系统软件的可信任性和用户应用程序。这些标准也限制了什么类型的系统可以连接到用户的系统。

自橘皮书成为美国国防部的标准以来,其一直是评估多用户主机和小型操作系统的主要方法。其他系统如数据库和网络,也一直是通过橘皮书的解释来进行评估的。

橘皮书将计算机安全等级划分为 D1 级、C1 级、C2 级、B1 级、B2 级、B3 级及 A 级。其中 D1 级的安全级别最低,A 级的安全级别最高。

(二)我国的计算机信息安全标准

我国信息安全权威机构根据我国的计算机发展水平及国情,制定了一系列符合中国国情的信息安全技术标准。

1.《计算机信息系统安全保护等级划分准则》

该准则(1999 年 9 月 13 日发布)规定了计算机系统安全保护能力的五个等级,即

(1)第一级:用户自主保护级;

(2)第二级:系统审计保护级;

(3)第三级:安全标记保护级;

(4)第四级:结构化保护级;

(5)第五级:访问验证级。

该准则适用于计算机信息系统安全保护技术能力等级的划分。计算机信息系统安全保护能力随着安全保护等级的增高逐渐增强。

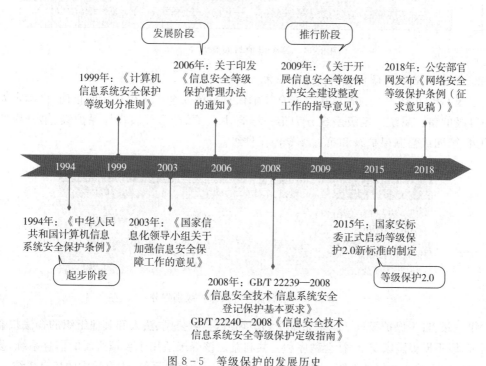

图 8-5 等级保护的发展历史

网络安全等级保护已经进入 2.0 时代,等级保护制度已被打造成新时期国家网络安全的基本国策和基本制度。应急处置、灾难恢复、通报预警、安全监测、综合考核等重点措施全部纳入等级保护制度并实施,将重要基础设施重要系统以及"云、物、移、大、工"纳入等级保护监管,将互联网企业纳入等级保护管理。

图 8-6   等级保护与网络安全的关系

2. 信息安全等级保护级别划分和应用

按照 GB/T 22240—2008《信息安全技术信息系统安全等级保护定级指南》已确定安全保护等级的信息系统。定级系统分为第一级自主保护级、第二级指导保护级、第三级监督保护级、第四级强制保护级和第五级专控保护级。

受侵害的客体	对客体的侵害程度		
	一般损害	严重损害	特别严重损害
公民、法人和其他组织的合法权益	第一级	第二级	第三级
社会秩序和公共利益	第二级	第三级	第四级
国家安全	第三级	第四级	第五级

图 8-7   信息安全等级保护级别划分

第一级:自主保护级——信息系统受到破坏后,会对公民、法人和其他组织的合法权益造成损害,但不损害国家安全、社会秩序和公共利益。该等级适用于乡镇所属的信息系统,县级某些单位中不重要的信息系统,小型个体、私营企业中的信息系统,中小学中的信息系统。

内河水运通信概论

第二级：指导保护级——信息系统受到破坏后，会对公民、法人和其他组织的合法权益产生严重的损害，或者对社会秩序和公共利益造成损害，但不损害国家安全。该等级适用于地市级以上国家机关、企业、事业单位内部一般的信息系统，例如小的局域网、非涉及秘密、敏感信息的办公系统等。

第三级：监督保护级——信息系统受到破坏后，会对社会秩序和公共利益造成严重损害，或者对国家安全造成损害。该等级适用于地市级以上国家机关、企业、事业单位内部重要的信息系统；重要领域、重要部门跨省、跨市或全国（省）联网运行的信息系统；跨省或全国联网运行重要信息系统在省、地市的分支系统；各部委官方网站；跨省（市）联接的信息网络等。

第四级：强制保护级——信息系统受到破坏后，会对社会秩序和公共利益造成特别严重损害，或者对国家安全造成严重损害。该等级适用于重要领域、重要部门信息系统中的部分重要系统。例如，全国铁路、民航、电力等调度系统，银行、证券、保险、税务、海关等部门中的核心系统。

第五级：专控保护级——信息系统受到破坏后，会对国家安全造成特别严重损害。该等级一般适用于国家重要领域、重要部门中的极端重要系统。

等级保护的基础是《中华人民共和国计算机信息系统安全保护条例》等有关法律法规。它的目的是规范信息安全等级保护管理，提高信息安全保障能力和水平，维护国家安全、社会稳定，保障和促进信息化建设。各个地方、行政部门或者行业主管部门在解读本条例的时候，会根据行业特性，加入一些自己的解读，使等级保护更适应本部门或者行业的要求。

表 8-2　信息安全等级保护法规政策体系

定级	备案	安全建设整改			等级测评		检查	
《关于开展全国重要信息系统安全等级保护定级工作的通知》（公信安〔2007〕861号）	《信息安全等级保护备案实施细则》（公信安〔2007〕1360号）	《关于加强国家电子政务工程建设项目信息安全风险评估工作的通知》（公信安〔2008〕2071号）	《关于开展信息安全等级保护安全建设整改工作的指导意见》（公信安〔2009〕1429号）	《关于进一步推进中央企业信息安全等级保护工作的通知》（公通字〔2010〕70号）	《关于推动信息安全等级保护测评体系建设和开展等级测评工作的通知》（公信安〔2010〕303号）	关于印发《信息系统等级保护测评报告模板（试行）》的通知（公信安〔2009〕1487号）	《公安机关信息安全等级保护检查工作规范（试行）》（公信安〔2008〕736号）	《关于开展信息安全等级保护专项监督检查工作的通知》（公信安〔2010〕1175号）
关于印发《信息安全等级保护管理办法》的通知（公通字〔2007〕43号）								
《关于信息安全等级保护工作的实施意见》（公通字〔2004〕66号）								
《中华人民共和国计算机信息系统安全保护条例》（国务院令第147号，1994）			《国家信息化领导小组关于加强信息安全保障工作的意见》（中办发〔2003〕27号）					

3.《计算机信息系统安全专用产品分类原则》

该标准规定了计算机信息系统安全专用产品分类的原则。适用于保护计算机信息系统安全专用产品,涉及实体安全、运行安全和信息安全三个方面。

为了保证分类体系的科学性,需遵循表8-3中原则。

表8-3　计算机信息系统安全专用产品分类原则

适度的前瞻性	
标准的可操作性	《计算机信息系统安全专用产品分类原则》对适用范围、分类原则、术语定义和类别体系有相应描述
分类体系的完整性	
与传统的兼容性	
按产品功能分类	

二、Intranet 安全标准

Intranet 是专用网络,与 Web 的结构相对应。它使用了 TCP/IP 协议簇,这一协议簇使得不同的计算机系统或网络通过公用通信基础设施在一个组织内互相通信。它改善了组织内部的通信,组织内部的用户在 PC 机上使用 Web 浏览器就可访问数据库、电子邮件等服务器,服务器可以位于组织内部网络的任何地点。一般来说,这些 Intranet 也连接 Internet,因此组织用户也可以访问由 Internet 提供的大量信息。

每一个组织(如商业公司、会计师事务所或政策机构)都要处理一些分布计算。在这种情况下,安全管理人员要在整个 Intranet 上使用类似主机的安全标准或 Intranet 安全标准,包括现有系统和正在设计的系统。

主机硬件供应商早已注意到信息安全的重要性,因此提供了内置安全机制——由安全核心提供访问控制。在这些机制上,主机软件开发商提供外部应用安全。这样,安全管理员更易于控制,并为工作带来方便,如审核工作。

标准化是控制 PC 的方法之一。主机是单一的信息源,其数据的检索和存储都在专用文件中,信息定位和更新都很容易。在有多台 PC 时,情况正好相反。每一 PC 文件的命名规范和目录树结构可以是 PC 用户所独有的。相同的信息可以存储于数个不同的 PC,并在完全不同的硬盘位置上。用户拥有自主权,但增加了信息定位和更新的难度。

安全软件的开发者在设计未来系统或开发现有系统时,有如下 4 个步骤(或准则)可以保证一个安全和可管理的计算环境(但不是绝对的)。

第一步:使自己周围安全。

这是很明显的一步。要从内部保护好大楼和机器,在员工头脑中增强办公楼的安全意识。

第二步:制定一个风险评估和进入保密点的规定。

一些组织会对 PC 进行风险评估以确定哪些机器是薄弱环节。这些信息是有价值的,但其结论经常是所有 PC 都有弱点,都需要保护。一台 PC 今天没有保密信息,但明天可能就会有。任何与 Intranet 或主机相连的机器都可能会访问敏感的信息。特别要注意的是:笔记本电脑是最脆弱的。笔记本电脑是公共场所被盗的对象,它经常含有保密的客户信息。即使不能完全防止被盗,但至少应防止泄露被盗计算机上的数据。

第三步:综合安全和跨多平台的连接性。

在软件和硬件方面,相容性是个大问题。为了实现真正的综合连接,需要既易操作又可控制的跨平台注册过程。多数情况是多平台环境需要多口令。某些组织需要多达十余个 ID 和口令组合,才能访问工作站、Intranet 和主机。如此麻烦地使用口令,就存在着潜在的安全风险。

这一难题的理想解决方案是一次注册,即只要使用 ID 和口令注册一次,就可访问任何平台,而不限于特定的 Intranet。否则,如果用户必须记忆十余组口令,可能会用笔记下口令,并放在较显眼的地方以便查看。

一个真正有效的 PC 安全程序可看作是六层金字塔。第一步是组织的政策和步骤。最后一步是审核 Intranet 的访问和活动。各层都很重要,但用户认证和权限控制是关键,如果未经授权的用户能够伪装成授权用户并得以访问 Intranet 或敏感数据,那么其他安全控制都将无用。

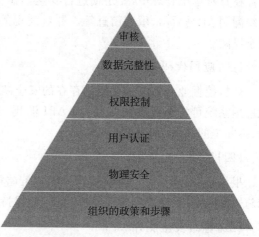

图 8-8　Intranet 安全标准

第四步:提供集中管理和审计控制。

由于在组织内部经常要添加或删除某些用户、修改安全标准、更新软件等,安全维护工作永无止境。对安全进行集中式管理已成为安全管理的基本方法。集中管理的优点是修改可以一次完成,能够及时管理组织范围内的所有工作站。这种方法的关键是基于 Intranet 环境,将很多工作站连接到一个服务器,通过服务器实行集中管理。

第3节　网络管理的常用技术

随着信息技术的不断发展和信息化建设的不断进步,信息系统在企业的运营中全面渗透,业务应用、办公系统、商务平台不断推出和投入运行。电信行业、财政、税务、公安、金融、电力、石油、大中企业和门户网站,更是要使用数量较多的设备来运行关键业务,提供电子商务、数据库应用、运维管理、ERP 和协同工作群件等服务。

网络管理,简称网管,是指网络管理员通过网络管理程序对网络上的资源进行集中化管理的操作,包括配置管理、性能和记账管理、问题管理、操作管理和变化管理等。网络管理包括对硬件、软件和人力的使用、综合与协调,以便对网络资源进行监视、测试、配置、分析、评价和控制,这样就能以合理的价格满足网络的一些需求,如实时运行性能、服务质量等。另外,当网络出现故障时能及时报告和处理协调。常用的保持网络系统的高效运行的网络管理技术主要有以下几类。

(一)日常运维巡检

以"专业工具＋手工检测"的方式,对 IT 设施的健康状态进行检测,涉及设备自身硬件资源的使用情况、业务应用服务所占用的网络资源情况、端口服务开放情况的变更等内容，并实施必要的安全维护操作。巡检的内容主要包括：设备 CPU、内存状态、开放服务检测，日志审计，网络监控，系统故障检查，分析、排除和跟踪，定期更新安全设备登录用户名及口令，定期备份和维护安全设备配置，并做好版本管理，形成工作日志、维护记录单。

（二）漏洞扫描

在日常运维管理中，要定期进行安全漏洞扫描，漏洞扫描服务的内容包括：应用漏洞、系统漏洞、木马后门、敏感信息等。针对发现的安全漏洞应及时整改，消除安全隐患，规避安全风险。

（三）应用代码审核

分析挖掘业务系统源代码中存在的安全缺陷以及规范性缺陷，让开发人员了解其开发的应用系统可能会面临的威胁，如 API 滥用、配置文件缺陷、路径操作错误、密码明文存储、不安全的 Ajax 调用等。

（四）系统安全加固

根据设备运行状态的评估结果、配置策略检查、日志行为的分析来制定安全策略配置措施，动态调整设备安全策略，使设备时刻保持合理的安全配置。

（五）等级安全测评

等级安全测评主要用于检测和评估信息系统在安全技术、安全管理等方面是否符合已确定的安全等级的要求。对于尚未符合要求的信息系统，分析和评估其潜在威胁、薄弱环节以及现有安全防护措施，综合考虑信息系统的重要性和面临的安全威胁等因素，提出相应的整改建议，并在系统整改后进行复测确认，以确保整改措施符合相应安全等级的基本要求。

（六）安全监督检查

信息安全主管部门、主管单位等对网络信息安全日益重视，相关机构会定期开展对各级单位的信息安全检查，检查内容如下：

信息安全管理情况：重点检查信息安全主管领导、管理机构和工作人员履职情况，信息安全责任制落实和事故责任追究情况，人员、资产、采购、外包服务等日常安全管理情况，信息安全经费保障情况。

技术防护情况：主要包括技术防护体系建立情况；网络边界防护措施，不同网络或信息系统之间的安全隔离措施，互联网接入安全防护措施，无线局域网安全防护策略等；服务器、网络设备、安全设备等安全策略配置及有效性，应用系统安全功能配置及有效性；终端计算机、移动存储介质安全防护措施；重要数据传输、存储的安全防护措施等。

应急工作情况：检查信息安全事件应急预案制修订情况，应急预案演练情况；应急技术支撑队伍、灾难备份与恢复措施建设情况，重大信息安全事件处置及查处情况等。

安全教育培训情况：重点检查信息安全和保密形势宣传教育、领导干部和各级人员信息安全技能培训、信息安全管理和技术人员专业培训情况等。

安全问题整改情况：重点检查以往信息安全检查中发现问题的整改情况，包括整改措施、整改效果及复查情况，以及类似问题的排查情况等，分析安全威胁和安全风险，进一步评估总体安全状况。

(七)应急相应处置

针对网络、重要信息系统出现的突发问题,及时抑制突发事件的影响范围,降低问题的严重程度,并在可控的范围下采取措施根除出现的突发问题,恢复网络和重要信息系统的运行。处置完成后,应对出现的突发问题进行总结。

(八)安全配置管理

应对所有设备的安全配置进行管理,持续收集资产、资源以及各种设备的运行状态,通过分析对可能出现的问题进行预警。

资产管理:日常运维中需对硬件资源资产进行管理。

资源管理:对 IT 资源进行管理,对服务器的启动、停止、重启等,虚拟机的创建、删除、编辑,虚拟机的启动、停止、重启等操作。

服务目录管理:将计算、网络、存储、应用软件、系统模板等能力抽象为能够提供的服务,并通过服务目录管理模块对这些服务进行管理,如创建一个服务,对服务进行审核,服务上线、服务下线,服务配置以及计费模式变更等。

服务请求,服务变更,工作流:包括对资源的申请、变更等工作流,还包括运维和管理过程中的工作流,对审核过程进行支持。

监控管理:对硬件资源、虚拟机、存储、网络安全等设备的运行状态进行监控和报警。

第4节 内河水运通信网络安全

近年来,网络安全问题持续高热,全球重大网络攻击和信息窃取事件层出不穷,国家基础网络和重要系统屡遭攻击,内河水运通信网络安全压力日益加大,各类新型网络攻击以及技术漏洞和隐患的威胁急剧攀升。党中央、国务院高度重视网络安全工作,2014 年中央网络安全和信息化领导小组成立,网络安全上升到国家战略。2016 年 4 月 19 日,在网信工作座谈会上,习近平总书记强调"安全是发展的前提,发展是安全的保障",要求加快构建关键信息基础设施安全保障体系,全面加强网络安全检查和态势感知,增强网络安全防御能力。2017 年《中华人民共和国网络安全法》正式实施,规定行业的主管部门应负责指导和监督关键信息基础设施运行安全保护工作,建立健全本行业、本领域的网络安全监测预警和信息通报制度,及时收集、报告有关信息,加强对网络安全事件发生、发展情况的监测。为加强行业网络安全管理,交通运输部于分别于 2016 年、2017 年下发了《关于推进交通运输行业网络安全工作的指导意见》《交通运输部网络安全管理办法(试行)》,这些对于指导内河水运通信网络安全管理具有重要指导意义。

依据国家网络安全等级保护相关标准和交通运输行业网络安全等级保护工作的总体要求,近年来,内河水运行业各相关单位正加大投入,为内河通信专网和互联网的非涉密信息系统建立相应的网络安全保护体系,使系统的网络安全、主机安全、应用安全、数据安全、物理安全等方面的安全防护水平达到国家信息系统网络安全等级保护要求,保证系统安全可靠运行。

一、内河水运通信网络安全建设主要内容

对标网络安全等级保护最新标准和分析风险评估报告，对各单位现有安全防护措施进行升级完善，对测评中存在问题的应用系统进行整改。

在各内河水运通信一级枢纽部署网络安全态势感知系统，在各二级枢纽机构部署流量探针，及时掌握全网网络安全动态。

对标网络安全等级保护最新标准和分析风险评估报告，完善各单位网络安全防护措施。

建设统一的网络安全技术和管理体系，组织开展网络安全相关制度规范建设。

二、安全等级保护系统架构

内河水运通信网络安全总体框架如图8-9所示。

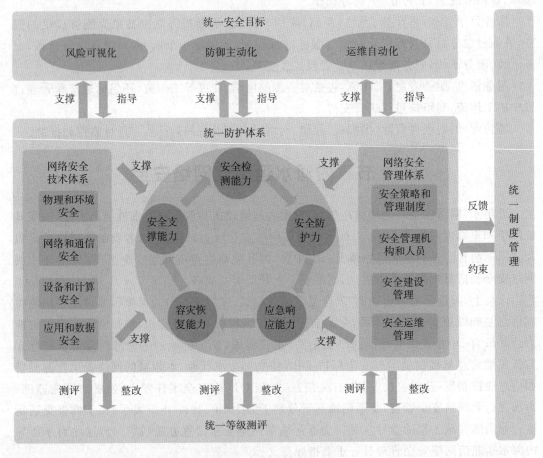

图8-9 网络安全总体框架

通过对网络安全总体框架的构建，在实践过程中逐渐提升内河水运通信网络安全防护的技术手段、明确专职的网络安全部门和人员、建立起指导和监督网络安全工作开展规范和流程，最终促使其安全支撑能力、安全检测能力、安全防护能力、应急响应能力、容灾恢复能力全面提升。

三、安全技术体系架构

(一)安全防护基本思想

根据国家标准《信息安全技术网络安全等级保护基本要求》(GB/T 22239—2019),网络安全技术体系架构包括安全物理环境、安全通信网络、安全区域边界、安全计算环境和安全管理制度、安全管理机构、安全管理人员、安全建设管理、安全运维管理。根据不同的安全层面采取不同的针对性防护措施,形成完整的安全技术体系。

(二)安全技术保护模型

内河水运通信网络安全技术保护模型如图 8-10 所示。

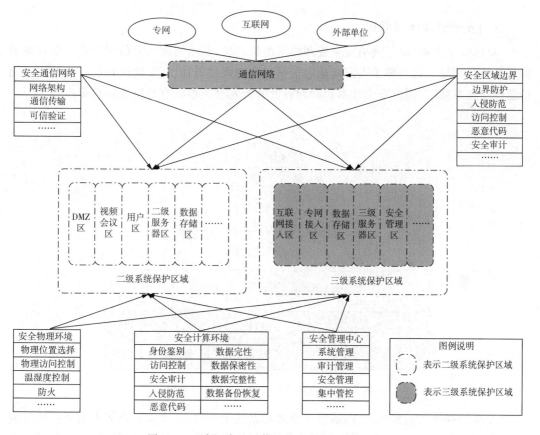

图 8-10 内河水运通信网络安全技术保护模型

技术保护模型具体说明:

(1)内河水运通信网络系统根据服务对象的不同分为 DMZ 区、互联网接入区、互联网用户区、互联网安全管理区、互联网核心通信支撑区、专网核心通信支撑区、专网安全管理区、专网接入区、视频会议区、专网用户区、服务器区、数据存储区、灾备数据存储区等。不同安全区域按照各自相应等级的保护要求采取身份鉴别、访问控制、安全审计、恶意代码防范、备份与恢复等安全措施,确保区域边界、服务器设备、应用系统的安全。

（2）根据服务对象和业务特点的不同，三级区域包括三级服务器区、三级本地数据存储区，灾备数据存储区按照三级等级保护要求进行保护；一级枢纽和二级枢纽的二级服务器区、二级数据存储区、专网用户区、互联网用户区按照二级等级保护要求进行保护。

（3）一级枢纽的专网安全管理区、互联网安全管理区用于一级枢纽信息系统的安全管理，二级枢纽的专网安全管理区、互联网安全管理区，用于各自的信息系统的安全管理。

（4）通信网络是各级枢纽信息系统基础网络平台。通信网络应采取物理保护、身份鉴别、访问控制等安全技术措施，确保通信网络的网络设备、网络通信和网络管理的安全。

四、安全管理体系架构

（一）安全管理体系框架

"总体安全策略"位于网络安全管理体系的第一层，是内河水运通信网络安全管理体系的最高指导策略。它明确了内河水运通信信息系统规划设计、开发建设和运行维护应遵循的总体安全策略，对网络安全技术和管理各方面的安全工作具有通用指导意义。

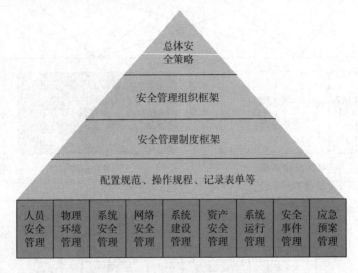

图 8-11　网络安全管理体系架构示意图

"安全管理组织框架"位于网络安全管理体系的第二层，负责建立内河水运通信网络安全管理组织框架。它是确保各级通信枢纽信息系统安全稳定运行的管理体系，保证了网络安全管理活动的有效开展。

"安全管理制度框架"位于网络安全管理体系的第三层，分别从安全管理机构及岗位职责、人员安全管理、物理环境管理、信息系统的信息/设备/介质安全管理、系统建设管理、安全运行管理、安全事件处置和应急预案管理等方面提出规范的安全管理要求。

"配置规范、操作规程和记录表单等"位于网络安全管理体系的第四层，从信息系统日常安全管理活动的执行出发，对主要安全管理活动的配置规范、操作规程、执行各类安全管理活动或操作活动的操作类表单提出了具体要求，指导安全管理工作的具体执行。

(二)安全管理制度框架

安全管理制度对安全管理活动和行为进行指导和规范。安全管理过程涉及组织、人员、对象和活动等要素,因此安全管理制度应围绕以上要素进行制定,规范信息系统整个生命周期中的各项活动。根据内河水运通信安全管理需求,安全管理制度框架如图 8 - 12 所示。

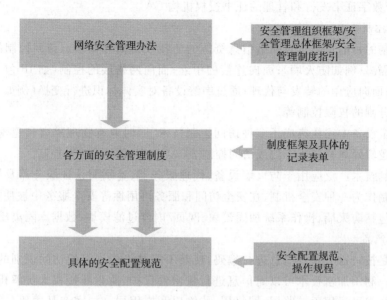

图 8 - 12　安全管理制度框架

第一层,内河水运通信网络安全管理办法。管理办法是安全管理制度的指引文件,明确安全管理的范围、总体目标和安全管理框架。安全管理框架包括组织机构及岗位职责、人员安全管理、环境和资产安全管理、系统建设安全管理、系统运行安全管理、安全事件处置和应急预案管理等方面内容,明确职责分工、需要关注的管理活动以及管理活动的控制方法。

第二层,各方面的安全管理制度。针对网络安全管理办法,编写安全管理制度文档。各制度文档明确该制度的使用范围、目的、需要规范的管理活动、具体的规范方式和要求。

五、常用网络安全设备

随着信息系统和安全技术的发展,信息安全产品的功能和种类也在不断地加强和丰富,适应范围也越来越广。根据产品应用的目的,可将信息安全产品划分为两大类——安全防御类和安全管理类。

(一)安全防御类

安全防御类产品的主要用途是通过对信息系统和资源的安全控制,来防止非法用户进入系统、越权使用信息资源以及窃听机要/敏感信息。下面对这类产品分别进行介绍。

1. 鉴别和认证产品

鉴别是手段,认证是目的。鉴别是确保所有安全应用和服务的基础。认证就是将特定实体从任意实体的集合中识别出来的行为,而鉴别则是为认证提供充分保证的手段。例如目前在网络中广泛运行的 Kerberos 和 RADIUS 协议,就是鉴别与认证技术的典型应用。鉴别和认证产品主要包括:

(1)卡片类手持身份认证产品和服务器、基于网络的身份认证及一次性系统登录产品等;

(2)用于数字证书发行和管理的证书授权机构 CA。

2.访问控制产品

访问控制的目的是防止对网络信息资源的非授权访问和操作。访问控制的技术原理有硬件物理隔离(例如防火墙);面向连接的中继;面向网络层的控制(如 IP 包过滤);协议层状态检查;面向应用的转发与代理;通过中继设备对实体标识进行变换(例如 NAT)及基于授权等级分割的权限控制等。

一台安全设备中往往集成了多种访问控制技术,同时兼有物理隔离和逻辑隔离技术,这里所指的逻辑隔离是基于算法或访问控制表(ACL)的中继或转发控制。

访问控制技术广泛应用于防火墙设备、代理服务器、鉴别与认证服务器及授权服务器中。访问控制作为一种安全机制,在安全访问和服务可用性等安全服务中被使用。访问控制产品主要包括防火墙、操作系统加固模块、网页/内容过滤模块、数据库隔离模块等。

3.加密产品

加密就是按特殊方式对信息进行编码,使其不能被未经许可的访问识别的过程,其逆过程为解密。利用加密技术可以对信息进行机密性保护,防止非授权人员解析信息/数据内容。加密技术可运用于链路层、网络层、传输层和应用层。加密产品主要包括链路密码机、IP 协议密码机、邮件/文件加密产品、交易/处理过程加密系统等。

(二)安全管理类

安全是相对的和动态的。单靠配置安全设备和系统不能完全解决安全问题。一种完善的安全体系不仅包括安全防护系统本身,而且还应具有主动性的监视、审计能力,通过不断地检查系统安全漏洞和安全威胁,及时弥补和完善系统安全策略。这类产品主要包括以下几种。

1.入侵检测产品

入侵检测产品采用的入侵检测技术是一种试图识别并隔离"入侵"计算机系统的安全技术,是安全系统的重要组件,它帮助计算机系统预防和处理攻击,并对攻击者的行为进行审计,还可进一步制止将要到来的攻击。为此,入侵检测系统收集系统和网络资源的各种信息,然后分析这些信息是否有安全问题迹象。某些情况下,入侵检测系统允许用户指明对违规事件做出实时响应。

入侵检测系统是对防火墙的合理补充,可帮助系统对付网络攻击,扩展了系统管理员的安全管理能力(包括安全审计、监视,对攻击进行识别和响应等),提高了信息安全基础结构的完整性。入侵检测被认为是防火墙之后的第二道安全闸门,在不影响网络性能的情况下能对网络进行监测,从而提供对内部攻击、外部攻击和误操作的实时保护。

入侵检测技术可以分为 5 种。

第 1 种是基于应用的监控技术,其主要特征是使用应用层监控传感器在应用层收集信息。由于这种技术可以更准确地监控用户某一应用的行为,这种技术也越来越受到关注,其缺点在于应用层的脆弱性可能削弱基于应用的监视和检测方法的完整性。

第2种是基于主机的监控技术,其主要特征是使用主机传感器采集本系统的信息。这种技术可以用于监控分布式、加密、交换的环境中,把特定的问题同特定的用户联系起来。其缺点在于主机传感器要和特定的平台相关联,对网络行为也察觉不到,同时加大了系统的负担。

第3种是基于目标的监控技术,其主要特征是针对专有系统属性、文件属性、敏感数据、攻击进程结果等进行监控。这种技术不依据历史数据,系统负担小,可以准确地确定受攻击的部位,受到攻击的系统容易恢复。其缺点在于实时性较差,对目标的校验和依赖较强。

第4种是基于网络的监控技术,其主要特征是网络监控传感器采集监听器收集的信息。该技术不需要任何特殊的审计和登录机制,只要配置网络接口即可,不会影响其他数据源。其缺点在于如果数据流进行了加密就不能审查其内容,对主机上执行的命令也感觉不到。此外,该技术对高速网络不是特别有效。

第5种是综合以上4种方法进行监控,可以提高检测性能。但这样就会产生非常复杂的安全方案,会严重影响网络的效率,而且目前还没有一个统一的业界标准。

2. 安全性扫描产品

安全性扫描,也叫脆弱性评估,它从广泛的角度进行严格的系统检查,以便发现系统与网络的薄弱环节以及策略管理的漏洞,并且提出一种可行的方法去评估网络系统的安全设置。漏洞扫描系统可以扫描系统中每一种网络设备的安全漏洞,快速发现网络的某些弱连接部分,识别易受攻击的服务,并且会提示适当的解决措施。漏洞扫描产品使入侵检测系统更加完备,如允许系统管理员在攻击者使用漏洞前就可以发现并关闭它们来主动地保护系统。

漏洞扫描技术可分为以下5种。

第1种是基于应用的探测技术,它使用被动的、非破坏的方法来检查应用包中的设置和配置,以发现安全漏洞。

第2种是基于主机的探测技术,它采用被动的、非破坏的方法对系统进行探测。通常,它涉及系统内核、文件属性和操作系统的补丁等问题。这种技术还包括口令分析、破译口令文件;利用已知攻击方法迅速找出弱的(空的)或其他易猜的口令等。因此这种技术可以非常准确地定位系统所存在的问题,发现系统漏洞。它的缺点是与平台相关,升级复杂。

第3种是基于目标的探测技术。它采用被动的、非破坏的方法检查系统属性和文件属性,如数据库、注册号等。通过消息摘要算法,对重要的文件进行校验和运算。其基本原理是利用散列函数消息加密算法,如果函数的输入有一点变化,其输出就会发生很大的变化,这样文件和数据流的细微变化都会被感知到。这些算法加密强度极大,不容易受到攻击,并且其实现是运行在一个闭环上的,不断地处理文件和目标的属性,然后产生校验和,把这些校验和同原来的校验和相比较,一旦发现改变就通知管理员。

第4种是基于网络的探测技术,采用主动的、非破坏的方法来检验系统是否有可能受到攻击。它利用了一系列的脚本对系统进行攻击,然后对结果进行分析,网络探测技术常被用来进行穿透实验和安全审计。这种技术可以发现一系列的平台漏洞,也容易安装。

第5种是综合的探测技术,它集中了以上4种技术的优点,极大地增强了漏洞识别的精度。

3. 信息审计系统

信息审计系统采用先进的状态检查技术,以透明方式实时对进出内部网络的电子邮件和传输文件等进行数据备份,并可根据用户需求对通信内容进行审计,为防止内部网络敏感信息的泄漏、外部不良信息的侵入和外部的非法攻击提供有效的技术手段。

信息审计系统主要有数据采集、还原处理及备份功能,自动中标检查功能,日志管理与审计功能。

4. 防病毒产品

防病毒机制是系统安全性的一个十分重要的方面,它是系统安全的重要保证。在技术上可以在服务器中安装服务器端的网络防病毒软件,在用户单机上安装单机或网络版防病毒软件。现在,网络传输的文件是头号病毒感染源。隐藏在普通共享文档中的宏病毒很容易通过 Internet 不经意地传至毫无戒备的用户,一旦这些病毒文档通过 Internet 网关,它们就可以迅速蔓延至整个机构。因此,有必要在网关截止此类病毒,避免病毒复制并大范围影响 PC。

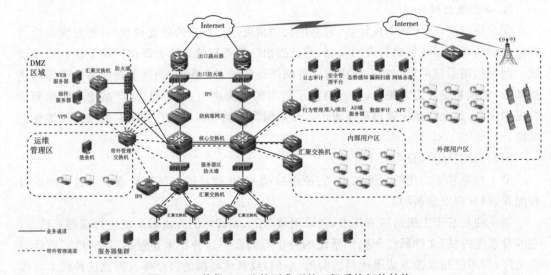

图 8-13 等保2.0防护下典型的三级系统拓扑结构

第5节 网络空间安全的法规

一、我国网络安全法规体系框架

我国实行多级立法的法律体系,包括法律、行政法规、地方性法规、自制条例和单行条例、部门规章和地方规章,这些共同构成了宪法统领下的统一法律体系,网络空间安全所涉及的法规和政策贯穿到了整个立法体系中的多个法规文件中。

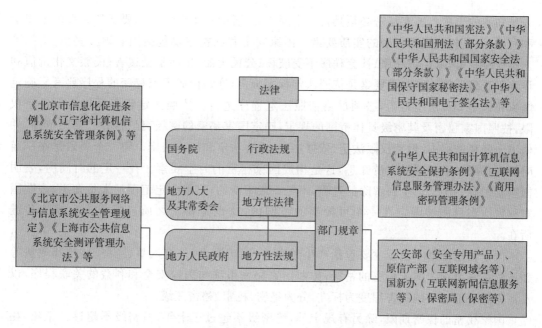

图 8-14　我国各级与网络空间安全相关的法律、法规

2018年	《网络安全等级保护条例（征求意见稿）》《关键信息基础设施安全保护条例（征求意见稿）》
2017年	《党政机关、事业单位和国有企业互联网电子邮件系统安全专项整治行动方案》（公信安【2017】2615号）
2016年	《中华人民共和国网络安全法》
2015年	《党政机关、事业单位和国有企业互联网网站安全专项整治行动方案》（公信安【2015】2562号）
2014年	《关于加强国家级重要信息系统安全保障工作有关事项的通知》（公信安【2014】2182号）
2012年	《国务院关于大力推进信息化发展和切实保障信息安全的若干意见》（国发【2012】23号） 《关于进一步加强国家电子政务网络建设和应用工作的通知》（发改委【2012】1986号）
2010年	《关于推动信息安全等级保护测评体系建设和开展等级测评工作的通知》（公信安【2010】303号） 《关于开展信息安全等级保护工作专项监督检查工作的通知》（公信安【2010】1175号）
2009年	《关于开展信息系统等级保护安全建设整改工作的指导意见》（公信安【2009】1429号） 《关于印发《信息系统安全等级测评报告模板（试行）》的通知》（公信安【2009】1487号）
2008年	《公安机关信息安全等级保护检查工作规范》（公信安【2008】736号） 《关于加强国家电子政务工程建设项目信息安全风险评估工作的通知》（发改高技【2008】2071号）
2007年	《信息安全等级保护管理办法》（公通字【2007】43号） 《关于开展全国重要信息系统安全等级保护定级工作的通知》》（公通字【2007】861号）
2004年	《关于信息安全等级保护工作的实施意见》（公通字【2004】66号）
2003年	《国家信息化领导小组关于加强信息安全保障工作的意见》（中办发【2003】27号）
1994年	《中华人民共和国计算机信息系统安全保护条例》（国务院令147号）

图 8-15　网络安全政策法规一览

二、与信息安全相关的国家法律

（一）信息保护相关法律

1. 保护国家秘密相关法律

国家秘密是关于国家安全和利益，依照法定程序确定，在一定时间内只限一定范围的

人员知悉的事项。国家秘密必须具备三个要素,三者缺一不可。第一要素是关系国家安全和利益,这是构成国家秘密的实质要素。国家安全和利益主要包括国家领土完整,主权独立不受侵犯;国家经济秩序、社会秩序不受破坏;公民生命、生活不受侵害;民族文化价值和传统不受破坏等。第二个要素是依照法定程序确定,这是构成国家秘密的程序要素。确定国家秘密是一种法定行为,必须严格依照法定程序进行。依照法定程序是指根据定密权限,按照国家秘密及其密级具体范围的规定,确定国家秘密的密级、保密期限、知悉范围,并做出国家秘密标志,做到权限法定、依据法定、内容法定和标志法定。第三个要素是在一定时间内只限一定范围的人员知悉,这是构成国家秘密的时空要素。在一定的时间内,表明国家秘密有一个从产生到解除的过程,不是一成不变的;只限一定范围的人员知悉,表明国家秘密应当且能够限定在一个可控制的范围内,这也是秘密之所以能成为秘密的关键所在。

国家秘密的基本范围主要包括产生于政治、国防军事、外交大事、经济、科技和政法等领域的秘密事项。国家秘密的密级,按照国家秘密事项与国家安全和利益的关联程序,以及泄露后可能造成的损害程度为标准,分为绝密、机密、秘密三级。

国家秘密的保密期限,除另有规定外,绝密级不超过三十年,机密级不超过二十年,秘密级不超过十年。对不能确定保密期限的国际秘密,应当确定解密条件。

国际秘密受法律保护。我国对国家秘密进行保护、对危害国家秘密安全的行为进行禁止和处罚的法律包括《中华人民共和国保守国家秘密法》《中华人民共和国刑法》。此外,《中华人民共和国国家安全法》《中华人民共和国军事设施保护法》《中华人民共和国统计法》《中华人民共和国专利法》等法律也都有相应的条款明确规定了对泄露国家秘密的犯罪行为的刑事处罚、对危害国家秘密安全的违法行为的法律责任。

2. 保护商业秘密相关法律

商业秘密是指不为公众所知悉、能为权利人带来经济利益、具有实用性并经权利人采取保密措施的技术信息和经营信息。

我国现在还没有针对商业秘密进行保护的专门立法,对商业秘密的保护是通过《中华人民共和国反不正当竞争法》《中华人民共和国合同法》《中华人民共和国劳动法》和《中华人民共和国刑法》等法律的有关规定来实施的。

侵犯商业秘密的行为有三种情形:第一,以盗窃、利诱、胁迫或者其他不正当手段获取权利人的商业秘密;第二,披露、使用或者允许他人使用上述手段获取权利人的商业秘密;第三,违反约定或者违反权利人有关保守商业秘密的要求,披露、使用或者允许他人使用其所掌握的商业秘密。

3. 保护个人信息的相关法律

个人信息是指有关一个可识别的自然人的任何信息。个人隐私是指公民个人生活中不愿为他人公开或知悉的秘密。

我国目前还没有针对个人信息进行保护的专门立法,《中华人民共和国宪法》《中华人民共和国居民身份证法》《中华人民共和国护照法》《中华人民共和国民法通则》《中华人民共和国侵权责任法》《中华人民共和国刑事诉讼法》《中华人民共和国民事诉讼法》等都有对个人信息进行保护的条款。

4. 打击网络违法犯罪的相关法律

狭义的网络犯罪指以计算机网络为违法犯罪对象而实施的危害网络空间的行为,广义的网络犯罪是以计算机网络为违法犯罪工具或者为违法犯罪对象而实施的危害网络空间的行为,包括违反国家规定、直接危害网络安全及网络正常秩序的各种违法犯罪行为。

目前,我国尚没有针对网络违法犯罪行为的专门立法,对网络违法犯罪的打击是通过《中华人民共和国治安管理处罚法》《中华人民共和国刑法》等法律来实施的。

网络违法犯罪行为包括以下几类:

(1)破坏互联网运行安全的行为;

(2)破坏国家安全和社会稳定的行为;

(3)破坏社会主义市场经济秩序和社会管理秩序的行为;

(4)侵犯个人、法人和其他组织的人身、财产等合法权利的行为;

(5)利用互联网实施以上四类所列的行为以外的违法犯罪行为。

(二)网络空间安全管理相关的法律

网络空间安全事关国家安全和经济建设、组织建设与发展,我国从法律层面明确了网络空间安全相关工作的主管监管机构及其具体职权。

在保护国家秘密方面有《中华人民共和国保守国家秘密法》等相关条例;在维护国家安全方面有《中华人民共和国国家安全法》等相关条例;在维护公共安全方面有《中华人民共和国警察法》和《中华人民共和国治安管理处罚法》等相关条例;在规范电子签名方面有《中华人民共和国电子签名法》。

三、与信息安全相关的行政法规和部门规章

(一)行政法规

《中华人民共和国计算机信息系统安全保护条例》:此条例从行政法规的层面,对计算机信息系统及其安全保护进行了定义。

《商用密码管理条例》:商用密码是指对不涉及国家秘密内容的信息进行加密保护或者安全认证所使用的密码技术和密码产品,未经许可任何单位和个人不得销售商用密码产品。

(二)部门规章

国务院各部委根据相关法律和国务院的行政法规、决定、命令,在其部门的权限范围内,制定了一系列有关信息安全相关事项的规章,以更好地执行法律和行政法规所规定的事项。

为了加强计算机信息系统安全专业产品的管理,保证专业产品的功能,维护信息系统的安全,公安部制定并颁布了《计算机信息系统安全专用产品检测和销售许可证管理办法》。此管理办法明确了两个必须:安全专用产品的生产者在其产品进入市场销售之前,必须申领《计算机信息系统安全专用产品销售许可证》;安全专用产品的生产者申领销售许可证,必须对其产品进行安全功能检测和认定。

为了保护计算机信息系统处理的国家秘密安全,国家保密局制定了《计算机信息系统保密管理暂行规定》,此规定从五个方面提出了保密管理要求:涉密系统、涉密信息、涉密媒

体、涉密场所、系统管理区。

四、信息安全相关的地方法规、规章和行业规定

我国一些省市的人大及其常委制定了各自关于信息安全的地方性法规。例如,北京市人民代表大会常务委员会为规定信息化管理,加快信息化建设,促进经济发展和社会进步,根据有关法律和行政法规并结合北京市的实际情况,制定了《北京市信息化促进条例》。该条例适用于北京市信息化建设、信息资源开发利用、信息技术推广应用、信息安全保障以及相关管理活动。

我国其他省市政府也制定了关于信息安全的地方政府规章。例如,上海市人民政府为规范本市信息系统安全测试活动,保障公共信息系统正常运行,制定了《上海市公共信息系统安全测评管理办法》。

中国证券监督管理委员会为了保障证券期货信息系统安全运行,如加强证券期货贷业信息安全管理工作,促进证券期货市场稳定健康发展,保护投资者合法权益,制定了《证券期货贷业信息安全保障管理办法》。

能源、卫生、电力、广电等行业也制定了相关的信息安全法规。

五、网络安全法

2017 年 6 月 1 日,《中华人民共和国网络安全法》正式实施,这是我国网络空间安全领域的基础性法律,明确加强保护个人信息,打击网络诈骗。

对当前我国网络安全存在的热点、难点问题,该法都有明确规定。针对个人信息泄露问题,网络安全法规定:网络产品、服务具有收集用户信息功能的,其提供者应当向用户明示并取得同意;网络运营者不得泄露、篡改、毁损其收集的个人信息;任何个人和组织不得窃取或者以其他非法方式获得个人信息,不得非法出售或者向他人非法提供个人信息。同时,规定了相应法律责任。

针对网络诈骗多发态势,网络安全法规定,任何个人和组织不得设立用于实施诈骗、传授犯罪方法、制作或者销售违禁物品、管制物品等违法犯罪活动的网站、通信群组,不得利用网络发布涉及实施诈骗、制作或者销售违禁物品、管制物品以及其他违法犯罪活动的信息。同时规定了相应法律责任。

表 8-4　网络安全法基本架构

1. 总则	
2. 网络安全支持与促进	
3. 网络运行安全	
一般规定	关键信息基础设施的运行安全
4. 网络信息安全	
5. 监测预警与应急处置	
6. 法律责任	
7. 附则	

此外,该法在关键信息基础设施的运行安全、建立网络安全监测预警与应急处置制度等方面都做出了明确规定。

习　题

1. 网络空间安全有哪些定义?
2. 我国网络安全面临哪些挑战?
3. 列举一些你身边遇到或发现的网络安全问题,试分析其中的原因,并说明有哪些防范措施?
4. TCP/IP 模型共有几层? 每层各有什么功能?
5. 网络技术、管理层面针对网络安全有哪些对策?
6. 我国信息安全法律法规体系框架是怎样的?

第 9 章   通信电源

第 1 节   通信电源概述

一、通信电源系统的组成

通信电源系统(Power Supply System of Telecommunication)是现代整个信息通信系统中不可或缺的重要组成部分,现代信息通信系统必将有一个与之相适应的现代通信电源系统。现代通信电源系统虽然不直接参与通信网络中信号的传递,但它却是信息通信系统中所有通信设备得以可靠、稳定、高效地传递信息的重要保证,为所有通信设备提供源源不断的能源,包括交流基础电源和直流基础电源。现代通信电源系统通常是安装运行于各类通信局(站)内,其工作环境(包括气候环境、电磁兼容环境、防灾环境等)相对较好,有较少情形是工作于室外机柜内的环境。

二、通信电源的分级

对于通信电源,在我国基本上分为三级,第一级由交流市电引入部分、发电机组部分和交流低压配电屏部分等组成,以提供能源,但不保证不中断。第二级由整流器、蓄电池、直流配电屏和 UPS 等组成,以直接向通信设备提供不间断的直流电源和不间断的交流电源。第三级则是通信设备自供电源,由模块电源组成。所谓自供电源,是通信设备依据内部工作的需要,将由第二级提供的不间断交、直流电源变换成各种不同电压等级的电源(如+5V、-12V 等等)。之所以称为模块电源,是因为这些电源变换的功率、体积相对较小,可直接装在通信设备的印刷电路板上,已形成系列化、标准化。如图 9-1 所示通信电源的分级。

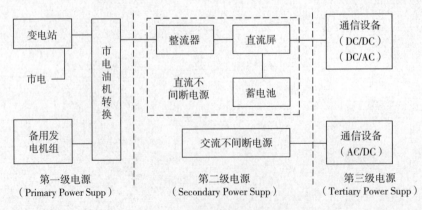

图 9-1   通信电源的分级

第2节 通信电源的种类

一、高压配电系统

(一)高压配电系统

电力系统是由发电厂、电力线路、变电站和电力用户组成。通信局(站)属于电力系统中的电力用户。市电从生产到引入通信局(站),通常要经历生产、输送、变换和分配4个环节。图9-2所示为电力系统的输配电方式示意图。

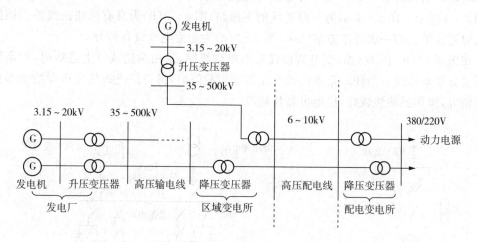

图9-2 电力系统的输配电方式示意图

对于通信局(站)中的配电变压器,其一次线圈额定电压即为高压配电网电压,即 6kV 或 10kV 二次线圈额定电压因其供电线路距离较短,则其额定电压只需高于线路额定电压 (380/220V)5%,仅考虑补偿变压器内部电压降,一般选 400/230V,而用电设备受电端电压为 380/220V。

(二)高压配电方式

高压配电方式,是指从区域变电所,总降压变电所局变电所将 35kV 以上的输电高压降到 6~10kV 配电高压送至企业变电所及高压用电设备的接线方式。配电网的基本接线方式有三种:放射式、树干式及环状式。

1. 高压配电系统组成

常用的高压电器包括:高压熔断器、高压断路器、高压隔离开关、高压负荷开关和避雷器等。

局(站)变电所从电力系统受电经变压器降压后馈送至低压配电房。要求变电所尽量靠近负荷中心,从而缩短配电距离,以减少电能损失。主接线应简单而且运行可靠,同时要便于监控和维护。

市电的引入一般均从附近现有公用电网上引入馈电线,采用专用电力电缆。应根据附近电网中变电所的位置以及电压等级、供电质量和局(站)重要性等情况选取合适可靠的市电。

通信局(站)变电所可分为露天变电所和室内变电所两种,露天变电所又有杆架式(180kVA以下变压器)和落地式。室内变电所又有小型独立变电站和带有高压开关柜的变电所。一般有两路市电引入的变电所均采用带有高压开关柜的变电所。

电力变压器通常有油浸式和干式两种类型,在室内安装变压器时,应考虑变压器室的布置、高低压进出线的位置以及操作机构的安全性等问题。目前大容量变压器广泛采用干式变压器。

所谓一次线路,表示的是变电所电能输送和分配的电路,通常也称主电路。根据通信局(站)市电引入的情况和局(站)对电源可靠性要求的不同,可以有不同的一次线路方案,如图9-3所示。图9-3(a)为一路进线的主回路,图9-3(b)为具有两路进线的主回路电引入时通常采用的一次线路方案之一,图9-3(c)为主要电气设备符号。

在图9-3(b)中,局(站)变电所母线采用单母线制,采用两路或以上进线时,用高压隔离开关分断单母线。当任一路进线或变压器发生故障时,另一路进线或变压器给全部负荷继续供电,操作灵活性较好,供电可靠性较高。

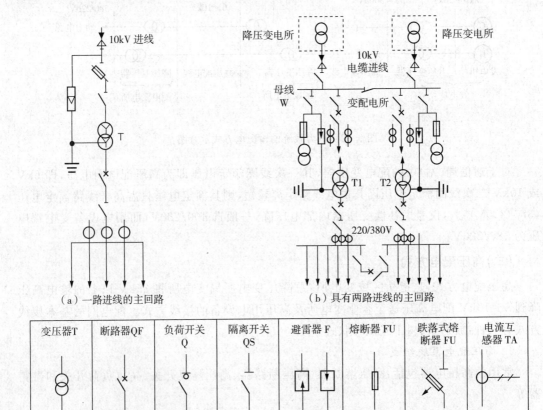

（a）一路进线的主回路　　　　　　　（b）具有两路进线的主回路

变压器T	断路器QF	负荷开关 Q	隔离开关 QS	避雷器 F	熔断器 FU	跌落式熔断器 FU	电流互感器 TA

（c）主要电气设备符号

图9-3　典型一次线路方案

二、低压配电系统

(一)低压配电系统概述

依据 XT005—95《通信局(站)电源系统总技术要求》,市电根据通信局(站)所在地区的供电条件、线路引入方式及运行状态,将市电供电分为三类。

1. 市电分类

(1)一类市电供电(市电供应充分可靠)

一类市电供电是从两个稳定可靠的独立电网引入两路供电线路,质量较好的一路作为主要电源,另一路作为备用,并且采用自动倒换装置。两路供电线路不会因检修而同时停电,事故停电次数极少,停电时间极短,供电十分可靠。长途通信枢纽、大城市中心枢纽、程控交换容量在万门以上的交换局以及大型无线收发信站等规定采用一类市电。

(2)二类市电供电(市电供应比较可靠)

二类市电供电是从两个电网构成的环状网中引入一路供电线路,也可以从一个供电十分可靠的电网上引入一路供电线。允许有计划地检修停电,事故停电不多,停电时间不长,供电比较可靠。

(3)三类市电供电(市电供应不完全可靠)

三类市电供电是从一个电网引入一路供电线路,供电可靠性差,位于偏僻山区或地理环境恶劣地区可采用三类市电。

2. 通信系统低压交流供电原则

(1)市电是通信用电源的主要能源,是保证通信安全、不间断的重要条件,必要时可申请备用市电电源。

(2)市电引入,原则上应采用 6～10kV 高压引入,自备专用变压器,避免受其他电能用户的干扰。

(3)市电和自备发电机组成的交流供电系统宜采用集中供电方式供电,系统接线应力求简单、灵活,操作安全,维护方便。

(4)局(站)变压器容量在 630kVA 及以上的应设高压配电装置,有两路高压市电引入的供电系统,若采用自动投切的,变压器容量在 630kVA 及以上则投切装置应设在高压侧。

(5)在交流供电系统中应装设功率因数补偿装置,功率因数应补偿到 0.9 以上;对容量较大的自备发电机电源也应补偿到 0.8 以上。

(6)低压交流供电系统采用三相五线制或单相三线制供电。

(二)常见低压配电设备

1. 低压配电屏

通信局(站)中低压配电屏大多采用原电力工业部和机械工业部所属企业的系列产品,低压配电屏主要用来进行受电、计量、控制、功率因数补偿、动力馈电和照明馈电等,主要产品有 PGL1、PGL2、GCS、GCK、GCL 及 GGD 等系列开关柜,以及国外引进产品和合资企业生产的低压开关柜。

低压配电屏内按一定的线路方案将一次和二次电路电气设备组装成套。每一个主电路方案对应一个或多个辅助电路方案,从而简化了工程设计。

2.油机发电机组控制屏及 ATS

发电机组控制屏是随油机发电机组的购入由油机发电机组厂商配套提供的。而 ATS（即双电源自动切换装置,通常与低压开关柜安装在一起）目前普遍采用芯片程序控制,一般可实现两路市电或一路市电与发电机电源的自动切换,且切换延时可调,同时有多种工作模式可供选择(如自动模式、正常供电模式、应急供电模式和关断模式等)。

三、直流供电系统

(一)蓄电池

蓄电池是通信电源系统中直流供电系统的重要组成部分。20 世纪 90 年代后,阀控式密封铅酸蓄电池生产技术有了很大进展,进入了成熟期。目前阀控式密封铅酸蓄电池应用十分广泛。

阀控式密封铅酸蓄电池的发展之所以如此迅速,是因为它具有以下特点:

(1)电池荷电出厂,安装时不需要辅助设备,安装后即可使用;

(2)在电池整个使用寿命期间,无须进行添加水及调整酸比重等维护工作,具有"免维护"功能;

(3)不漏液、无酸雾、不腐蚀设备,可以和通信设备安装在同一房间,节省了建筑面积;

(4)采用具有高吸附电解液能力的隔板,化学稳定性好,加上密封阀的配置,可使蓄电池在不同方位安置;

(5)电池寿命长,25℃下浮充状态使用时寿命可达 10 年以上;

(6)与同容量防酸式蓄电池相比,阀控式密封蓄电池体积小、重量轻、自放电低。

(二)阀控式铅酸蓄电池的基本结构

阀控式铅酸蓄电池的结构如图 9 - 4 所示。

其主要组成包括正负极板组、隔板、电解液、安全阀及壳体,此外还有一些零件如端子、连接条和极柱等。

1. 正负极板组

正极板上的活性物质是二氧化铅(PbO_2),负极板上的活性物质为海绵状纯铅(Pb)。

参加电池反应的活性物质铅和二氧化铅是疏松的多孔体,需要固定在载体上。通常,用铅或铅钙合金制成的栅栏片状物为载体,使活性物质固定在其中,这种物体称为板栅。它的作用是支撑活性物质并传输电流。

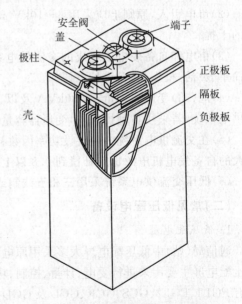

图 9 - 4　阀控式铅酸蓄电池结构图

VRLA 的极板大多为涂膏式,这种极板是在板栅上敷涂由活性物质和添加剂制成的铅膏,经过固化、化成等工艺过程而制成。

2. 隔板

阀控式铅酸蓄电池中的隔板材料普遍采用超细玻璃纤维。隔板在蓄电池中是一个酸液储存器,电解液大部分被吸附在其中,并被均匀地、迅速地分布,而且可以压缩,并在湿态和干态条件下都保持着弹性,以保持导电和适当支撑活性物质的作用。为了使电池有良好的工作特性,隔板还必须与极板保持紧密接触。它的主要作用有:

(1)吸收电解液;

(2)提供正极析出的氧气向负极扩散的通道;

(3)防止正、负极短路。

3. 电解液

铅蓄电池的电解液是用纯净的浓硫酸与纯水配置而成的。它与正极和负极上活性物质进行反应,实现化学能和电能之间的转换。

4. 安全阀

一种自动开启和关闭的排气阀具有单向性,其内有防酸雾垫。只允许电池内气压超过一定值时,释放出多余气体后自动关闭,保持电池内部压力在最佳范围内,同时不允许空气中的气体进入电池内,以免造成自放电。

5. 壳体

蓄电池的外壳是盛装极板群、隔板和电解液的容器。它的材料应耐酸腐蚀,抗氧化,机械强度好,硬度大,水汽蒸发泄漏少,氧气扩散渗透小。一般采用改良型塑料,如 PP、PVC、ABS 等材料。

(三)蓄电池的分类

蓄电池的类别可按用途、极板结构等来划分。

(1)按不同用途和外形结构分有固定式和移动式两大类。固定型铅蓄电池按电池槽结构又分为半密封式及密封式。

(2)按极板结构分为涂膏式(或涂浆式)、化成式(又称形成式)、半化成式(或半形成式)和玻璃丝管式(或叫管式)等。

(3)按电解液的不同分为酸性蓄电池和碱性蓄电池。酸性蓄电池以酸性水溶液作为电解质,碱性蓄电池以碱性水溶液作为电解质。

(4)按电解液数量可将铅酸蓄电池分为贫液式和富液式。密封式电池均为贫液式,半密封电池均为富液式。

(四)UPS 分类与日常维护

1. UPS 分类

UPS 按输入输出相数分为单进单出、三进单出和三进三出 UPS。按照功率等级分类,把 UPS 分成微型(<3kVA)、小型(3~10kVA)、中型(10~100kVA)和大型(>100kVA)。按电路结构形式分类,有后备式、在线互动式、三端口式(单变换式)和在线式等。UPS 按输出波形的不同,又可分为方波和正弦波两种。

UPS 在市电供电时,系统输出无干扰工频交流电。当市电掉电时,UPS 系统由蓄电池通过逆变供电,输出工频交流电。

UPS 由整流模块、逆变器、蓄电池和静态开关等部件组成,此外,还有间接向负载提供市电(备用电源)的旁路装置。

现在的 UPS 电源工业,可向用户提供五种类型的 UPS 电源品种。①后备式 UPS;②在线互动式 UPS;③三端式 UPS;④双变换在线式 UPS;⑤Delta 变换型 UPS。

2. UPS 日常维护

UPS 周期维护内容较少,只需要保证环境条件和清洁。但是周期记录还是必需的,用于检查和预防的目的是使机器保持最佳的性能并预防将小问题转变成大故障。

按维护的周期可分为:日检、周检、年检。

日检的主要内容有:检查控制面板,确认所有指示正常,所有指示参数正常,面板上没有报警;检查有无明显的高温、有无异常噪声;确信通风栅无阻塞;调出测量的参数,观察有无与正常值不符等。

周检的主要内容有:测量并记录电池充电电压、电池充电电流、UPS 三相输出电压、UPS 输出线电流。如果测量值与以前明显不同,应记录下新增负荷的大小、种类和位置等,有利于今后发生故障时进行分析。

在日常的维护中,有一些需要引起重视的地方,如 UPS 的复位。有些 UPS 带有 EPO(紧急关机),当因某种故障 UPS 使用了 EPO,待故障清除后,要使 UPS 恢复正常工作状态,需要复位操作。比如 UPS 由于逆变器过温、过载、直流母线过压等而关闭时,当故障清除后,需要采用复位操作,才能把 UPS 从旁路切换到逆变器带载工作,可能还需要手动合电池开关。

另外,设备的选位及对环境的要求也很重要。UPS 应安装在一个凉爽、干燥、清洁的环境中,应装排气扇,加速环境空气流通,在尘埃较多的环境中,应加空气过滤装置。

电池的环境将直接影响电池的容量和寿命。电池的标准工作温度为 20℃,高于 20℃的环境温度,将缩短电池的寿命,低于 20℃将减低电池的容量。通常情况下,电池容许的环境温度为 15～20℃之间,电池所在的环境温度应保持恒定,远离热源和风口。

要实现逆变器与旁路电源间无中断切换,应先开静态旁路开关,由旁路电源向负载供电,再断开 UPS 交流输入接触器。当负载从旁路切换回逆变器,首先要闭合 UPS 交流输入接触器,再断开静态旁路开关。在正常运行状况下,上述操作的实现必须是逆变器输出与旁路电源完全同步。当旁路电源频率在同步窗口时,逆变器控制电路总是使逆变器频率跟踪旁路电源频率。当逆变器输出频率与旁路电源不同步时,一般会显示告警信息。

大中型 UPS 在通信系统中的应用越来越广泛,其作用也越来越明显。理解 UPS 的基本原理就显得尤为重要。在日常的维护过程中,对一些故障的判断分析,特别是对一些紧急情况的处理,清晰的思路和丰富的经验是设备可靠运行的最重要的保证。

四、油机发电系统

(一)油机的总体构造

油机发电机组是由柴油(汽油)机和发电机两大部分组成。由于目前多数油机发电机组都采用柴油发电机组承担备用发电功能,因此,本节重点介绍柴油机的构造。

油机主要由曲轴连杆机构、配气机构、供电机构、供油系统、润滑系统和冷却系统等几部分组成。

1. 曲轴连杆机构

曲轴连杆机构是油机的主要组成部分,它由气缸、活塞、连杆和曲轴等部件组成。它的作用是将燃料燃烧时产生的化学能转变为机械能,并将活塞在气缸内的上下往返直线运动变为曲轴的圆周运动,以带动其他机械做功。

燃料在气缸中燃烧时,温度可高达 1500～2000℃,因此,油机中必须采用冷却水散热,为此,气缸壁都做成中空的夹层,两层之间的空间称为水套。

(1)活塞:油机在工作时,活塞既承受很高的温度,又承受很大的压力,而且运动速度极快,惯性很大。因此,活塞必须具有良好的机械强度和导热性能,并且应当用质量较轻的铝合金铸造,以减小惯性。为了使活塞与气缸之间紧密接触,活塞的上部还装有活塞环。活塞环有压缩环(气环)和油环两种,压缩环的作用是防止气缸漏气,油环的作用是防止机油窜入燃烧室。

(2)连杆与曲轴:连杆将活塞与曲轴连接起来,从而将活塞承受的压力传给曲轴,并通过曲轴把活塞的往返直线运动变为圆周运动。

2. 配气机构

配气机构的作用是适时打开和关闭进气门和排气门,将可燃的气体送入气缸,并及时将燃烧后的废气排出。配气机构由进气门、排气门、凸轮轴、推杆、挺杆和摇臂等部件组成。

3. 供油系统

柴油机的供油系统一般由油箱、柴油滤清器、低压油泵、高压油泵和喷油嘴等部分组成。柴油机工作时,柴油从油箱中流出,经粗滤器过滤,低压油泵升压,又经细滤器(也称精滤器)进一步过滤,高压油泵升压后,通过高压油管送到喷油嘴,并在适当的时机通过喷油嘴将柴油以雾状形式喷入气缸压燃。

4. 润滑系统

油机工作时,各部分机件在运动中将产生摩擦阻力。为了减轻机件磨损程度,延长使用寿命,必须采用机油润滑。润滑系统通常由机油泵、机油滤清器(粗滤和细滤)等部分组成。机油泵通常装在底部的机油盘内,它的作用是提高机油压力,从而将机油源源不断地送到需要润滑的机件上。机油滤清器的作用是滤除机油中的杂质,以减轻机件磨损程度并延长机油的使用期限。

5. 冷却系统

油机工作时,温度很高(燃烧时最高温度可达 2000℃),这样将使机件膨胀变形,摩擦力增大。此外,机油也可能因温度过高而变稀,从而降低润滑效果。为了避免温度过高,油机中通常都装有水冷却系统,以保证油机在适宜的温度(80～90℃)下正常工作。

冷却系统包括水套、散热器、水管和水泵等,冷却水通过水泵加压后在冷却系统中循环。循环途径为:水箱→下水管→水泵→气缸水套→气缸盖水套→节温器→上水管→水箱。节温器可以自动调节进入散热器的水量,以便油机始终在最适宜的温度下工作。

(二)便携式(小型)油机发电机组

便携式(小型)油机发电机组由发动机(油机)、发电机和控制设备等主要部分组成,如图 9-5 所示。发电机(油机)多为汽油机或柴油机。这里主要介绍容量在 10kW 以下的小型风冷汽油发电机组,转速为(3000～4000)r/min。在通信中主要作为工程、移动基站和模块局(站)等小型动力设备的备用电源。一般在野外进行光缆抢修和应急演练时会带上便携式(小型)油机发电机组,作为应急电源使用。

图9-5 便携式(小型)油机发电机组

汽油发电机组由下面几个部分组成。

1. 发动机

发动机是发电设备的动力装置,它应具有良好的油机发电系统调速性、便携性以及对环境变化的适应性,要求发动机具有千瓦重量(kg/kW)小,升功率(kW/h)大的特点。

2. 发电机

发电机多采用单相、旋转磁场式结构的同步发电机。电枢绕组在定子上,励磁绕组在转子上,磁极形式为凸极式或隐极性。

3. 发电机的励磁调节装置

发电机的励磁调节装置根据具体线路,做成一定的结构,大多数为整体式,安装在控制面板内或放置在发电机附近。

4. 控制面板

便携式发电机组是通过控制面板来启动、停止以及变换配电向用电设备供电的,同时使操作人员了解发电机组的运行状态。控制面板上一般安装有开关、指示灯、插座(多功能)、显示仪表、熔断器和照明灯等。

此外,还有燃油箱(含油量指示)、蓄电池(电启动)、附件工具箱和电缆等,均为发电机组的构成部分。

第3节 防雷与接地

一、雷电效应及其危害

(一)雷电的产生

雷电是伴有闪电和雷鸣的一种雄伟壮观而又有点令人生畏的放电现象。雷电一般产生于对流发展旺盛的积雨云中,因此常伴有强烈的阵风和暴雨,有时还伴有冰雹和龙卷风。

大气中的水蒸气是雷云形成的内因;雷云的形成也与自然界的地形以及气象条件有关。

(二)雷击种类

雷电分直击雷、电磁脉冲、球形雷、云闪四种。其中直击雷和球形雷都会对人和建筑造成危害,而电磁脉冲主要影响电子设备,主要是受感应作用所致;云闪由于是在两块云之间或一块云的两边发生,因此对人类危害最小。

直击雷就是在云体上聚集很多电荷,大量电荷要找到一个通道来泄放,有的时候是一个建筑物,有的时候是一个铁塔,有的时候是空旷地方的一个人,所以这些人或物体都变成了电荷泄放的一个通道,就把人或者建筑物给击伤了。直击雷是威力最大的雷电,而球形雷的威力比直击雷小。

(三)防雷击须知

雷电发生时产生的雷电流是主要的破坏源,其危害有直接雷击、感应雷击和由架空线引导的侵入雷。如各种照明、电讯等设施使用的架空线都可能把雷电引入室内,所以应严加防范。

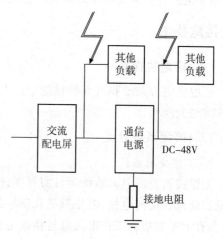

图 9-6　通信电源的典型动力环境

1. 雷电防护

通信电源的典型动力环境如图 9-6 所示。交流供电变压器绝大多数为 10kV,容量从 20kVA 到 2000kVA 不等。220/380V 低压供电线短则几十米,长则数百上千米、乃至几十千米。市电油机转换屏用于市电和油机自发电的倒换。交流稳压器有机械式和参数式两种,前者的响应时间和调节时间均较慢,一般各为 0.5s 左右。

雷击通信电源的主要途径如图 9-7 所示,主要有以下几种:

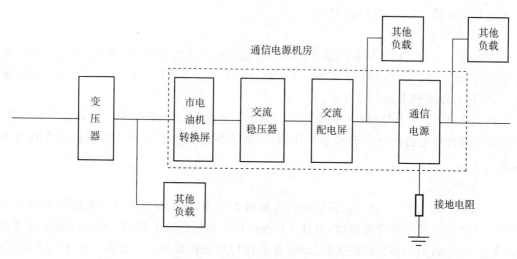

图 9-7　雷击通信电源的主要途径

(1)变压器高压侧输电线路遭直击雷,雷电流经"变压器→380V供电线···→交流屏",最后窜入通信电源。

(2)220/380V供电线路遭直击雷或感应雷,雷电流经稳压器、交流屏等窜入通信电源。

(3)雷电流通过其他交、直流负载或线路窜入通信电源。

(4)地电位升高反击通信电源。例如:为实现通信网的"防雷等电位连接",现在的通信网接地系统几乎全部采用联合接地方式。这样当雷电击中已经接地的进出机房的金属管道(电缆)时,很有可能造成地电位升高。若这时交流供电线通信电源的交流输入端子对机壳的电压近似等于地电位。雷电流一般在10kA以上,故一般为几万伏乃至几十万伏。显然,地电位升高将轻而易举地击穿通信电源的绝缘。

二、接地技术

(一)接地的含义

接地指电力系统和电气装置的中性点、电气设备的外露导电部分和装置外导电部分经由导体与大地相连。

(二)接地系统分类

1. 工作接地系统

工作接地是由电力系统运行需要而设置的(如中性点接地),因此在正常情况下就会有电流长期流过接地电极,但是只是几安培到几十安培的不平衡电流。在系统发生接地故障时,会有上千安培的工作电流流过接地电极,然而该电流会被继电保护装置在 0.05~0.1s 内切除,即使是后备保护,动作一般也在1s 以内。

2. 防雷接地系统

防雷接地是为了消除过电压危险影响而设的接地,如避雷针、避雷线和避雷器的接地。防雷接地只在雷电冲击的作用下才会有电流流过,流过防雷接地电极的雷电流幅值可达数十至上百千安培,但是持续时间很短。

3. 保护接地

保护接地是为了防止设备因绝缘损坏带电而危及人身安全所设的接地,如电力设备的金属外壳、钢筋混凝土杆和金属杆塔。保护接地只是在设备绝缘损坏的情况下才会有电流流过,其值可以在较大范围内变动。

电流流经以上三种接地电极时都会引起接地电极电位的升高,影响人身和设备的安全。为此必须对接地电极的电位升高加以限制,或者采取相应的安全措施来保证设备和人身安全。

4. 联合接地

在通信系统工程中,通信设备遭到雷击的机会较多,需要在遭到雷击时使用各种设备的外壳和管路形成一个等电位面,而且在设备结构上都把直流工作接地和天线防雷接地相连,无法分开,故而局站机房的工作接地、保护接地和防雷接地合并设在一个接地系统上,形成接地系统,系统结构如图 9-8 所示。

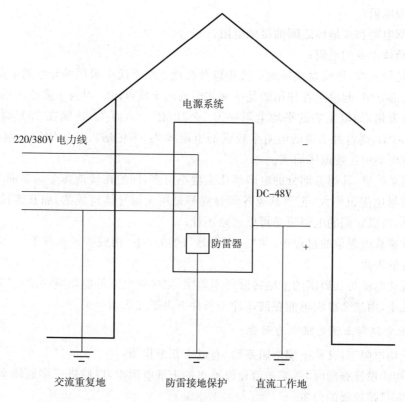

电源系统

220/380V 电力线

DC-48V

防雷器

交流重复地　　　　防雷接地保护　　　直流工作地

图 9 - 8　接地系统结构示意图

(三)接地系统的组成

1. 地

接地系统中所指的地,即一般的土地,不过它有导电的特性,并具有无限大的容电量,可以用来作为良好的参考电位。

2. 接地体(或接地电极)

为使电流入地扩散而采用的与土地成电气接触的金属部件。

3. 接地引入线

把接地电极连接到地线盘(或地线汇流排)上去的导线。在室外与土地接触的接地电极之间的连接导线则形成接地电极的一部分,不作为接地引入线。

4. 地线排(或地线汇流排)

专供接地引入线汇集连接的小型配电板或母线汇接排。

5. 接地配线

把必须接地的各个部分连接到地线盘或地线汇流排上去的导线。

由以上接地体、接地引入线、地线排或接地汇接排、接地配线组成的总体称为接地系统。电气设备或金属部件对一个接地连接称为接地。

(四)接地系统的电阻及其测量

1. 接地系统的电阻

接地系统的电阻是以下几部分电阻的构成:

(1)土壤电阻；

(2)土壤电阻和接地体之间的接触电阻；

(3)接地体本身的电阻；

(4)接地引入线、地线盘或接地汇流排以及接地配线系统中采用的导线的电阻。

以上几部分中,起决定性作用的是接地体附近的土壤电阻。因为一般土壤的电阻都比金属大几百万倍,如取土壤的平均电阻率为 $1 \times 10^4 \Omega \cdot m$, 而 $1 cm^2$ 铜在 $20℃$ 时的电阻为 $0.0175 \times 10^{-4} \Omega$, 则这种土壤的电阻率较铜的电阻率大 57 亿倍。接地体的土壤电阻 R 的分布情况主要集中在接地体周围。

在接地系统里,其他各部分的电阻都比土壤小得多,即使在接地体金属表面生锈时,它们之间的接触电阻也不大,至于其他各部分则都是用金属导体构成的,而且连接的地方又都十分可靠,所以它们的电阻更是可以忽略不计。

但在快速放电现象的过程中,如"过压接地"的情况下,构成接地系统的导体的电阻可能成为主要的因素。

如果接地电极与其周围的土壤接触得不紧密,则接触电阻可能影响接地电阻达到总值的百分之几十,而这个电阻可能在波动冲击条件下由于飞弧而减小。

2. 接地电阻和土壤电阻率的测量

测量土壤电阻率(又称土壤电阻系数)有以下几个作用：

(1)在初步设计查勘时,需要测量建设地点的土壤电阻率,以便进行接地体和接地系统的设计,并安排接地极的位置。

(2)在接地装置施工以后,需要测量它的接地电阻是否符合设计要求。

(3)在日常维护工作中,也要定期地对接地体进行检查,测量它的电阻值是否正常,以作为维修或改进的依据。

测量接地电阻通常有电流表-电压表法；电流表-电功率表法；电桥法；三点法。在这些测量方法中,前两种方法最普遍被采用。但不管采用哪一种方法,其基本原则相同,在测量时都要敷设两组辅助接地体,一组用来测量被测接地体与零电位间的电压,称为电压接地体；另一组用来构成流过被测接地本电流回路,称为电流接地体。

(五)接地体和接地导线的选择

接地体一般采用的镀锌材料：

(1)角钢, $50 \times 50 \times 5 mm$ 角钢,长 2.5m；

(2)钢管, $\phi 50 mm$, 长 2.5m；

(3)扁钢, $40 \times 4 mm^2$。

通信直流接地导线一般采用的材料：

室外接地导线用 $40 \times 4 mm^2$ 镀锌扁钢,并应缠以麻布条后再浸沥青或涂抹沥青两层以上；室外接地导线用 $40 \times 4 mm^2$ 镀锌扁钢,再换接电缆引人楼内时,电缆应采用铜芯,截面不小于 $50 mm^2$。在楼内如换接时,可采用不小于 $70 mm^2$ 的铝芯导线。不论采用哪一种材料,在相接时应采取有效措施,以防止接触不良等故障。

第4节　动力及机房环境监控系统

一、动力及机房环境监控系统概念

随着通信行业的快速发展,机房通信设备的数量也在不断增加,为通信设备提供稳定、可靠的运行环境的机房动力及辅助设备的数量也日益增多,因此就需要有一套对机房动力及辅助设备进行监控和管理的系统——动力及机房环境监控系统。

动力及机房环境监控系统是对分布在各机房的电源柜、UPS、空调、蓄电池等多种动力设备及门磁、红外、水浸、温湿度、烟感等机房环境的各种参数进行遥测、遥信、遥调和遥控,实时监测其运行参数,诊断和处理故障,记录和分析相关数据,并对设备进行集中监控和集中维护的计算机控制系统。

二、动力及机房环境监控系统的设备及功能

(一)设备组成

监控系统的设备由监控中心(SC)设备、监控分中心(SSC)设备、监控站(SS)设备、监控终端和通信通道组成。

监控中心、监控分中心设备包括数据库服务器、业务管理服务器、终端设备和网络接入设备等。监控站由现场监控采集单元、监控模块、网络通信设备、各种类型的传感器、变送器等组成。监控站在没有设置综合视频监控系统前端设备时,可设置视频监控单元,包括图像采集、处理单元等。通信通道采用 IP 网络或 2M 专线传输方式。

1. 监控站主要功能

监控站的主要功能有:自动采集被监控模块、监控对象的运行参数和工作状态,进行处理、存储,主动向监控分中心上传监控数据或被动接受查询。随时接收并响应监控分中心的控制命令,通过监控模块对相应设备、监控点进行控制。

2. 监控分中心功能

监控分中心的功能是对所辖监控站内设备的各类信息进行处理、存储、显示、输出;查看各种告警、测量、控制的历史记录;查看并配置系统数据等;自动和手动查询并接收各监控站设备的告警信息、性能数据。

监控分中心接收监控中心的命令,主动或被动接受查询,向监控中心传送告警和状态信息。监控系统设有图像监控功能时,监控分中心随时浏览监控现场的视频图像,当有异常情况时,监控分中心有告警提示,点击重要告警信息可查看相应机房的视频图像。

3. 监控中心功能

监控中心对所辖监控站内设备的告警等重要信息进行处理、存储、显示、输出;对性能参数进行存储、分析、处理、显示、生成报表、打印输出,查看各种告警记录和性能数据,查看系统数据等。

监控中心自动和手动查询并接收各监控分中心上传的告警信息、性能数据。当收到监

控分中心送来的告警信息时,发出告警并进行故障定位,并显示告警信息。

4. 监控终端功能

监控终端是监控中心功能的界面体现,根据授权的相应管理权限,可实现配置管理、告警管理、性能管理和安全管理功能。

(二)接口及通信协议

监控系统的常见接口类型有:A 接口、B 接口、C 接口和 D 接口。

A 接口:前端智能设备协议。位于监控模块与监控单元之间。

B 接口:局数据接入协议。位于监控单元与上级管理单位之间。

C 接口:系统互联协议。位于监控分中心和监控中心之间。

D 接口:告警协议。位于监控中心与上级网管之间。

(三)监控对象

1. 电源设备

电源设备包括:高频开关电源、不间断电源(UPS)、蓄电池、柴油发电机组。

2. 空调设备

空调设备包括:机房精密空调设备和非智能空调设备。

3. 加热器

4. 除湿机

5. 机房环境

6. 智能门禁

7. 防雷设备

8. 视频监视

(四)数据采集与检测

1. 智能设备与非智能设备

按照被监控设备本身的特性可分为智能设备和非智能设备。

智能设备是内部自带具有监控功能和通信接口的设备,带有数据通信接口,具有一定的数据采集和处理能力,可直接与计算机进行通信。只要有协议,即可直接纳入监控系统,如智能电源、智能油机、智能空调、稳压器、变压器。通信接口一般为 RS-232 或 RS-485/422,在监控系统接口分类中为 A 接口。

监控单元(SU)只要使用与智能设备相同的通信协议和通信接口进行连接,就可以实现对其的监控。如果接口方式不同,可通过接口转换设备连接;如果协议不同,可使用协议转换器连接。如果一个机房中有多套智能设备和数据采集器,其信号的上传下达可利用智能设备处理机进行。

非智能设备是没有数据通信接口的设备,设备本身不具备数据采集和处理能力,对这类设备的监控需要在设备上加装传感、变换、信号转换等功能。如非智能空调、电池组、防雷器、现场环境等。

2. 数据采集与检测技术

非智能设备由于没有通信接口,只能通过加装数据采集设备进行监控。常用的数据采

集器件有变送器和传感器

变送器将非标准的电量信号变换成标准电量信号,通常由隔离耦合元件和电路变换元件组成。现场遇到的模拟电量的量值和变化范围都较大,如交流电压220V、380V,交流电流0～200A,直流电压24V、48V,直流电流0～1000A,频率50Hz等,需要通过变送器将非标准的电量信号变换成标准电量信号,才能被采集器采集。

传感器用于将非电量信号变换成标准电量信号,通常由敏感元件和转换元件组成。现场遇到的非电量模拟信号有温度、湿度、液位等,现场需要测量的开关量信号有红外感应、烟感、门磁、水浸等。这些非电量模拟信号和开关量信号需要通过相应的传感器,如温度传感器、湿度传感器、液位传感器、红外探测器、感烟探测器、门磁开关、水浸传感器等转换。

(1)温度传感器

一些物体在温度变化时改变某种特性,根据这一现象可以间接地测量温度,温度传感器就是根据这一原理设计的。温度传感器有四种主要类型:热电偶、热敏电阻、电阻温度检测器(RTD)和IC温度传感器。

(2)湿度传感器

湿度一般指相对湿度,是空气中所含水蒸气分压与同温度下所含最大水蒸气分压(饱和水蒸气压力)的比值,用百分比表示,常写成%RH。相对湿度表示了空气中水蒸气的相对饱和程度。如果机房内的空气湿度过低,则人体在机房内走动时容易产生静电。如果没有经过放电就接触设备容易烧坏电路板。如果机房内的空气湿度过高,则容易腐蚀电路板降低设备寿命。

通常使用温湿度一体化传感器,采用铂电阻作为感温元件测量温度,用高分子薄膜电容式湿度传感器测量湿度。温度、湿度互相隔离,相当于两个传感器。

为使测量的结果具有代表性,温湿度传感器应安装在最能代表被测环境状态的地方,避免安装在空气流动不畅的死角及空调的出风口处。

(3)火灾探测器

火灾探测器分感烟火灾探测器、感温火灾探测器、感光火灾探测器、可燃气体火灾探测器四种类型。

① 感烟火灾探测器俗称烟感,也称燃烧烟雾探测器,包括离子感烟探测器、光电式感烟探测器、红外光束火灾探测器和激光感烟探测器等。

② 感温火灾探测器有定温式、差温式和差定温结合式三类,常用的有双金属定温火灾探测器、热敏电阻定温火灾探测器。

③ 感光(火焰)火灾探测器是通过检测火焰中的红外光、紫外光来探测火灾发生的探测器。

④ 可燃性气体火灾探测器是利用对可燃性气体敏感的元件来探测可燃气体的浓度,当浓度超过限值时报警。

在使用离子感烟探测器时应注意:只有垂直烟才能使其报警,因此烟感应装在房屋的最顶部;灰尘会使感应头的灵敏度降低,因此应注意防尘;离子感烟探测器使用放射性元素Cs137,应避免拆卸烟感,注意施工安全。

烟感需要定期(如每年一次)进行清洁,保证其工作的可靠性。

（4）热感式红外入侵探测器

热感式红外入侵探测器由于不需要另配发射器，且可探测立体的空间，所以又称为被动式立体红外线探测器，用于探测是否有人入侵。

（5）门磁开关传感器

门磁开关又称为门磁，实际上是一个干簧管，干簧管由两个靠得很近的金属弹簧片构成，两个金属片为软磁性材料，当干簧管靠近磁场时，金属片被磁化，相互吸引而接触，当干簧管远离磁场时弹簧片会失去磁性，由于弹力的作用，两金属片分开，因此门磁相当于一个常闭接点。多个门磁开关可串联接入采集器的同一个通道。

安装门磁开关时将干簧管安装在固定的门框上，磁体安装在可动的门上，尽量使它们在门关时靠得近、门开时离得远。如果是铁门，要选择适合铁门使用的门磁开关。

（6）玻璃破碎探测器

玻璃破碎探测器一般应用于玻璃门窗的防护。它利用压电式拾音器安装在面对玻璃的位置上，由于它只能对 $10\sim15kHz$ 的玻璃破碎高频声音进行有效的检测，因此对行驶车辆或风吹门窗时产生的振动信号不会产生响应。

目前玻璃破碎报警采用了双探测技术。其特点是需要同时探测到玻璃破碎时产生的振荡和音频声响，才会产生报警信号。因而不会受室内移动物体的影响而产生误报，增加了报警系统的可靠性，适合昼夜 24h 防范。

（7）水浸传感器

水浸传感器基于水导电的原理，用电极探测是否有水存在，再用变送器转换成下接点输出。泄漏探测器是常见的水浸传感器，它由变送器和电极两部分组成，电极安装在地面上。

三、动力及机房环境监控系统网管功能

动力及机房环境监控系统网管主要包含七大功能：性能管理、故障管理、配置管理、安全管理、接口管理、视频融合和辅助功能。

（一）性能管理

性能管理包括：实时数据监视和系统控制；历史数据的存储、转储、查询、分析、统计；历史数据查询报表及打印；历史曲线、统计曲线的显示与打印；根据配置对数据进行筛选存储和查询。

（二）故障管理

监控站能及时监测、分析被监控对象的异常情况并上报监控中心，监控中心将告警广播至各监控终端，监控终端会以图形、声音等多种形式提示用户，并等待用户确认。同时告警信息还可以短消息的方式通知网管人员或维护人员。

告警不仅体现在告警栏中，也显示到相应的拓扑图中。告警等级分为紧急告警、重要告警和一般告警三种。告警栏和拓扑图都可以以不同颜色显示不同级别的告警。

当测试站与中心网络中断后，监测站会存储告警信息，并在网络恢复后主动向中心上报，防止网络中断期间的告警丢失。

(三)配置管理

系统可以通过组态配置方式添加、删除监控对象,配置、修改监控对象的参数。组态配置功能包括三部分:协议组态、监控量组态和图形组态。

协议组态是指智能设备通过组态协议的方式进行协议配置,不需二次开发就可以方便添加新的智能设备。协议组态方式可以降低项目实施难度,并提高项目实施进度及质量。

监控量组态是指系统软件可以通过监控量组态方式对任意监控量进行微调修正、产生虚拟点、告警门限设置、告警延迟设置、告警逻辑设置等操作,从而满足用户对系统监控中各种运算与显示的需要。

图形组态是指系统软件可以通过图形组态绘制直观的图形界面并通过编写脚本将图形界面与后台数据相关联,从而使数据、告警及各种状态信息能够直观、友好地体现在用户面前。

(四)安全管理

安全管理分为两部分:系统安全管理和机房安全管理。

系统安全管理主要是指对系统的用户、角色、权限和操作日志的管理。它体现了动环系统自身的安全性,机房安全管理主要是指对机房合法身份验证的管理及非法闯入的监测。通过组合门磁、红外双签、玻璃破碎、密码键盘等设备形成逻辑防区。系统可将防区视为逻辑整体进行统一管理,可对防区进行布防或撤防操作。

(五)接口管理

监控中心提供符合 YD/T 1363.2—2005 规范的 C 接口互联协议,可以接入或管理符合 C 接口协议的其他厂家动环系统,C 接口协议可以满足对系统结构、数据、告警等所有基本功能的数据交互与操作。

监控中心提供符合 YD/T 1363.2—2005 规范的 D 接口告警协议,可与通信综合网管系统互联,将通信电源及环境监控告警信息及时上报至通信综合网管系统。

(六)视频融合

系统支持视频融合功能,可在系统中直接嵌入视频图像并与监控站或设备进行关系映射。可以支持单路视频点播、多路视频轮巡、远程云镜控制、远程参数管理、语音对讲控制和远程图像管理等功能。

系统可根据告警联动配置规则进行对应视频画面弹出、摄像机预置位调用、照明控制、视频数据上传、中心录像等联动。

(七)辅助功能

(1)管理分组:可根据用户的需求将各监控站、设备及监控量进行重新分组。

(2)数据转储及备份:可根据配置规则对历史数据进行转储和备份功能。防止数据丢失,防止数据库容量过大。

(3)在线升级:前端监控单元可根据情况实现远程在线升级,且不影响监控中心正常运行。

(4)数据透传:通过系统工具,可以远程向监控站中监控单元的串口发送数据包,从而实现远程调试智能设备的功能。

习　题

1. 通信系统低压交流供电原则有哪些？
2. 阀控式密封铅酸蓄电池的特点有哪些？
3. 便携式(小型)油机发电机组由哪几个部分组成？
4. 接地系统有哪些分类？
5. 接地系统由哪几部分组成？
6. 简述动力及机房环境监控系统的功能结构。
7. 动力及机房环境监控系统中常见的监控对象有哪些？请列举出主要的几种。

内河水运通信概论

参考文献

[1] 孙学康,张金菊. 光纤通信原理(第 4 版)[M]. 北京:人民邮电出版社,2016.

[2] 马丽华,李云霞,蒙文,等. 光纤通信系统(第 2 版)[M]. 北京:北京邮电大学出版社,2015.

[3] 王键,魏贤虎,易准,等. 光传输网络 OTN 技术、设备及工程应用[M]. 北京:人民邮电出版社,2016.

[4] 谢希仁. 计算机网络[M]. 北京:电子工业出版社,2009.[5] 袁建国,叶文伟. 光纤通信新技术[M]. 北京:电子工业出版社,2014.

[6] 许圳彬,王田甜,胡佳,等. 电话网交换技术[M]. 北京:人民邮电出版社,2012.

[7] 劳文薇. 程控交换技术与设备[M]. 北京:电子工业出版社,2015.

[8] 梁雪梅,方晓农,杨硕,等. IMS 技术行业专网应用[M]. 北京:人民邮电出版社.

[9] 龙章勇,卜爱琴. 铁路通信概论[M]. 北京:中国铁道出版社,2014.

[10] 邓红章. 船舶自动识别系统(AIS). 中国科技论文在线.

[11] 张越今. 网络安全与计算机犯罪勘查技术学[M]. 北京:清华大学出版社,2003.

[12] 蔡晶晶,李炜. 网络空间安全导论[M]. 北京:机械工业出版社,2017.

[13] 漆逢吉. 通信电源(第 5 版)[M]. 北京:北京邮电大学出版社.

[14] 徐小涛. 现代通信电源技术及应用[M]. 北京:北京航空航天大学出版社.

[15] 高振楠,韩啸. 通信电源设备与维护(第 2 版)[M]. 北京:北京邮电大学出版社.

[16] 纪越峰. 现代通信技术(第 5 版)[M]. 北京:北京邮电大学出版社.

[17] 啖钢,王文博,常永宇,等. 移动通信原理与系统(第 4 版)[M]. 北京:北京邮电大学出版社.

[18] 陈永彬. 现代交换原理与技术[M]. 北京:人民邮电出版社,2010.